酒の科学

酵母の進化から二日酔いまで

アダム・ロジャース

夏野徹也［訳］

Proof

The Science of Booze

Adam Rogers

白揚社

Japanese translation rights arranged with Adam Rogers
c/o William Morris Endeavor Entertainment LLC., New York
through Tuttle-Mori Agency, Inc., Tokyo

メリッサへ

酒の科学　目次

序章　007

1 酵母 Yeast　027

2 糖 Sugar　059

3 発酵 Fermentation　097

4 蒸留 Distillation　131

5 熟成 Aging 169
6 香味 Smell & Taste 215
7 体と脳 Body & Brain 259
8 二日酔い Hangover 301
結論 330
謝辞 342
訳者あとがき 345
文献 361
註 377
索引 382

・〔　〕で示した箇所は訳者による補足です。

序章

ニューヨークはチャイナタウンの奥深く、都会の景色に溶け込み、ほとんど見つからないようにしてそこはある。看板にはインテリアデザインショップと書いてあるが、これは嘘だ。しかし建設用の足場が邪魔をして読めないから、問題ないだろう。まわりにある看板はみんな中国語だ。住所の表示まで間違っていて、ドアに書かれた番号に従えばアパートの上階の部屋へ行ってしまう。意識的に探しているのでなければ、そこはまったく目に留まらない。

しかしアポを取り、パズルのような所番地を読み解くことができれば、窓ガラスにテープで留められている紙切れに気がつくかもしれない。その腰の高さほどにある紙切れには「ブッカー・アンド・ダックス」とある。

通《つう》のニューヨーカーだったら、ブッカー・アンド・ダックスというのはレンガ造りの気の置けないバーで、ここチャイナタウンから北へ二〇ブロックばかりのローワーイーストサイドにあることを知っているはずだ。酒飲みたちが心酔する店、まずまちがいなく世界で指折りの科学的な酒を飲ませる場所だ。けれどブッカー・アンド・ダックスのカクテルは、遺伝子操作をしたり、特殊な酵素で純化したり、実験器具を使って調合したりしているのではない。むしろ昔ながらのカクテルを出している。ただし、酒の魔術師デイヴ・アーノルドが、もっと厳密な基準にもとづいて練り直したレシピに従っている。

チャイナタウンにあるのは魔術師の作業場だ。

コロンビア大学で彫刻を学び、フレンチの調理師学校校長を務めたことがあり、世界有数の新進気鋭のシェフたちに技術を提供するほか、調理法を教える人気ラジオ番組のパーソナリティと、評判の料理ブロガーという顔も併せ持つアーノルドは、装置や器具も発明しているが、それだけではない。そう、彼は新しいカクテルも考案するのである。アーノルドにかかれば、おなじみのドリンクも君の予想を裏切る旨さになるし、風変わりだけれどすばらしい味のするドリンクだってお手の物だ。

ずんぐりした体型に白髪交じりのつんつん頭というアーノルドは、ドアから出てきた瞬間からしゃべりっぱなしだ。備え付けの炭酸ガス噴射装置で、グラスにガスを噴出し発泡水を作る――それも、泡のサイズに至るまで自分の仕様とぴったり合うように。そして一連のプロジェクトを実行に移す。魔術の始まりだ。

細長い作業場はおそらく幅六メートルくらいしかなく、二二〇ボルトの電気が引かれた地下室は電動機械であふれかえっている。メインフロアでは、プロジェクトのメモ書きで埋め尽くされたホワイトボードと実験用のガラス容器を乾かすための棚が壁一面を占領している。反対側の壁もすべて棚になっていて、向かって右側には本が、左側には酒瓶が載っている。アーノルドは、酒瓶をリサイクルして取り組み中のものなら何でも保管する。だから本当の中身を知るには、ラベルの上に巻きつけてある青いテープに書かれた文字を読まなければならない。たとえば、肩の張ったビーフイーター・ジンの瓶には、透明ではなく褐色の液体が半分まで入っているが、バーの棚を長い時間眺めてきた者には、これはしっくりこない。アーノルドはそれを取り出すと僕の前に置いた。そしてその隣にリキュールグラスも。「ちょっと試してみて」とアーノルド。青いテープは手書き文字で「25%ヒマラヤスギ」と読める。僕は半オンス〔約一五ミリリットル〕注いでその半分をすすった。屋根板を煮込んだような味。アーノルドは僕の渋面を見て、軽く鼻で笑った。彼もよく知らなかったようだ。

棚の酒瓶のさらに左には、白いプラスチックの容器がいくつかと薬品の入った瓶が何本かある。「中身がわからないものもあるんです」。アーノルドは、白いプラスチックの容器を棚から引っぱり出してラベルを読む。「『ケルトロール・アドヴァンス・パフォーマンス』っていったい何だ?」

これはキサンタンガム、乳化剤だ。つまり固体成分を液体とくっつけて溶かしておくためのものだ。じつはアーノルドの薬品のほとんどは、次の三つに分けられる。すなわち、ケルトロールなどの増粘剤、タンパク質を分解する酵素、液体から固体成分を取り除く清澄剤である。「初めて出合った果物やフレーバーに決まってやるのは、清澄すると何が起こるかを見ることなんです」とアーノルドは言う。ゼラチンとアイシングラスはタンニンを取り除くのに優れ、キトサンやシリカを使えばミルクから固体成分を除去できる。しかし完全菜食主義者にはキトサンやゼラチンやアイシングラスは使えない。これらは動物由来のものなのだ〔アイシングラスは魚の浮き袋から作るゼラチンで、キトサンは甲殻類の殻から作られる〕。アーノルドなら、バーで提供するものとしてもっと違うものを好むはずだ。たとえば、真菌の細胞壁から作られるキトサン。これを使えば菜食主義者に受け入れられるかもしれない。だが、清澄能力は劣る。鉱物のベントナイトもそうだとアーノルドは言う。寒天を使うこともあるらしい。こちらは海藻が原料だ。「ゼラチンよりも寒天のほうが好きです。風味が違っていて、いい効果が出るときもあるし、悪い効果が出るときもある。使い方次第ですね」

こうした素材の目的はすべて、最高に洗練された化学と研究レベルの技術を注ぎこんで完璧な瞬間をつくり出すことにある。バーテンダーが飲み物を置き、客が口に含む。その一瞬のために。

ブッカー・アンド・ダックスで味わえる、通称「アヴィエーター（飛行士）」という飲み物を例に挙げてみよう。これは「アヴィエーション（飛行）」という禁酒法時代以前の昔ながらのカクテルがモチーフになっている。アヴィエーションはジン、レモン、マラスキーノ〔サクランボのリキュール〕に、クレーム・ド・ヴィオレット〔バニラエッセンスとスミレの香りをつけたリキュール〕をちょっと加えて作る。きちんと作れば、ほんのりと青みを帯びたオパールに似た乳白色の中を氷結した柑橘類が舞う。だがアーノルド流では、グレープフルーツとライムの果汁を清澄するため、水のように澄み切っていながら、オリジナルが持つジンと柑橘類とハーブの強烈な風味をもっと豊かにすることに成功しているのだ。アルコール飲料も突き詰めると、最高級の料理を上回るほどに複雑だ。こうしたことはある種の見識であり、ブッカー・アンド・ダックスの原動力でもある。だが、アーノルドがそう認めたわけではない。「客の飲み方を変えようなんてつもりはないですよ。自分たちの作り方のほうを変えようとしているんです。飲みに来る人が心地いいと思うゾーンから彼らを追い出したりなんかしませんよ」

実際は、追い出すどころかその正反対だ。レシピをいじったり微調整したり、あるいは回転蒸留装置《ロータリー・エヴァポレーター》で蒸留したり、キトサンで清澄したりするのは、すべて飲みに来た人を心地いいゾーンへと押し込もうとしてやっていることだ。そうアーノルドは言う。完璧なひと時を演出できるよう、厳格かつ科学的な態度で取り組もうとしているのだ。

アーノルドの魔術を味わうのに、客が妙技の秘密を知る必要はない。けれど、魔術が行われていることだけでも知っていれば、その味をもっと正しく評価できる。「時々、客が僕らのやっていることをまったく知らないってことがあって、それが厄介なときもあるんです」。そうアーノルドは認める。ブッカー・アンド・ダックスが開店したばかりで、アーノルドが毎晩カウンターの向こう側で仕事をしていたころ、一人の男が入って来てウォッカのソーダ割りを注文した。これはおそらく今までに発明されたミックスドリンクのなかで、もっともばかげた部類に入るものだ。たいていのバーでは、バーテンダーがタンブラーに氷を満たして安いウォッカを注ぐ。カウンターの後ろの棚ではなく、大量に使用する酒を入れてあるカウンター下のサーバーから出してきたウォッカだ。そして、それにレジそばのプラスチックのガンから、半分気の抜けた炭酸水を噴射する。

しかし、ブッカー・アンド・ダックスは違う。アーノルドはしばらく考え込んでから、作るのに一〇分かかることと、好みのアルコール度を正確に教えてほしいということを男に言った。アーノルドは希釈率を計算して氷とソーダの量を割り出し、ウォッカとおそらく清澄したライムを、きっちりと量った水で割り、カウンター備え付けの炭酸ガス噴射装置からガスを溶かし込もうとしていた。

味のわからない人間にこんなサービスをするのは、ずいぶんなことのように思える。「いったい、何でそこまでやるんです？　ウォッカのソーダ割りなんてくだらない飲み物でしょう」。僕は尋ねてみた。

「ウォッカのソーダ割がイケてないのは、炭酸が少ないからでしょう。自分の好みの強さの炭酸が利いていれば旨くなる。僕は自分が悲しくなるようなカクテルを出さない主義なんです」

僕は食い下がった。「でも、客は炭酸水を噴射した安っぽいソーダ割りを望んでいるのでは？それに慣れているわけですからね」

「いいですか。うちじゃ客の好みをどうこう言ったりなんかしません。ただ、僕はイケてないものを出さないんです」。アーノルドはしばらく動きを止めてから、自家製の炭酸水をひと口すすった。

「このイケてるやつが嫌いだなんて人間は、今まで一人もいませんでしたよ」

奇跡の科学

僕はバーで最高のひと時を過ごしてきた。それがこの本を書く契機となった。ある蒸し暑い夏の日、仕事帰りに一杯飲もうと友人とワシントンDCで落ち合う約束をした。僕は仕事が長引き遅刻してしまった。大急ぎでバーへと町を走り抜け、到着したときにはシャツの腋の部分はぐっしょり濡れて、額に髪がへばりつき、ひどい有り様だった。

でも、バーの空気は涼しく、乾いていて、エアコンが効いているというより、ダクトから晩秋の夕暮れ時が降り注いでいるかのようだった。陽はまだ落ちてなかったが、黒っぽい木材の内装のおかげで、バーの中は夜一〇時の気分だ。上等なバーはいつだって夜一〇時なのだ。

ビールを頼んだ。銘柄は憶えていない。バーテンダーは頷《うなず》き、ゆっくりとした時間が流れる。バーテンダーが僕の前に四角いナプキンを置き、一パイントグラス〔約五〇〇ミリリットル〕をつかんで樽へ向かう。レバーを引くと蛇口からビールがあふれだす。ビールの入ったグラスが運ばれてくる。凍った水滴がグラスの表面を覆っている。つかむと手に冷たさが伝わり、持ち上げるとずっしりとした。ひと口、含む。

この瞬間、時間が止まり、世界は僕を中心に回る。些細なことかもしれない――男が一人バーへ入る、それだけ。けれど、これはこの本の根幹にあるものであると同時に、人類の歴史のなかで唯

一、他の何ものにも替えがたい重要なイベントでもあるのだ。これは世界中で日に何万回もくりかえされている。いや、何億回かもしれない。それでもなお、これは人類がなしえたもののなかの頂点にあるものだ。そして、自然界や技術を理解し科学するという人類の営みの結晶なのだ。考古学者や人類学者のなかには、人類はビールを造ることで定住し、永続的な農業を生み出したと考える者がいる――放浪しないで、文字どおり根を下ろして穀類を栽培したのだと。アルコール造りは、社会的・経済的に見てまちがいなく革新的な出来事であり、それによってホモ・サピエンスは文明を持った人間となった。人類の歴史でこれ以上のことがあっただろうか。奇跡なのだ。

奇跡は二回起こった。最初の奇跡までに二億年を要した。発酵である。発酵は、僕たちが酵母と呼ぶ真菌が単純な糖類を二酸化炭素とエタノールに変える現象で、自然が発明した複雑きわまりないナノテクノロジーだ。エタノール発酵は、人類が現れるずっと以前につくり出されたのであり、エタノールを飲むと僕たちの脳が喜ぶという効果は単なる副作用でしかない。同じ地球の住人の、極小世界でくり広げられる終わりのない微生物戦争では、エタノールは化学兵器なのだ。

発酵はあらゆる工業化学のなかでも重要な部類に入るものだが、その生化学的なメカニズムにはいまだに研究の余地がある。なにしろ、世界の偉大な化学者や生物学者が酵母の正体について議論していたのは、そんなに昔のことではないのだ。サッカロミセス・セレビシエ、すなわちビール醸造用酵母が生き物であり、発酵を起こす張本人であることを発見し、名声を得たのがルイ・パスツールであり、この発見から現代細胞生物学が産声を上げたのだ。真菌を研究する現代の遺伝学にとっても解明すべき謎がある。それは、酵母がエタノールをつくる能力を得たのはいつか、また僕ら人類が自分たちの目的に叶うよう酵母を手なづけたのはいつで、それはなぜかという謎である。

人類がみずから発酵をコントロールするようになったのは一万年前よりあとのことだ。その存在を知る遥か昔に、酵母と共同作業を始めたのだ。僕らはイヌやウシを家畜化したのと同じ方法で酵母を家畜化し、仕事をさせた。つまり酒を造らせた。

多少の誤差はあるだろうが、二〇〇〇年ほど前に人類は自力で第二の奇跡を起こした。蒸留である。もっとも古くからある手法の一つで、草創期の科学者たちが利用していたものだ。蒸留は錬金術師によって発明されたのである。彼らは地上の万物に住み着いている精霊《スピリッツ》を探そうとしていた。そうした取り組みのなかで、偶然にも風味や香りを移すまったく新しい方法や、人類によって大量に消費されることになるさまざまな飲み物が生まれることになった。さらに言うと、化学という現代の研究分野を生み出し、石油を中心とする今の経済を可能ならしめたのも元を正せば錬金術なのである。

これら二つの奇跡のおかげで、バーでのひと時があるのだ。そしてカクテルを一口、二口含んだ直後に起こることも、何時間もたってから経験することのどちらも同じくらい奇跡的だ。エタノールはほかのどんなものにもない風味がするし、ほかの素材の風味を伝えるという類を見ない性質も持つ。酒造りは職人技だ。ウイスキー会社のワイルドターキーやビール会社のアビータ、ワイン会社のE&Jガロの技術者たちが、分子生物学、酵母の酵素の反応速度論、冶金《やきん》、多環式芳香族炭化水素に関する有機化学を理解している必要はない（とはいえ、技術者の多くはこういうものを理解している）。しかし彼らは、蒸留器の形や金属素材の種類によって蒸留酒の味がどう変化するのかや、熟成用の樽に使う木材の種類が違えば出来上がった製品の風味が変わることを知っている（日本のオーク〔ミズナラ〕を使うと、バーボンやスコッチ用のアメリカのオークを使ったときよりも、ウイスキーの風味がスパイシーになる。不思議だと思わないだろうか？）

科学とは発見することだと言われることがある。しかし、科学が実際にやっていることや、科学に取り組んでいて（あるいは科学書を読んでいて）楽しいと感じる箇所は答えではない。楽しいのは、疑問だ。まだわかっていない事柄のほうだ。発酵飲料を造り、それを蒸留するあらゆる工程の背後には、奥深い科学が存在する。たくさんの研究者がその全貌を明らかにしようとしている。

それこそが、本書が扱おうとしているものだ。バーでのひと時は、人と外界との作用のなかで最上のものであると同時に、人が生み出した技術の結晶であり、僕ら自身の体、脳、行動を理解する上で決定的に重要な意味を持っている。ウィリアム・フォークナーは「文明は蒸留とともに始まった」と言ったらしいが、僕はそれをもっと押し広げたい。蒸留酒だけでなく、ワイン、ビール、蜂蜜酒《ミード》、日本酒などすべての酒へと。酒はグラスに注がれた文明なのだ。

もっと酒を楽しむには

母と僕はフィルム・ノワールとロサンゼルスの歴史が大好きだったため、二人してハリウッド大通りにある、一九一〇年代創業の市内でも有数の古いレストラン、ムッソー&フランク・グリルへディナーに出かけたことがある。僕が子供のころ、両親はたいていワインを飲んでいたが、母は時々、祖母ゆずりのマティーニ好きが現れ、そのときもステーキといっしょにマティーニを一杯注文した——ロックにオリーブ二つで(それにジン。当たり前だけれど)。

ところが、ウエイターは注文どおりに持ってこようとしなかった。氷を入れると台無しになるからと言うのだ。母のところにマティーニが来た——氷とともにシェイクされたか、かき混ぜられたかしたあと、カクテルグラスに濾して注がれたものだ。このとき、僕は大切なことを学んだ。それは、酒を飲むのにはルールがあるということだ。酒にはそれぞれに合った飲み方というものがある。バーで見られる仕事や優先順位の背後には、アルゴリズムがある。そしてアルゴリズムは……、そう、みんなが理解できるものだ。

大学院生のころ僕は貧乏だったけれど、何とかやり繰りしてはしょっちゅうボストンのダウンタウンにある高級レストランへデザートを食べに行ったものだ。そこのバーは当時としてはめずらしくシングルモルトのスコッチウイスキーを豊富に取りそろえていた。それで父と、父のクレジットカードがやって来たときには、父を連れて行き、そのスコッチを飲もうと誘った。二人とも、それまでシングルモルトのスコッチなんて飲んだことがなかった。

平日の晩だったので、それほど混んではおらず、バーテンダーは嬉々としてショーを披露していた。僕たち二人は適当にそれぞれ違う銘柄を選んで、バーテンダーに一番いい飲み方を尋ねた。ストレートですよ。水を飲みながらね。そうバーテンダーは答えた。そこで、僕らはそのとおり注文した。ウイスキーが運ばれ、僕たちはまず香りを嗅いでから、ひと口すすった。僕らは同時に声を上げた――「まずいことになった」。これがとんでもなく高価な道楽になることを二人とも悟ったのだ。

かくして、そのとおりになった。それどころか、僕は二、三年たってから父に学業は十分にやったと言って、一週間ばかりスコットランドの蒸留所を訪ねる計画を立てることまでした。すると父もそれに便乗したいと言ってきた。「オーケー。でも、今回のは蒸留所めぐりの旅なんだ。博物館やお城へは行かないよ」と答えた。父は納得したし、滞在中に一ラウンドだってゴルフをやりたそうなそぶりは見せなかった（とはいえ、二人してある城へ行くはめにはなったのだが）。僕が本当にやりたかったことは、スコットランド南西端にある、世界一のウイスキーが造られているキャンベルタウンへ行くことだった。一世紀前、そこには蒸留所が何十とあったのだが、今では数えるほどしか残っていない。そのうちの一つスプリングバンク、これは別格だ。

どのシングルモルトウイスキーのメーカーもそうであるように、スプリングバンクも自前のもろみ《マッシュ》を発酵させて――本質的にこれはビールと同じもの――、それを蒸留している。しかし、スコットランドに残る数少ない蒸留所の一つであるスプリングバンクは、自前の大麦を麦芽《モルト》にしているばかりでなく、自前の樽で貯蔵し、自前で瓶詰めすることを当たり前にやっている。これは職人技の三冠王だ。スプリングバンク蒸留所の建物は旧市街の高い壁の向こう側で色あせて見えた。そこには、家ほどの大きさのぴかぴかの銅製の蒸留器が三基あり、うち一基はほかの二基と形がやや違っていて、この形が蒸留酒のフレーバーに多大な影響を与える。

スプリングバンクで売られているもっとも古い一八年物の蒸留酒は、蜂蜜と、バニラと、タバコと、レモンの皮と、皮革のような味がする。かつては二五年物のボトルも売られていた。それくらいになると、皮革の味は円熟して消えてなくなる。スプリングバンクのボトルは、今では一本六〇〇ドルを下らない（僕の結婚式で飲んだときはもっと安かったが）。

今では、このウイスキーの味についての説明のおかげで（そこに嘘はないのだが）、スプリングバンクは蒸留業界が望むとおりのイメージをまとうことができる。僕は本やラベルでそのような記述を見たことはないが、今や君はこれを読んでしまったので、飲めばここに書かれた味を残らず感じてしまうだろう。こと酒に関しては暗示の力は強力で、特に業界が「スーパープレミアム」と呼ぶ価格帯では著しい。何かに多額の金を支払えば、それが特別な味がするのを望むものだ。

これはマーケティングであって、実際のボトルの中身とはあまり関係がない。スプリングバンクのようなシングルモルトウイスキーは、職人の手仕事で造られ、何百年もの伝統と経験を受け継ぐ生き物だ。年配のスコットランド人の鼻はきわめて優秀で、雄牛のような熟成樽から試飲用のウイスキーを汲み出して香りを嗅ぎ、よし、この樽はあと一〇年貯蔵しておける、だけどこっちのは婆さんたちに瓶詰めをしてもらう頃合いだ、などと判断する。ウイスキーのマーケティング——実際にはほとんどすべての酒のマーケティング――では、こういう伝統を取り込み、しっかり結びつけ、派手に謳って金儲けをするのだ。世界でも有数の大企業は、毎年何百万ガロンにも上る製品が、代々手渡しで引き継がれてきたレシピを使って、ハイランド地方の年季の入った蒸留器で造られているんですよ、少し飲んでみませんか、そこの若い人、とまくし立てる。

歴史的な事柄に飛びつくこうした物語では、酒についていちばん大切なこと――そもそも僕を魅了した事柄――が無視され、なおざりにされている。つまり、酒を飲むことと造ることは楽しいという事実だ。しかし、別の鑑識眼を持てば、酒の物語の主導権をマーケティング部門から奪って、酒を造る人や飲む人へ戻してあげられる。その鑑識眼は単純な疑問を投げかけることから始まる。それは、「彼らはどのように酒を造ったのか?」だ。

酒はたくさんの人に飲まれている。アメリカ疾病予防管理センターによれば、一八歳以上のアメリカ人の六五パーセントが、過去一年間に少なくとも一度は酒を飲んだという。アルコール飲料の売上高は、一九九九年に三八〇億ドルだったものが、二〇一〇年には五八〇億ドルにまで膨らんだ。二〇一一年のアメリカでの消費を酒類別に見ると、蒸留酒が一七億六〇〇〇万リットル、ワインが三一億六五〇〇万リットル、ビールが二三八億四八〇〇万リットルだった。ビールや、割り材で割ったバーボン一杯にはおよそ一二五カロリーある。(1) ということは、習慣的に付き合いで飲んでいる人は、日々の摂取カロリーのうちエタノールの占める割合が一〇パーセントにもなる可能性がある。しかし多くの人は、たとえ愛飲家でさえ、アルコールが何であり、どのように造られ、どうしてそのような味がするのか、体の中でどのように作用するのかをほとんど知らない。酒を飲む人にとってそれらは謎だろうし、マーケティング担当者はこのことをまったく気にかけていない。しかし、ワイナリーやビール醸造所《ブルワリー》の壁の向こう側や、蒸留所のなか、世界中の研究所では、こうした謎は解明されつつある。自分たちが飲んでいるアルコールについて、マーケティング担当者の言いなりになるよりも、科学に道しるべになってもらおう。そうすれば、思うさまアルコールについて理解することができるのだ。

多くの大都市にはこだわりのバーがあり、彼らは新鮮な材料や、古いカクテルレシピの探求、バーテンダーが考え出した斬新なレシピに誇りを持っている。歴史家は法医化学者と組んで、謎の多い禁酒法時代以前のカクテルの材料を再現し、ベブモ！などのありふれた量販店がそれを大量購入の客へ販売している。多国籍のビール会社はマイクロブルワリーを買収したり、独自の少量生産のビールを造ったりしている。金と性格的な傾向と頑丈な胃腸があれば、アルコールは趣味になりうるのだ。財布の事情が許すので、僕はこの業界にどっぷりはまっているし、業界だって僕を求めている。

鑑識眼を持つことは僕のマニアックな傾向にぴったりだ。だから僕の持論では、もし何かが大好きなら、それがどうしてそうなるのか知りたくなくてはならない。カウンター奥の色とりどりの液体で満たされたきれいな瓶を眺めて、ため息をつくだけではダメなのだ。それらについて疑問を持たないといけない。中身が何で、どうしてみんな違っているのか、どうやって造っているのか、と。

酒から人の営みを見つめる

続く各章では、酒の一生――酒が造られ、飲まれ、君のお腹を通り抜けるまでを追いかける。まずは、酵母が歩んできた道を見ていこう。酵母はアルコールをつくる微生物であり、これがきっかけとなって細胞生物学と有機化学という科学の分野が花開いた。次は酵母の食べ物である糖についてだ。そこで、僕は糖が世界でもっとも重要な分子だと主張しようと思う。糖について語るには、農学、人間と植物とのかかわり、自然のままにしておく生き物と家畜化する生き物とをどうやって選り分けたのかについての話などを避けて通ることはできない。また少し寄り道して、酵母と同じくらい酒造りに欠かせないのに、好まれも知られもしていない微生物について話をしようと思う。その微生物は麹《こうじ》という真菌で、僕はこいつがお気に入りだ。運命の歯車が少しずれていたら、麹は今よりはるかに重要な存在になっていたかもしれないのだ。

酵母と糖について理解したら、次は発酵へと話を進めよう。言ってしまうと、発酵とは酵母が糖を食べてアルコールをつくる生物学的な反応である。しかしそれと同時に、発酵は人類が自然を利用し必要に合わせて調節し始めた最初の例でもある。

次は蒸留だ。蒸留は人類の独創性を示すさらに優れた例である。蒸留とは、テクノロジーや工学を利用して物質を凝縮するもので、発酵産物に応用される。蒸留は人類が生活を改善するのにテクノロジーを使い始めたちょうどそのときに考案されたのであり、偶然によって生まれたのではない。蒸留は古代エジプトの錬金術師に端を発し、そこから派生して、医学や物理学や冶金学が誕生するに至った。

酒には造られてから飲まれるまでのあいだ、木製の樽の中で時を過ごすものが多い——この道の人間が言うところの「熟成」だ。これは発酵とはまったく異なる化学——樽の中の液体に加え、木材の基本成分についての化学である。経済的な観点からすると、熟成はアルコールを造る人たちにとってボトルネックであり、彼らは、確実なものから怪しげなものまで、さまざまな科学を応用して、販売までの時間の短縮を試みている。

ここまでで、僕が語ってきたバーでのひと時がもたらされる。ここから先は、体の外から内へと視点を移そう。まず、人がどのようにアルコール飲料を味わうのかという一風変わった科学を扱う。神経科学と心理学とが互いの限界をかけてせめぎ合う分野だ。蒸留酒のフレーバーを生み出す何百種類もの分子はいまだ完全には突き止められていない。ピートはミズゴケとほかの植物とが完全に分解されずに残ったもので、スコッチウイスキーに燻製香や土のような香りをつける。ピートは産地によって化学成分が異なり、これはフランスのワイン業者の言うテロワールの生物分子レベルでの基礎をなす。(2) また、二〇一〇年にシンシナティ大学の化学者たちは（もちろんモスクワ国立大学の物理学者たちとの共同研究で）、エタノールと水以外を含まない純粋なウォッカでもフレーバーに違いが生じるのは、エタノールと水とのあいだの水素結合の強さの違いによるものであることを見出した。[3] アンカー蒸留所が造ったオランダ式のジンに含まれるビャクシン〔ヒノキ科。実をジンの香りづけに使う〕の味や香りに対する僕らの感覚の働きは、生物学的・遺伝学的に見てきわめて複雑で、これを解明すればノーベル賞を受賞できるほどである。

アルコールが人の体と脳にどんな作用を及ぼすのかを解明するには、ただでさえ難しい神経生物学の問題を解決しなければならないが、それだけではなく、社会学と人類学が1ショットか2ショット必要になる。一例を挙げると、酒を飲むと人は酔い、なかには中毒になる人がいるが、一世紀におよぶ研究にもかかわらずその理由は明らかになっていない。さらに言えば、酔うとどうしてああいうふうに感じるのかを本当に説明できる人間は誰もいないのだ。

最後に（食後酒をお望みの方へ）、一寸《ちょっと》一杯なんてものじゃなく、大量に飲んだときに起きることを見ることにする。多くの人に不快感と多大な影響を与える二日酔いについて科学が何を教えてくれるのか楽しみにしている向きもあるだろうが、その期待には応えられそうにない。それどころか、二日酔いの実用的定義について研究者たちが意見の一致を見たのでさえ、わずか数年前のことであり、その原因究明（と治療法開発）の試みはまだ緒に就いたばかりである。しかし若干の勇敢な研究者たち（とさらに勇敢な被験者たち）がついにその研究に着手した。そして、君が二日酔いについて大学で学習したことは全部間違っていたことが明らかにされた。

たとえ酒を造る人たちや研究者が酒についてどんなに詳しく知っていようと、わかっていないことのほうが多い。この分野は依然として謎だらけなのである。それはすばらしいことだ。酒は科学的な論争のただなかに居座り続けている——そこでは主観的な経験が客観的な証拠とぶつかり合う。研究者たちは分析装置を使って発酵と蒸留について多くを学んだ。しかしものによっては、いまだに基本的な疑問にさえ答えられていない。エタノールは数少ない合法的な中毒性の薬物でありながら、唯一その作用機序がいっさいわかっていないものだ。それでも、酒造業界——と大衆文化のある一帯——はこの飲み物の美味しさを書き立てることによって築かれ、どの酒に金を払うかを人々に選ばせている。

科学者なら、これら二本の平行線を交差させたいと思うだろう。酒の中に適切な量が含まれれば味がよくなる（そしておそらく売上もよくなる）分子のリストや、エタノールの影響下にある人々の行動に対応する、脳内の酩酊状態についての確たる説明を得たいと思うはずだ。しかし、そのいずれも実現できていないのだ。

さて、この本は教科書ではない。教科書がほしければいくらでも見つけられる。なにしろアカデミックな世界には、酵母やビール、ワイン、蒸留酒などを研究している人がたくさんいるのだ。この本は、蒸留器や自家製の蜂蜜酒のつくり方、カクテルのレシピについて書いていない（ただし、僕のお気に入りのレシピは少し書いた）。

酵母から二日酔いまでの旅路は一万年におよぶ壮大な物語である。儀式や気晴らしの中心的な存在を完璧なものにするために、人類は文明を築くあいだ執拗なまでの仕事をずっと続けてきた。しかしその物語の背後には、あまり知られていない別の物語がある。それは人類が持つ根本的な賢さについてである。

僕たち人類は、時に理解を超えた力を目の当たりにし、折に触れてそれらをコントロールし、応用してテクノロジーを生み出してきた。僕たちとアルコールとの関係を理解することは、あらゆるものとの関係——僕たちを取り巻く世界の化学や、僕たち自身の生物学、僕たちの文化的な規範との関係、そして人間同士の関係を理解することだ。酒の物語は複雑に入り組んだ研究と幸運な発見の物語だ。この物語から、世界でもっとも普遍的な経験が生み出され、さらにこの経験が酒の物語を生み出した。人類とアルコールとの関係は互いに干渉を起こすホログラムであり、それは僕たちと自然界との関係も同じである。世界は僕たちを作り、僕たちは世界を作ったのだ。

1 酵母 ——Yeast

商業レベルのビール醸造所《ブルワリー》はまさに工場だ。穀物や水などの原材料を端から入れて、いくつものパイプやタンクを通すと、最後にビールが出てくる。パイプやタンクをすべて取り替えたり、壁や制御装置を交換したりしても、出てくるビールは前と変わりないだろう。

しかし、ブルワリーが絶対に失ってはならないものがある。それは、発酵プロセスの黒幕としてよく知られている気難し屋の微生物だ。もし君がビールを醸造していて、消費者に受ける製品を造り、その製法を守りたいなら、使用している酵母を維持しなければならない。これはワイナリーでも、蒸留所でも同じ。蒸留酒を造るにしても、まずは何かを発酵させなければならない。酵母をなくしたら？　一巻の終わりだ。

「私たち、もうおしまいだわ」。二〇〇九年の十一月も終わろうとするある日、職場に着いたレベッカ・アダムスの頭をそんな考えがよぎった。イングランドの湖水地方にあるジェニングス・ブルワリーの試験所所長であるアダムスは、大洪水のあと重い足どりでブルワリーへと向かった。二四時間で四〇〇ミリ以上の雨が降ったせいで、コッカー川とダーウェント川が堤防を越え、両河川の合流点にある中世から続く町、コッカーマスの石壁やアーチ橋、漆喰《しっくい》塗りの建物は深さ三メートルほどの水の下に没した。アダムスがブルワリーに着いてみると、ボイラーやエアコンプレッサー、冷却器などの機械類の大半が流されてなくなっていた。しかし、事態はもっと悪かった。ジェニングスはリアルエールを造っている。ここ以外では世界中どこを探しても見つからない絶滅危惧酒だ。詳しく言うと、リアルエールを造るには、底に沈まず、糖化された麦汁の表面を漂いながら発酵する、特殊な酵母が必要になる。エールは芳醇でコクが強く、ドイツ発祥のラガータイプやピルスナータイプのビールとはずいぶん違う。英国人にとってエールは文化そのもの。そしてエールを特別な存在にしているのが、この特殊な酵母だ。洪水のあとジェニングスの酵母は跡形もなく姿を消した。溺死したのだ。

「六時すぎまでにはジェニングスにいました。ほとんどの技術者もそうでした」とアダムスは振り返る。「正直なところ、ブルワリーを再開できるかどうか見当もつきませんでした」。機械類は新しいものを買えばいい。だが酵母となると話はまったく違ってくる。

酵母の起こす奇跡は、あまりにすごく、容易には信じられない。酵母は真菌の一種で、糖を僕たちが飲むアルコールに転換する自然が生み出したナノマシンだ。至るところに生息していて、科学者は酵母を使って生命の仕組みを解き明かしてきた。付け加えておくと、パンが焼けるのも酵母のおかげだ。酵母は信じられないほど実用的で、嘘みたいな生き物なのだ。ほとんどＳＦと言っていい。『銀河ヒッチハイク・ガイド』でダグラス・アダムスが、同じくらい便利な、バベル魚という通訳をする生物を思いついたとき、これが持つすばらしさは神の存在を否定するというセリフを挟んだ（というのも、この魚は慈悲深い創造者の存在の証拠だが、神はみずから「証拠は信仰を否定し、信仰がなければ私は無だ」と言うからだ。証明終わり！　神は「ただちに論理の煙となって消えてしまう」というわけだ）[1]。それでも酵母は実在する。糖を食べて、エタノールをつくる。

酵母が神からの授かりものだと言うつもりはない……しかしダグラス・アダムスがあの本を出版するちょうど二〇〇年前、ベンジャミン・フランクリンも本質的にはこれと同じジョークを残している。ただ、こちらはもっと簡潔だ。フランクリン曰く、雨がブドウに降り注ぎ、それでブドウはワインへと変わるが、「これは神が私たちを愛し、健やかにあれとお考えになっていることをいつも変わらず示す証拠である」[2]。もちろんフランクリンは自分が酵母について話しているのに気づいていなかった。というのも、今からおよそ一五〇年前まで、酵母の存在は知られていなかったのだから。それでも人間は、酵母を利用するようになった。まったく知らないまま酵母をパートナーにしたのだ。酵母が働くメカニズムを知らなかったため、この飲み物は奇跡だったのだ。だから、ワインを造った人たちから魔法使いも同然の人が出てきた。そしてその秘密を推測し、発酵による物質の変化を担っているのが肉眼では見えない小さな生き物だと理解することで、科学革命が花開いていった。

酵母は単細胞の真菌である。植物でも動物でもなく、細菌でもウイルスでもない。真菌の仲間には、君が見たことのあるキノコ全部、ほかに地衣類、サビ菌や黒穂《くろぼ》病菌、水虫やデリケートな部位に感染するカンジダ、ニレ立枯病、フケをつくる寄生菌、それに地上最大の単細胞生物である粘菌などがある。真菌は、動物と同じように細胞核を持ち、そこに遺伝物質のDNAをしまい込んでいる。また植物と同じように細胞壁を持ち、細胞を保護し強くしている。(3) 植物の細胞壁はほとんどセルロースとリグニンでできていて、非常に耐久性があり、「木材」としておなじみのものだ。一方、真菌の細胞壁にはキチンが少し入っている。キチンは、窒素が含まれることを除けば、セルロースとほとんど同じもので、昆虫の外骨格やタコのくちばしの主成分である。まったく自然は奇妙なことをする。

真核生物（細胞核を持つ生物）のなかで最初にゲノムが解読されたのが、酵母だった。一九九六年のことだ。(4) 当時、生物学者たちは酵母のDNAに何が書かれているのかをこぞって読み解こうとしていた。というのも、酵母は真核細胞が持つ基本的な生命の仕組みを一揃い備えているからだ。酵母は、実験室内で迅速かつ容易に増やせるだけでなく、僕らと同じように核を持つため、僕らのような生物の研究モデルとしてぴったりなのだ。細胞についての今ある知識の多くは、この小さな生き物が教えてくれた。ある論文は次のように書いている。「有名で特殊であり……真核生物の基本的な特徴を示す最適なモデルであり、実験で使える最高のモデルだ。ところが、自分以外の真菌のモデルとしては不適格である」(5)。

こうしたことに加えて、発酵がある。文明にとって、もっとも重要な化学反応が燃焼、すなわち火だとすると、酵母が行う発酵はその次に重要な化学反応だと言えよう。

冷凍された歴史

コッカーマスの洪水が引いたあと、ジェニングス・ブルワリーでは片付けが始まり、会社は新しい設備を購入した。しかしいちばん重要なものは、約四七〇キロ南西にあるノリッジの町の四階建てのビルの中にあった。このような非常事態に備えて、液体窒素を満たしたスチールタンクの中でそれは待機していた。そこは英国国立酵母系統保存機関(NCYC)という研究施設で、英国のビール醸造者が使用する酵母の菌株を保存するというサイドビジネスをやっている。つまり、まさかの時のための遠隔地《オフサイト》バックアップになっているのだ。そう、大洪水なんかがあった時のための。

ジェニングスは同じ会社が所有するいくつかのブルワリーの一つだ。重役たちは、いったんブルワリーの再開を決めたからには生産を続けなければならないとわかっていた。「バーの中での立場を失うなんて許されません。やはりバーにはジェニングスのビールがなくては」。アダムスは息巻いた。「そこで南方にある同じ傘下の別のブルワリーが、私たちのレシピと私たちの名前を使ってビールを醸造したのです」。彼らはNCYCに電話して、「斜面培地」と呼ばれるガラス瓶の中の傾いた寒天ゲルに植えられたジェニングスの酵母のサンプルを取り寄せ、それぞれ醸造するのに十分な量にまで酵母を増殖させて、レシピどおり正しくホップと大麦を配分した。こうして「ジェニングスの酵母を使ったジェニングスのビールを造ることができました」とアダムスは言う。

二〇一〇年二月、ジェニングスは全設備を新調して業務を再開。洪水に備えて、ほとんどの設備は前よりも高い階に設置した。しかしレベッカ・アダムスにとっては、酵母の復活こそがブルワリーの本当の意味での再開を象徴するものだった。「仕事を再開すると、グループのブルワリーが予備として五バレルタンク入りの酵母を送ってくれたんです。わくわくする日でした。ふたたび未来が開けた、そんな感じでした」。そうアダムスは語った。

食品科学研究所という酵母系統保存機関の親機関では、かつて二〇〇〇人の職員が働いていた。今ではわずか一〇〇人で、僕が訪ねた日は玄関ホールを抜けて奥まったところにある青い扉の前まで向かうあいだ、ずっと教会のような静けさが漂っていた。扉を開けるとロボット式酵母操作施設に改装されたかつてラボのあった部屋があり、そこを通り過ぎたところに保存酵母管理者のイアン・ロバーツのオフィスがあった。ロバーツは髪色を明るくしたジョン・ケリー〔第六八代合衆国国務長官〕をちょっと思わせる風貌の持ち主だ。

「NCYCはビール醸造酵母の収集からスタートしたんです。ほとんどの保存株はブリティッシュ・エール由来のものじゃないかと思っているんですよ」とロバーツは言った。彼のもとには四〇〇〇種類の酵母があるが、そのうちの八〇〇種類まではビール酵母だ（残りは無作為に採取された野生系統のものと、食物を腐らせたり人間に感染して免疫不全を起こしたりするもの）。一九二〇年代にはビール醸造業界がこの保存酵母を管理していたが、一九四八年に国有化された。「私たちはビール醸造業者、製薬会社、一般などに広くサービスを提供するつもりです。酵母を必要とする人なら誰にでも。とにかくたくさんの人に向けてです」だそうだ。

さらに廊下の先にはもう一つ青い扉があり、扉の向こうにはミントグリーンの壁の細長い部屋が続く。低く垂れ下がった鎖と超低温液体窒素の入った胸の高さほどのタンクの後ろに、形も大きさも洗濯機そっくりの背の低い保管庫がある。上部には丸い蓋までついている。見ればわかる。これは超低温冷凍庫《ディープフリーザー》だ。「あれが酵母系統保存機関です」とロバーツが言う。何千という研究用の種や系統に加えて、六五〇ほどのRコレクション、すなわちビール醸造者の予備サンプルがあり、その中にジェニングスの酵母もある。「私たちの役目は生物多様性の保護です」。ロバーツは続ける。「市場の圧力が生物多様性にどう影響するかは明らかですから」。フリーザーの中には一〇〇年以上にわたる微生物学の歴史があるんですよ」。すべての保存酵母の来歴を記録するためにロバーツのチームは、七・五センチ×一三センチの索引カードと古いマッキントッシュのデータベースを使っているそうだ。

フリーザーの中の試料は長さおよそ一・三センチの赤いストローに入れられ、両端をシールしてフリーザーチューブと呼ばれるスクリューキャップ付きの小瓶に入れてある。冷凍されている理由は、酵母がじつによく突然変異を起こすからだ。近くの酵母と遺伝子を交換するため、概して遺伝子が安定していない。二〇世代も経ると、最初の菌株とは別物の株になってしまう。同じビールを継続的に製造しようとするのなら、これはありがたくない。冷凍処理はきちんと行えば、酵母をいつまでも保存でき、いつでも「増やし」て、ジェニングスのようなユーザーに送り届けられる。NCYCは、自分たちの予備として凍結乾燥粉末を密封したガラスアンプルに入れて保管している。ディープフリーザーの上の階の、大きな取っ手のついた木材と金属でできた厚さ一五センチの扉の向こうにそれはあった。中に入ると冷たく、ロバーツは扉を閉じたものの、ハンドルを引いて閉めきりはしなかった。内側からロックされないことは知っているのだが、生まれつき超慎重なのだろう。

別のフリーザーを開けると、中には書類棚のようなものがあった。ロバーツは引き出しを開けて、ラベルのついた長さ五センチの密封アンプルでいっぱいのボウルを見せてくれた。アンプルの先端は、ガラスがブンゼンバーナーで溶かされて、キャンディーが引っぱられたような形になっていた。中には少量の綿のほかひとつまみ程度の白い微粉末が入っている。それが酵母だ。

「なかにはとても古いアンプルもあります」。そう説明してくれたのは、保存管理責任者のクリス・ボンドだ。ボンドは二四年来、発酵をダメにする腐敗性の酵母、防腐剤の試験に使うための酵母、ビールを造るための菌株などのサンプルを希望する人々の問い合わせに対応してきた。「小さな規模のビール醸造者、いわゆるマイクロブルワリーの人たちがやって来て、保存株を詳しく調べて、古いビールを再現したりします。たとえば一九四〇年代のビールとか」。ロバーツは言い添える。かつてはワトニーズのような大手のブルワリーは、ノリッジを本拠地にしていた。この中世の城壁に囲まれた都市には三〇〇軒以上のパブがあった。そうしたパブのなかにはビール造りを行っていたところもあったが、酵母を保存施設に残して姿を消してしまった。醸造者のなかには、もっと昔の時代へさかのぼってみようとするところもある。「なんと、インカ時代の南米のビールを再現しようとした人がいたんですよ」とロバーツは声を上ずらせた。

ボンドの研究室でひとつ気づいたことがある。においがしないのだ。今まで訪ねた酵母研究室にはすべてパンを焼くときのにおいをひどくしたような感じの、甘い香りのないバージョンと言えばよいか、そんなにおいがした。けれどボンドの研究室の空気はすっきりしていた。ボンドたちによると、それは発酵していないからだそうだ。彼らは酵母を培養、つまり増殖させてもいない。保存しているだけだ。「容器から移すとビールのようなにおいがしますよ。ビール醸造用の麦汁を使っていますから」とボンド。そりゃそうだろう。そうでなくては。

Rコレクションは貸金庫のようなもので研究用ではない。年間およそ二五〇ポンドの費用で自分たちの酵母株のコピーをNCYCに保存できる。ただ、言っておかなければならないのは、みながジェニングス・ブルワリーのように、菌株が重要なものだと考えているわけではないことだ。こういう見解の相違はアルコール業界ではどこにでもある。ロバーツはとあるビールの見本市でのことを引っぱり出した。「醸造家は二種類に分けられるんです。まず、重要なものではないとする人たち。酵母は薬品のひとつだと彼らは言います。他方は、酵母は肝心かなめのものだとする人たちです」。ロバーツによると、自分の仕事は酵母を保管庫に入れるだけ。あとは放って置くのだという（また必要に応じて生き返らせもする）。彼とチームのメンバーは、たいてい自分たちが製造を手助けしたビールの味見をすることすらない。ロバーツはこのことを苦々しく思うそうだ。

ランチを食べにチーズとブランストンピクルス、ハムとマスタード、卵サラダ、エビのブリティッシュ・サンドウィッチの待つ会議室へ戻っていると、ロバーツが何やら口ごもり始めた。「ラボで何に触ったか知りませんが、もしかしたら手を洗いたいのでは。酵母はまったく無害なんです。けどね……」。声がだんだん小さくなり、最後にロバーツは少し肩をすぼめて微笑んだ。僕はトイレへ直行し、シンクに向かうと、我慢できるかぎりの熱い湯に手を突っ込んだ。

一〇〇年の論争

NCYCのような保管業務は、たいした仕事には思えないかもしれない。しかしそう見えるのは、ロバーツのような人たちが自分のやっていることを理解しているからにすぎない。二五〇〇年前にさかのぼると、今とは何もかもが違う。哲学者にして科学者であったアリストテレスは、糖を含んだ液体が時間がたつとどうしてアルコールになるのかと考え、これには「活力（vis viva）」すなわちあらゆる生き物を目的に向かって駆り立てる生命力が関係していると推測した。ブドウ果汁は成熟してワインになりたがり、最後に腐敗して死も同然の酢となるというわけだ。[6] 一五一六年という最近の時代でさえ、ビールの製造を監督する、ドイツの世界初の食品安全法ラインハイツゲボート（ビール純粋令）では、認可原料を大麦と水とホップのみに限定していた。[7] 酵母は入っていない。誰もその存在を知らなかったからだ。この法律を可決したバイエルンの君主たちは、自分たちが神秘を手にしていることに気づいてすらいなかった！

発酵がうまくいったとき、果汁やら蜂蜜やらがアルコールを含む美味しいものになって、腐ったり酸っぱくなったりしなかったときは、必ず液体の中にぼんやりとした濁りが現れた。そしてその沈殿物は、次の発酵を助けるものとして使えた。[8] 人々はこの沈殿物を、その働きから「イースト〔酵母〕」と呼んだ。フランス語とドイツ語の呼び名のルビュール（levure）とヘーフェ（Hefe）は、パンが膨れるのと同じ「立ち上がる」という意味の語が語源になっている。英語の「イースト（yeast）」はオランダ語の「ギスト（gist）」から来ているが、これはギリシャ語の沸騰を表す言葉に由来する。[9] 何かの要点《ジスト》（gist）を得ることは、文字どおり煮詰めるということなのだ。

現代科学を確立した歴史的に特に重要な研究者たちは、少なくとも生涯の一部を発酵の研究に捧げたようだ。ラインハイツゲボート法から一世紀半後、顕微鏡を発明したアントン・ファン・レーウェンフックができたばかりの顕微鏡の試料針の先端に発酵中のビールを一滴載せると、酵母の細胞の一個一個が目に入ってきた。[10] レーウェンフックは卵形や球形をしたこれらの物体をスケッチし記述し、ロンドン王立協会へ送った。しかし、それが何であるかわかる者は一人もおらず、みんな関心を失ってしまった。それがさらに一世紀半続く。
ようやく一七八九年になって、視点は異なるものの、レーウェンフックの業績を取り上げる人物が現れた。酸素と水素を発見したアントワーヌ・ラボアジエその人だ。ラボアジエは糖のエタノールと二酸化炭素への転換に関する初の定量的研究を発表する。一部のライターによると、ラボアジエは大手税理士事務所で働いていたらしく、たぶんそのおかげで化学の計算が得意だった。[11] ラボアジエは、いかなる化学反応でも最終産物の量は反応開始時の物質の総量に等しいことを計算により導き出した。これが、物質は生成もしなければ消滅もしない、変化するだけだという質量保存則につながった。
ラボアジエはブドウの果汁の二五パーセントまでが糖であることを明らかにし、仕組みはどうあれエタノールに変わるものは糖だという仮説を立て、それを立証する巧みな実験を行った。まず純粋な糖を発酵させた。それから発酵に用いたのと同量の糖と、発酵でできたエタノールを別々に燃やし、自分でこしらえた精巧な天秤でこれらの燃焼産物を秤量した。実験前の炭素（糖に含まれる炭素）は二六・八ポンドあり、実験後の炭素（エタノールと二酸化炭素に含まれる炭素）の重量は二七・二ポンドあった。二つの差は実験誤差の範囲内であり、基本的には等量であると言える。一方、酵母は重量でも外見でもまったく変わらなかったので、ラボアジエはこれを無視した。[12]
その後、高名な化学者であるジョゼフ・ルイ・ゲイ＝リュサックがより精密な測定と計算を行うも、彼でさえ酵母を考慮しなかった。一七九四年、フランス革命政府はラボアジエの首を切り落とし、その九年後の一八〇三年、フランス学士院は発酵の仕組みを解明した者に一キログラムの金メダルを授与すると提案したが、結局、受け取る者は出なかった[13]。

その二〇年後、フランスのワイン産業は一八二〇年代の価格で二二五〇万ポンドの規模に成長。これは今日の貨幣価値で二五億ドルに相当する（ビールやリンゴ酒や蒸留酒は含まない）[14]。

一八三七年、ついにドイツの生理学者、テオドール・シュワンへとバトンが渡る[15]。シュワンは、ファン・レーウェンフックの発見した微生物が発酵を引き起こしているのだと唱えた。当時、シュワンは細胞生物学の第一人者であり、今日僕らがシュワン細胞と呼ぶ神経系に不可欠な細胞について研究していた。シュワンは、酵母が無性生殖し、糖を食べ、生存に窒素を必要とし、エタノールを排出することを明らかにし、酵母をドイツ語で「砂糖の真菌」という意味のツッカーピルツと呼んだ。これを同僚のフランツ・メイエンが拝借してラテン語でサッカロミセス〔サッカロミケス〕と翻訳し、属名とした。そして、ビール醸造やパン焼きに使われる酵母はサッカロミセス・セレビシエという名前がつけられた。セルベッサ〔スペイン語でビールの意〕の中で見つかるからだった。

これで一件落着。そうだろう？　この連中に一キロの金をやってくれ。ただ……ここに化学者も登場する。

化学者と生物学者というものは、いつだって話が合わない。化学者は自分たちが細部をより細かな粒子のレベルで説明していると考え、生物学者は同じものをより全体論的に研究すると主張する（物理学者？　ここでは入れないでおこう）。フリードリッヒ・ヴェーラーとユストゥス・フォン・

リービッヒという二人のドイツ人化学者と、彼らの師ヨンス・ヤコブ・ベルセリウスという名のスウェーデン人が参戦してきて、ある種の微生物がアルコールをつくっているかもしれないというアイデアを猛烈に非難した。予想されるとおり、この化学者たちは、発酵が化学的なプロセスだと信じていた。果汁を放っておくと勝手に発酵が進むのだと。[16] 微生物なんて架空のものはお呼びじゃない。

けれど、この男たちは間抜けな異端者ではない。良識のある人間と評判の人たちだった。歴史書によれば、ベルセリウスは炭素、水素、酸素、窒素からできている分子を「有機物」と呼んだ最初の人物だという。こうした分子が生物の中から見つかったからだ。かくして「有機化学」という、博士号を取ろうと考える学生の希望を打ち砕く学問が誕生したのだ。一方、フォン・リービッヒは、化学専攻の学生を実際の実験室で学ばせるというアイデアを考え出した人物だ。[17] そして三人はともに異性体の発見に功があった。異性体とは、同じ元素組成を持っているものの、構造が違っている物質のことで、そのため異性体同士で特性が異なる。

彼らにはユーモアもあった。ヴェーラーが尿の主要成分である尿素を偶然合成したとき、ベルセリウスに宛てて有名な手紙をしたためた。「言うなれば、私はもうあの液体を堪え切れません。腎臓を使わずして尿素をつくれるのだということを申し上げずにはおれないのです」[18]

フォン・リービッヒの考えでは、死んだ酵母は腐敗するときに何らかの振動を発し、その振動が糖を壊して、そうしてできた残骸がみずからをエタノールへと再構成する。[19] これはあとから見るとばかばかしく思えるが、当時流布していたものとくらべて特別珍奇なアイデアだったわけではない。だから、横柄で不躾な生物学者のシュワンがこれに異を唱えたときには、フォン・リービッヒとヴェーラーは、その科学と風刺に富んだ脳みそを絞りに絞ってシュワンを攻撃した。彼らはみずからが発行する科学雑誌『化学薬学年報』に掲載した（無記名の）記事で、顕微鏡の下で発酵している酵母を滑稽に表現した（「形はバインドルフ蒸留フラスコ」）。「要約すれば、これらの滴虫類〔水中に発生する旋毛虫など雑多な微小生物をさす十九世紀の分類群名〕は糖を食べ、腸管からアルコールを、泌尿器からCO$_2$を排泄するのだ」。二酸化炭素のおしっことビールのうんこをする小さな魔法の生物だって？　勘弁してくれ。

今の僕らの知識から見ると、この化学者たちは見当違いもはなはだしい。けれど彼らにも一理はあった。当時、器具の質はきわめて低く、顕微鏡を覗く者はありもしないものを見ているという噂が立っていたのだ。[20] 酵母をめぐる議論は一八五〇年代になってもまったく収まらず、神秘の上に築かれていたアルコール業界にとって、これは大変な頭痛の種だった。すべてがうまくいっているときはこういうことはどうでもいい。でも何かまずいことが起こると、それを正すための知識を誰も持ち合わせていなかった。

一例を挙げよう。一八〇〇年から一八一五年にかけて、イギリスはフランスに対し、西インド諸島産とアジア産のキビ砂糖の封鎖を行った。そこでフランスは代替品であるテンサイへと原料を切り換えた。テンサイはサトウキビ以外で簡単に糖を抽出できる唯一の植物だ。そうして一八五〇年代中ごろには、北フランスのリール地方はテンサイを発酵させて造るアルコール飲料の一大生産地へと変身する。だが、この発酵は収益が高いものの、ワインやビール同様、製造過程で問題が起こりやすかった。

リール地方の生産者の一人、ビゴーという名の男が造ったエタノールでは、優良なものは数樽だけで、残りの樽には腐ったミルクのような酸っぱいものができていた。ビゴーがこのことを息子に話すと、息子はリール大学の教授が力になってくれるかもしれないと言う。

ビゴーの息子が言っていたのは、優秀だと評判の、異性体を研究するわずか三三歳の気難しい王党派の結晶学者のことだった。異性体というのは、ベルセリウスが発見した元素組成は同じだが構造が異なる物質で、その研究者とはルイ・パスツールのことだ。

パスツールは、異性体に偏光を当てるとそれが光を回転させることを発見していた。偏光とは、光の波の振動面が一つの平面に限定されていて、それ以外の方向に振動しない光のこと。たとえばある種のサングラスを通して出てくる光が偏光だ。この「光学異性体」の発見により、一八五四年、パスツールはリール大学の教授の職を得、翌年、テンサイ糖の発酵でアルコールの異性化が見られるかを調べ始めた。二種類のアルコールが実際に互いに光学異性体であることを発見し、これがきっかけとなってパスツールは発酵の化学という奇妙な未踏分野へと研究の舵を切ることになった。

パスツールはビゴーのタンクを見に来ることを承知した。パスツールが名声を得る、パスツーリゼーション〔低温殺菌〕や、病気の微生物起源説、狂犬病ワクチンの開発など、あらゆる業績を挙げる前のことである。パスツールが初めて関心を持った時点では、発酵とは何かについて確信を持っている者はいなかった。当時は、アルコールをつくる類いの発酵は「アルコール分の多い発酵」と呼ばれ、一方で、酢酸つまりお酢のほかピクルスや腐ったミルクに含まれる乳酸が生み出されるのも、ある種の発酵のように受け止められた。そういう意味では、腐敗が種類の異なる発酵だと見事に言い当てた研究者たちがいたのだ[21]。どちらのプロセスにも、これからあれへと変わる神秘的な変換があった。

ただし、この話の出所は確かではない。パスツール自身は、テンサイ発酵業を営むムッシュ・ビゴーの工場を訪れたとは一度も語っていないのだ。後世の伝記に書いてあるだけ。リールへ来るずっと前に、発酵の原因に関心があるとパスツールが述べていたのは事実だ。もっとも、彼自身はけっして大酒飲みではなかったが[22]。また、パスツールの初期の研究にはワイン製造の副産物である酒石酸塩に関するものがあった。だから、発酵の研究をすれば微生物という生き物に行き着くと彼は思っていたのかもしれない（パスツールの伝記作家の一人、ジェラルド・ギーソンはこう書いている。「パスツールは結晶の非対称性と光学活性、生命とのあいだに相互関係があると考えた上で、実証的研究を始めたのだろう[23]」）。

とはいえ、これはもはや伝説になっている。ビゴーの工場へやって来たパスツールは、腐敗臭のする樽の中身の見た目が異なるのに気づいた。汚く、何かに汚染されているようだった[24]。そこでパスツールは、サンプルを少量取ると、拡大して観察してみた。テンサイ糖が正常に発酵していたものでは、シュワンたちが見たのと同じ小さな丸い構造物があったが、腐敗臭のしていたものでは、長くて黒い桿菌が見られた。そして、腐敗していた樽はアルコールの代わりに乳酸であふれていた。

パスツールは、仕組みはわからないものの、この丸い細胞すなわち酵母がエタノールをつくり、一方の黒い桿菌が、その正体が何であれ、乳酸をつくったと考えた。この仮説を立証するため、パスツールは後世まで語られる独創的な実験を行う。砂糖とミネラルを二つのフラスコに入れ、一方にはアルコール発酵に成功した方の沈殿物を、他方には乳酸発酵の沈殿物を加えた。その結果、前者ではエタノールがつくられたが、後者ではエタノールはできなかった。これはシュワンの唱えた関連性を示しているどころではなかった。まさに証明だった[25]。

パスツールは、競合している微生物を排除する方法も、それが何であるかさえも知らなかったが、醸造業者に勧告することはできた。タンクを洗浄せよ、やりなおすには汚染されたものを一滴も残さず廃棄せよ、そうアドバイスした。

一八五七年を皮切りに、パスツールは発酵に関するさらに深い知見を論文や書籍にまとめていった。たとえばエタノールだけが発酵の産物ではないことを明らかにした。発酵を始める際に使用する材料によって、グリセロールやコハク酸や酪酸ができた。このとき初めて、微生物が環境から物質を取り入れて、それに何らかの作用を及ぼし、別のものを排出できるという考えが示唆されたのだ。これが代謝という考えの始まりであり、生き物がどうやってエネルギーを生み出すかという生物学研究の始まりだった。一八六六年に、パスツールは『ワインの研究』というワインに関する大著を出版、一〇年後にビールと発酵についての書籍を出版した。

フォン・リービッヒがパスツールの本を買うことはなかった。彼は、酵母には糖を発酵させエタノールにする何かが含まれてはいるが、酵母自体は発酵に必要なものではないと頑なに主張した。一方のパスツールは、発酵が進むためには酵母が生きている必要があるとしていた。フォン・リービッヒには有利な事例が二つあった。一つは、一八三三年にフランスの化学者たちが、生き物なしでデンプンを糖に変える化学物質を精製していたこと。もう一つは、その三年後にあのシュワンが、自身がペプシンと呼ぶ筋肉や血栓や凝固した卵白を分解できる物質を分離したことだ。当時の化学者が「可溶性の発酵物質」と呼んだこうした物質は、生物の関わるプロセスを速めるタンパク質で、今では「酵素」と呼ばれる[26]（酵素については、続く二つの章で詳述する）。二人は公開の場や学術誌上で議論を闘わせ、パスツールはフォン・リービッヒの死後もかなり長いあいだ論争をやめなかった。[27]

関係者がみな死んでいなくなった一八九七年、事態はようやく収束に向かい始める。この年、エドゥアルト・ブフナーというドイツ人化学者が、休暇を使ってミュンヘンの研究所に勤める微生物学者の兄ハンスを訪ねた。ハンスは、酵母細胞を破砕したあと、その抽出物の活性を数時間以上保持するにはどうしたらよいかを探っていて、一つの方法として、酵母のねばねばした抽出物を四〇パーセントもの高濃度の糖に入れることを考えついた。

その準備中に、あるものがエドゥアルトの目を捉えた。泡である。彼は泡立つのが発酵している証しであることに気づいた。二人の兄弟は自分たちの発見について研究を始め、結局、次のようにして酵母抽出物を永続的に生かし続ける方法を発見した。すなわち、醸造用酵母を砂と混ぜて砕き、水を加え、水圧をかけて押しつぶしたあと、濾紙でこした。するとブフナー兄弟によると、「この抽出液には添加した炭水化物を発酵させるという、きわめて興味深い性質があった」。つまり、抽出物は、生きた酵母と同様に炭水化物を発酵させて泡を立て、また、活性を保ったまま長期保存に耐えたのだ。二人はこの抽出物を「チマーゼ」と呼んだ。彼らは知らなかったのだが、これには精製された酵素が大量に含まれていた。

つまり、結局はパスツールもフォン・リービッヒもともに正しかったのである。生きた酵母細胞の中の何らかの物質が発酵を行うものの、酵母は間違いなく発酵の担い手だった。ブフナー兄弟の研究には気高さのようなものが感じられる。なにしろ生物学者と化学者とが協力し、それまで一世紀にわたって続いた敵意に立ち向かったのだ。酵母細胞の内部で何が起こっているのかを正確に解明するにはさらに数十年を要し、そうするなかで、まったく新しい科学分野——生化学——が産声を上げるのである。

イヌと酵母の共通点

人々が発酵の背後に酵母が存在することを認識すると、まったく異なる疑問が湧いて出た。どうして発酵にはうまくいく場合とそうでない場合があるのか？　一番いい酵母はどれか？　酵母論争がいまだくすぶり続けていた、一八八〇年代初め、微生物学の巨人ロベルト・コッホが登場する。コッホはシャーレを使った細菌培養や寒天培地といったまったく新しい研究技法を開発。こうした今なおスタンダードとされる革新的な技術を使って、コッホは炭疽《たんそ》菌と結核菌を単離したほか、驚くべき研究結果を多数挙げ、さらに特定の微生物が特定の疾患の原因であることを立証するための条件の体系化を進める。この手法は今でも使用されている。

一八八二年の秋、エミル・クリスチャン・ハンセンという名のデンマークの微生物学者がコッホの研究室を訪れた。ハンセンはクラシックラガーを造るカールスバーグ・ブルワリーで働いており、そこは苦味と悪臭という問題を抱えていた。ハンセンはコッホのアイデアをビール酵母に応用できるのではないかと考え、実際にブルワリーで使用されていた酵母を四種類の株として別々に培養することに成功したのだった。そして問題解決の糸口を見つける。「カールスバーグ下面発酵酵母№.1」だけが良いビールを造ることがわかったのだ。ブルワリーはこの酵母だけを使うように改め、[31]一九〇八年、ハンセンはこの酵母をS・カールスベルゲンシスと名づけた[32]（生物学者というのは命名にそうとう気を使う。だから遺伝子配列解析技術以前の時代では、分類学者たちは微に入り細を穿って酵母の外見とふるまいをめぐって議論し、分類上の位置を探ったものである。[33]ハンセンは、単に近縁の株にすぎないという意見をよそに、自分の発見した酵母がまったく別種のものだと考え、S・セレビシエと区別することを望んだ）。S・セレビシエは発酵中、液面に浮かび、エールというもっと濃厚なタイプのビールを造る。一方、カールスベルグ株——ハンセンの言うところのカールスベルグ種——は大型の酵母で、発酵のあいだ底に沈んでいた。

実際、ある種の酵母は発酵中に凝集して沈む傾向があり、これを綿状沈殿という。醸造業者と研究者にとって、今なおこれは問題になる。エール用の酵母は綿状沈殿をせず、発酵している液の上部に浮かぶが、ラガー酵母は綿状沈殿の傾向が強く、互いにくっついて沈む。もし、がんやら代謝やらの研究に酵母を使うなら、綿状沈殿は頭痛の種だ。互いにくっついていて扱いにくい[34]。だが、特定のタイプのビールを造ったり、ワインを発酵したあとに酵母を回収したりするのなら、この沈殿物で何が起きているか知りたくなるというものだ。

上面発酵酵母の場合、細胞壁が水をはじき、理論的には二酸化炭素の泡がくっついて浮かびやすくなることがわかった[35]。下面発酵酵母では糖タンパク質の突起が飛び出していて、マジックテープのように互いに接着する。だからブレンダーを使って線毛と呼ばれるこの茂った突起を剃り落すと、沈殿しなくなる[36]。

ハンセンのS・カールスベルゲンシスのような下面発酵のラガー酵母は、世界中のブルワリーで使われている（今ではS・パストリアヌスと呼ばれている。こうした名前の変更は混乱のもとにしかならないのだが）。実際には、ビール製造者もワイン製造者も綿状沈殿を気にすることはない。だから、この沈殿があれば、糖からアルコールへの変換が終わったあと酵母を取り除きやすいからだ。だから、ビール酵母は何世紀にもわたる選択を受けたすえに沈殿するようになり、一方の野生株は沈殿しないのだろう。[37] ところで、S・パストリアヌスは醸造所の外には存在していなかった——これは人類が生かし、繁殖させ続けてきた酵母だ。これがどこからやって来たのか誰にもわからない。それどころかどんな酵母の由来だってわからないのだ。だったら自然界では、酵母はどこにすんでいたのだろう？　美味しいパンやビールを造ることになる酵母を、人類はどうやって見つけたのだろう？

こうした疑問がジャスティン・フェイという遺伝学者の興味を引きつけた。二〇〇〇年代初めに、フェイはあちこちへ酵母のサンプル提供の依頼を開始し、ワシントン大学に研究員として移籍したとき、遺伝子配列解析を行えば、疑問のいくつかは解明できることに気づいた。「S・セレビシエについては、さまざまなラボでの研究から膨大な情報が得られているのに、その由来となるとさっぱりわかっていませんでした」。フェイは言う。「みながもっていたサンプルはほとんどパン製造者とビール醸造者とブドウ園由来のものでした。だから当時は、酵母は栽培種なのだろうと考えました。イヌやウシやトウモロコシのような類いだとね」。しかしその後、NCYCのような生物版データベースへサンプルを送り預ける人が増え、酵母は仕事場を離れて別の場所で収蔵されるようになった。そこには樹木や病院から採取された酵母もたくさんあった。「疑問だったのは」と、フェイは続ける。「これらの酵母が野犬のようにブドウ園から逃げ出したものか、それとも本当に野生の原種なのかということでした」

フェイが言っているのは家畜化のこと、野生の生き物を飼い慣らすことだ。実際には、フェイの言うように「人間の役に立つよう、特定の目的のために特別に改変された種」というのがより正確な定義だろう。単に一匹の動物を訓練するのではなく、何世代もかけて交配を行い、遺伝子のレベルで飼い馴らしてゆく。たとえば、人間が肉やミルクをいただくウシは家畜化されている。だから野生のウシなどというものはいない。また、農場にいるブタからイノシシが産まれることもない(両者の違いは牙だ。あと獰猛さも)。

いくつかの種では家畜化の起こった時期はかなりわかってきている(あるいは少なくとも目星が付いている)。これは遺伝子配列解析のおかげで、フェイが酵母で期待していたとおり、家畜化された種と野生の近縁種とのあいだの遺伝子の違いを解析できるようになったからだ。遺伝子は時間の経過とともに決まった割合で突然変異し、その割合もすでに突き止められている。だから、遺伝子の違いが大きければ、その分、枝分かれした時期が古いとわかる。

ある古典的な実験では、野生型と家畜化された種との違いがこれ以上ないというほど示された。一九五八年、シベリアにあるロシア細胞学・遺伝学研究所の生物学者、ドミトリー・ベリヤエフが、一万五〇〇〇年前にオオカミがどのようにしてイヌに変わったのかを調べる研究を始めた。(38) ベリヤエフと学生と、共同研究者たちは、近くの毛皮用動物飼育場で野生のギンギツネ一三〇頭を入手し、好ましい性質の個体同士をつがわせた。選ばれたのは給餌の際に檻の奥でちぢこまったりしないで、飼育係に近寄ってくる個体(咬んだりもしない個体)だ。わずか九世代で、ベリヤエフのキツネは子犬のように人に馴れた。被毛は数色の毛が交ざり、耳は子供っぽく垂れ、外見も子犬のようだった。また、家畜化された動物に必ず見られる外見的特徴（表現型）を備え、性格はやんちゃで人懐っこかった。

ベリャエフの実験はまだ継続中だ。対照群として、研究所にはミラーユニバース〔ドラマ「スタートレック」に登場する架空のパラレル・ワールド。ここでは家畜化以外はすべて等しい群〕のキツネも用意している。意図的に家畜化を避けた群で、野生の同族以上に野生的で歯を剝き出してうなるものばかりだ。長年にわたる実験で、彼らはミンクとラットでも同じ結果を得ることができた。また最近の遺伝学研究で家畜化されたキツネからサンプルを取り、その表現型と遺伝子型とを関連づけようとしている。ただこれは難しい仕事である。どんな形質についてであってもそうだし、複雑な行動となるとなおのことそうだ。

こうした実験は、家畜化のうち、意図的に人間が行った部分だけを反映しているにすぎない。シベリアの研究者らは意図しない部分を勘定に入れていないが、人間と動物とが緊張的共生関係に入る際にまず最初に起こるのが、この意図しない過程だ。じつはこれを検討した研究者もいる。二〇〇三年、ハンガリーの生物学者たちがベリャエフらのと似た実験についての論文を発表した。彼らはオオカミの子とイヌの子とをいっしょに手飼いで育てた。どちらも飼い馴らされ、賢く育った。しかし、社会的協調のテストを行うと、子イヌは飼育係の助けを期待したのに対して、子オオカミは自分だけでやり通そうとした。研究者らによると、どちらにも人間を群れの一員のように感じる本能的感覚があるわけではないという。それでも、実験のイヌは人の手を借りたがった。[39]

オオカミが初めてみずからの群れを離れ、狩猟採集をしていた人類の集団に加わったとき、火のそばで眠り、自分で狩りをせず残飯にあずかるのと引き換えに、かわいらしくころがったり赤ん坊を食べたりしないということを学んだのだが、この連中はカニス・ルプス（ハイイロオオカミ）版のアンクル・トム〔白人に迎合する黒人〕だったのだろうか？　それとも、もっと利口だったのだろうか〔人類は餌を与えることでイヌを狩猟の伴侶や番犬として利用したが、イヌはそのような仕事をすることで人類を利用して容易に餌を獲得した〕？　僕らはイヌを家畜化していると思っていたが、ひょっとしたらイヌも僕らを家畜化していたのかもしれない。

これと同じ類いの実験を微生物で行うこともできる。できるどころか、この実験はとても簡単だ。ジャスティン・フェイには、生きた野生酵母のサンプルがあった。S・パラドクスという酵母はビール酵母の近縁種だが、研究やアルコール生産に使われていない。オーク樹皮の内部や流れ出た樹液の表面に生息し、S・セレビシエ同様、糖を食べてエタノールを排出する。

フェイともう一人の研究者、ジョゼフ・ベナビデスは見つけられるかぎりの酵母を収集した。その数、合計八一種類。(40) ほとんどはブドウ園由来だったが、なかには日本酒造りとその蒸留酒である焼酎造りに使われる酵母もかなりの数があった。ほかにも、アフリカのヤシの樹液から造るヤシワイン由来の酵母、インドネシアの発酵した餅のラギ由来の酵母、それにリンゴ酒由来の酵母も入手。オークまたは免疫力の低下した感染入院患者由来の酵母も一九株あった。

このなかからフェイは五つの遺伝子をランダムに選び、その遺伝子多型をおよそ一八〇見つけた。

遺伝子多型とは、株のあいだでゲノムのDNA配列が異なる箇所があることをいう。遺伝子多型をくらべたところ、S・パラドクススに特に似ていた株は、アフリカと北アメリカのオークの樹液由来の酵母と臨床由来の酵母であることがわかった（DNA配列が野生株と特に似ているのだから、これらは収集した酵母のうちでもっとも古い系統だと言える）。発酵に用いられている株では、アフリカ由来のものがもっとも古く、ブドウ園と日本酒由来の株ではほかのものよりも変異が少なかった。

フェイによると、こうした結果は人類が約一万一九〇〇年前にアフリカの酵母からS・セレビシエを家畜化したことを示唆しているという。この酵母の系統から三八〇〇年前に日本酒の酵母が、二七〇〇年前にブドウ園の酵母が枝分かれした。この結論には、フェイが期待したほどの明確さはない。というのは、この年代の算出法には酵母の世代時間、つまり誕生してから繁殖するまでの時間が必要なのだが、その時間の見積もりが人によって一〇倍も開きがあるからだ。しかし大まかに言えば、フェイの出した数値は考古学者が最古のワインや日本酒に付けた年代と一致する。「この結論からわかることは、多くの家畜化された生き物のように、酵母には強固な集団構造があるということだと思います」。そう、フェイは言う。「ワイン造りに使われる酵母群があり、これらが一つの集団をつくっている。一方で、日本酒造りに使われる酵母があり、これらが一つの遺伝集団をつくっている。それぞれが使われ方に応じた遺伝子パターンを持つのです」

海を渡った遺伝子

ハンセンがカールスバーグで分離した株は由来が不明だった。遺伝子型から見れば、半分はS・セレビシエだが、残り半分の起源はわからないままだ。二〇一一年、この雑種の系統にまつわる謎解きに、ポルトガルとアルゼンチンの酵母ハンターチームが、名乗りを挙げた。

彼らは野生の酵母を探しにパタゴニアへ向かった。狙いは南部に育つブナ。南半球では、北半球のオークと同じ生態学的地位をブナが占める。「ブナに感染するキッタリアという真菌がいて、人類はそれを利用してきた」。ブナが生育する山で育った生物学者、ディエゴ・リブキンドは言う。「春になるとキッタリアに感染したブナにこぶができる。枝が膨れるんです」。ゴルフボールくらいの大きさの黄色い塊に成長する。その正体は真菌の子実体〔胞子をつくる生殖体〕で、言うなれば大きな丸いキノコ。そのほぼ一〇パーセントは糖で、酵母が群棲してこの糖を食べ始める。「菌こぶが成熟すると枝から落ちるので、カーペットを広げておけば収穫できます。発酵が始まるとアルコールのにおいでわかります」とリブキンドは説明する。現地の人々はかつて、この自然に発酵している子実体からアルコール飲料を造った（リブキンドが聞いた話では「たいして旨いものではない」そうだ。ただし、こぶそのものはチリで「リャオリャオ」という名で売られていて、そのままなら間違いなくおいしい）。

発酵が進むと、子実体内部ではエタノール濃度が高くなりすぎて、それに耐えられる一つの種の酵母だけが残る。その酵母のDNA配列をリブキンドの共同研究者が解析したところ、未発見の酵母であることがわかり、そして、その遺伝子はラガー酵母の遺伝子の半分とマッチした。リブキンドたちはこれにS・ユーバヤヌスと命名。さらに彼らはほかの遺伝子についてもDNA配列を決定し、そのなかのいくつかが糖代謝に関わっていることを明らかにした。[41] リブキンドはこう説明する。「私たちが突き止めたDNAの変化は、すべてブルワリーでの家畜化の結果でしょう。効率の悪い遺伝子はスイッチが切られ、効率の良い遺伝子のスイッチが入れられるのです」。よりおいしいビールをつくった酵母へ生産を切り換える。この単純な行為によって、カールスバーグの醸造者たちは、ちょうどベリヤエフたちがシベリアのキツネに行ったのと同じ種類の選択圧を自分たちの酵母にかけたのだ。そして、酵母は本当の意味で友好的になった。扱いやすくなり、よく働き、ほんの少しの食べ物のお返しに喜んでキレのあるビールをつくってくれるようになった。

リブキンドらの仕事はまだ終わっていない。「次のターゲットはエールです」と言う。彼らは世界各地から酵母の株を集めている——蒸留所、日本の酒蔵、野生で見られる酵母などだ。そうして、こうした酵母がどのように派生してきたのかを明らかにするつもりなのだ。「今や、多くの醸造用の酵母株が異なる種が交配してできたものだということがわかっています。たとえば、多くのベルギー系の株は、S・ウバルム種と別のサッカロミセス株とのハイブリッドだったんですよ」。ハンターたちの捜索は続く。

じつに不思議なことだが、パタゴニアのS・ユーバヤヌスがヨーロッパで見つかっていないのだ。どうやってこれがS・セレビシエと交配できたのか誰にもわからない。リブキンドたちは「大西洋横断交易の到来以後に海を越えて持ち込まれた」という推論に賭けている。また一つ謎が増えたというわけだ。

酵母を進化させたのはおそらく初期のパン職人やワイン職人、ビール職人だ。彼らが特定の発酵容器や特定のブドウ園を使い、特定の地域で生産したことが、選択圧になったのだろう。最高に旨い酒を造ったのが誰で、あるいは誰が高品質なものを造り、安く提供したのであっても、菌株の生存を決めているのはパンや酒を買い続けている人々だ。酵母は悪評が立つほど頻繁に突然変異を起こし、しょっちゅう新しい株が生まれるものだから、古い株を保存すればたいへんな信頼を集めた。だから、若い女性の支度金の一部として使われたサワードウ〔パン種として用いる発酵した練り粉〕の種菌は母から娘へと伝えられていたのだし、酒造メーカーには前に使った酵母を再利用しないで、凍結保存の酵母試料を増殖・発酵させるところが多いのだ。一九六〇年にダニエル・バカルディが革命軍の侵略に先立ってキューバを逃げ出したときに、ラム酒造りに使用していた急速発酵性酵母の試料をすべて破壊した理由もここにある。プエルトリコでやり直そうと考えていたバカルディは、キューバの新政府が競合品を出してくるのを阻止したかったのだ。(42)

たとえ酒造業者が酵母に無頓着なように見えても、それは違う。ベルギーのランビックビール〔ベルギー産自然発酵ビール〕のメーカーは、覆いのない巨大なプールで発酵を行っている。するといろいろな酵母が期せずして混入してしまう（これは購入した株や慎重に管理している株の「投入」の際に邪魔になる）。ランビックビールに酸味の強い傾向があるのは、おそらく酢酸を排出するブレッタノミセス属や近縁の細菌などからなる現地の微生物叢《そう》のせいだろう。ふつうビール製造者やワイン製造者は、厳重な衛生手順を踏んで、微生物が発酵過程に紛れ込まないようにしなければならない。しかし、ランビックビールのメーカーが微生物の混入に頓着しないとはいえ、自分たちの酵母株に無関心なわけではない。たとえばあるランビックの醸造者は発酵棟の屋根を新調しなければいけないと言われてうろたえた。というのも、自分たちのビールを造っているのが垂木にすんでいる酵母だとわかっていたからだ。そこで、古い屋根の上に新しい屋根を作ることにしたのだという[43]。

　酵母が突然変異しやすいということがわかれば、それを利用することもできる。日本酒の酒蔵はかつて、樽の中にできる大きな泡の高さで発酵の具合を測っていた。これはつまり、樽が発酵中の液量よりもはるかに大きくなければならず、生産量が制限されることを意味する。そこで一九六〇年代に、秋山裕一《あきやまひろいち》という著名な日本酒研究家が、新しい酵母の開発に取りかかる。秋山は泡のあまり出ない発酵を見た経験があったことと、酵母が泡にくっつくことを知っていたことから、古くからあるきょうかい七号酵母を使って発酵実験を開始。泡をすくい取って捨て、（日本酒の酵母は綿状沈殿しないため）発酵液を濾過して得たものを繁殖に用いた。

　そしてこの工程を何度も何度も繰り返す。この「発泡法」と秋山が呼ぶ作業のすえ、ついにあまり泡をつくらない新しい株を得た。秋山はこれを「きょうかい七〇一号」と命名。「泡なし酵母の選抜に成功して四〇年がたった今、日本の酒蔵の八〇パーセントがこのタイプの酵母を使っています。この研究の成功は、私の人生で成しえたことのなかで最高の部類に入ります」。秋山は『サケ――米のアルコール飲料醸造で培われた日本の二〇〇〇年におよぶ英知の本質』に、そう書いている。(44)

酵母の家畜化――そしておそらく酵母による人間の家畜化は今も進行中だ。僕らはバイオ機器の開発に投資し、酵母をさらに理解しようとしている。そうすれば自分たち自身についての理解も深められるからだ。僕らはまた大手蒸留酒メーカーの酵母室や、ＮＣＹＣのような保存施設といった建築物まで建てて、愛してやまない酵母を保存し保護している。知性のかけらもない微生物が、僕らを動かし、文明を築かせたのだ。

2 糖
——Sugar

一八五三年、マシュー・ペリー提督は東京湾へ入港し、武力をちらつかせながらアメリカとの外交および交易関係を日本に強要した。このときまで、日本はほとんど外国恐怖症と言えるくらい孤立主義をとっていたが、ペリーの来航によって新たな取り組みを余儀なくされ、それまで接触してこなかった外の世界と関係を持つ方法を探らざるをえなくなった。

日本は西洋とどう違っていたのだろうか？　なるほど、日本人はほとんどの人類と同じように、アルコール飲料を折に触れて楽しんでいたし、そうした飲み物を酵母で造っていた。しかしヨーロッパや新世界とは、基質、つまり発酵の原料が違っていた。ガイジンは果物や麦を使ったが、日本人は米を使った。

酵母は糖を食べる。けれど、自然を見渡せばいろいろな糖があるのに、酵母はその一部しか利用しない。サッカロミセス・セレビシエは多くの果物に含まれる単純な糖を容易に消化するが、穀類となるとそう簡単にはいかない。穀物の糖類はたいてい、単糖がしっかり結合してポリマー（高分子）になっている。基本ユニットがいくつもつながってできた、大きなレゴブロックの塊のようなものだ。たとえばデンプンがそうだし、木や紙に含まれるセルロースもそう。酵母はこの「レゴ」を解体できない。基本ユニットである単糖に分解して、食べ物にすることができないのだ。

麦を原料とするビールや、米から造った日本酒が存在することは、西洋とアジア、両方の文化がこの問題を解決したことの証しだ。だが、これら両極のアプローチは根本的に違う上、ほぼ同時期に発展しながら、互いにほとんど交わらなかった。こうした違いは、文化の違いというよりむしろ、酒造りの中核技術の違いや、糖の分子そのものの違いからくるものだった。住むところがどこであろうと酒を造りたいのなら、とにかくデンプンを砕く方法を見つけなければならなかったのだ。

ペリー来航から半世紀が過ぎたころ、ある若き化学者が、アジア式の手法をもう少しで西側世界へ伝えるところにまでこぎ着けた。そうするなかで、彼は糖に関する重要な発見をいくつも成し遂げた。それは、ほとんどアルコールの世界に変革をもたらしたのに等しかった。

その化学者を高峰譲吉《たかみねじょうきち》という。高峰はペリー来航の翌年に、現在の富山県高岡市に生まれ、石川県金沢市で育った。[1] 父は医師で、当時としてはめずらしく西洋に興味を持っており、オランダ語を話すことができた。[2] 母は酒蔵を所有する一族の出だった。[3] 父が仕えていた加賀の殿様はペリーによってもたらされた開国の世に刺激され、自藩の若者たちを一〇〇〇キロ離れた貿易都市、長崎に派遣し、ガイジンについて調査させる。一二歳の高峰はその一団に加わり、長崎でヨーロッパ人の家に寄宿し、英語を学んだ。その後、新設されたばかりの工学寮（現東京大学工学部）の第一期生となり、二〇代のときには日本政府主導のスコットランド視察旅行に参加した。[4] おそらくこうした豊富な国際経験によって、高峰は当時としてはかなり世間慣れた青年へと成長した。

一八八三年、高峰は東京に戻り、農商務省に職を得る。そこで、日本固有の産業を工業化・大規模化して海外進出することを思いつき、日本酒に行き着いたと考えられている。しかし、どうして高峰が日本酒に興味を持つようになったのかは、伝記作家にもわかっていない。大学で高峰に化学を教えた教授は無機化学が専門で、酵素や醸造にはまったく関心を持っていなかったし、[5] 一八七八年に「日本酒について」[6] という論文を書いたオスカー・コルシェルトは東京大学で教鞭を執っていたものの、どうも高峰はコルシェルトの講義を取ってはいなかったようだ。[7] また一八八一年には、R・W・アトキンソンが『日本酒醸造の化学』[8] という日本酒を科学的に分析した最初の書籍を出版したため、高峰がこの本を入手できた可能性はある。だが、高峰がこの書を読んだかどうかはわからない。[9]

母親の実家で経験したことと、日本酒が日本文化の根幹をなす食品であることとが相まって、高峰は日本酒に興味を持つようになったのかもしれない。なにしろ、「ｓａｋｅ」は日本語では「ニホンシュ」と呼ばれ、文字どおり「国の酒」という意味なのである。また日本酒の原料である米は、日本食の中心となる食品だ（日本語では「米」を「ゴハン」ともいい、これは「食べ物」そのものを表す）。それはともかく、いちばん重要なことは、日本酒造りには酵母のほかにも必要な材料があること。麹《こうじ》という真菌がなくてはならないのだ。

麹は日本料理の核となる。日本酒や醤油、味噌（大豆をつぶして発酵させたもので、汁物の基本的な味つけに使われる）、酢を造るのに欠かせない(10)。専門的にはアスペルギルス・オリゼという真菌で、感染症の専門家が聞いたらちょっと身震いしてしまうかもしれない。というのは、多くのアスペルギルス属の真菌は有害で、たとえばA・フミガトゥスはアスペルギルス症を引き起こし、重篤なアレルギー反応や肺炎、時には肺に出血を伴う「真菌球」を生じる(11)。また、アスペルギルスのうちの何種かはアフラトキシンを分泌し、感染した穀物（多くの場合トウモロコシ）を有毒かつ発がん性のものに変えてしまう(12)。麹の近縁種のなかには、いわばモンスターがひそんでいるのだ。

しかし、麹は子ネコのようにおとなしい。麹は酵母と同じように飼い馴らされ、文化的にも経済的にもきわめて重要な製品の製造プロセスのど真ん中に据えられた。そしてまたしても酵母と同じように、麹は謎の存在だった。麹は、中国の記録では早くも紀元前三〇〇年に姿を見せ(13)、日本の記録では七二五年になって登場する(14)。その二〇〇年後、つまり今からおよそ一〇〇〇年前に、日本では麹を製造・販売する商いが繁盛し(15)、十三世紀以降は、「もやし」と呼ばれる種菌《たねきん》を販売する麹商人によってA・オリゼが販売されてきた(16)。

麹がやっていることは一見簡単そうだ――デンプンを糖に変えるだけ。しかし、これはちょっとした奇跡だ。高峰にはその方法がわからなかったし、ほかの誰にもわからなかった。高峰が理解していたのは、この方法がわかれば金持ちになれる、ということだけだった。

自然はレゴ遊びをする

糖は地球上でもっとも重要な分子である。

君は水こそがこの肩書きにふさわしいと思うかもしれない。気持ちはわかる。水はほかの分子をじつによく溶かし、僕たちの体の中だろうと外だろうと、とにかく溶かしたものを連れまわす。水のおかげで、溶解した化学物質は互いにぶつかり合い、おもしろいことが起きる。しかし、水を最高の分子と称することは、ベストブック賞を紙に授与するようなもの。水は溶媒であり、背景にすぎない。一方、糖は燃料だ。僕らのタンクを満たすガソリンであり、生き物が生きていくためのエネルギーを貯蔵する分子なのである（けれど糖は本物のガソリンとは違って水溶性なので、水の詰まった僕たちの体で容易にあちこちへ移動することができる）。

糖には「パワー」がある――その化学結合にはエネルギーが蓄えられている。糖分子は炭素原子からなる基本骨格に水素や酸素の突起が付いているため炭水化物と呼ばれ、ふつうは五角形または六角形の構造を取る。こうした構造の分子や糖を含む分子があると、苦労せずたくさんのカロリーが得られると思わせる仕組みが進化の過程でつくりあげられたため、動物の脳は「甘い」イコール

「旨い」と考えるようになった。「甘い」と思うのは、エネルギーの濃密な食べ物を食べたことに対する脳の報酬メカニズムのなせる業なのだ。

だから植物は糖でいっぱいの果実をぶらさげ、花粉や種を撒き散らしてくれる動物を誘う。蜂蜜に糖がたっぷり含まれるのは、蜂蜜がエネルギーをたくさん必要とするハチの幼虫の食べ物だからだ。

もっとも単純な構造を持つ糖分子を単糖と言う。たとえばブドウ糖（グルコース）や果糖（フルクトース）がそうで、ブドウ糖は六個の炭素原子でできた環状の構造を取り、果糖には五個または六個の炭素原子からなる環状構造ができる。これら二種類の糖分子が結合すると、ショ糖（スクロース）、つまり砂糖ができる。酵母はこの三つのほか、麦芽糖（マルトース）やメリビオース、乳糖（ラクトース）、ガラクトースなどのあまりなじみのない糖も食べることができる。

糖はほかの分子と結合して大きな構造の部品にもなる。たとえば、誰もが耳にしたことのある遺伝物質のDNA。正式名称はデオキシリボ核酸といい、この骨組みにリボースという糖が使われる。[17]今度は、ブドウ糖分子を次々に結合し折り返してシート状にし、さらにそれを重ね合わせてみよう。すると、きわめて頑丈でありながら地球上でもっともありふれた有機物分子、セルロースの出来上がりだ。[18]この場合、さしずめブドウ糖はレンガでセルロースは壁といったところ。ほとんどの生き物にとって、ブドウ糖は基本的なエネルギー源であるのに、セルロースを消化できる生き物はわずかな種に限られる。たとえば、ウシなど有蹄動物の胃にすんでいる微生物はセルロースを分解する酵素をつくる。同様の微生物がシロアリの消化管にもいる。ウサギも人間と同じように、未消化のセルロースを含むうんちを出すが、ウサギの場合は出したものを食べ、もう一度、消化管を通すことで、微生物がセルロースを分解できるようにしている。[19] 真菌にもセルロース好きなものがいる。でも、酵母は違う。

さて、ここからがすごいところだ。ブドウ糖のレンガを少し違うつなぎ方でくっつけてみよう。すると、まったく別のものができる。まず強靭で消化不能のセルロースではなくアミロースになる。デンプンといったほうがわかりやすいだろう。[20] つなぎ方にもうひと工夫すると、植物のもう一つのありふれた成分、アミロペクチンになる。なんてエレガントなのだろう。自然は同じレゴブロックを何度も何度も使い回し、エネルギーにしたり、骨組みにしたり、燃料にしたり、壁にしたりする。これが、糖をもっとも重要な分子と言った理由だ。

さてここで、人間が消化できるデンプンを酵母は消化できないという問題が持ち上がる。二糖類までの単純な糖質なしでは発酵は起こらないし、発酵なしではアルコールは造れないのである。そこで、僕たちは酵母を利用していくなかで、穀類に含まれる複雑な糖のポリマーを解体するすべを身につけ、得られた糖を酵母に与えるようになる。僕たちは酵母を家畜化した。けれど、それは同時に酵母による僕たちの家畜化でもあったのだ。

糖質源を求めた人類

もちろん、絶対に穀類を使わないといけないわけではない。世界中のあちこちで単純な糖類からアルコールが造られている。リールのムッシュ・ビゴーのようにテンサイからでも、あるいは新世界のサトウキビからでも造れる。サトウキビから砂糖を造るときにできる副産物の廃糖蜜《モラセス》を発酵させて蒸留するとラム酒ができるし、サトウキビの搾り汁をそのまま使えば、ラム・アグリコーレという強烈なにおいの変わった飲み物ができる。(21)

蜂蜜があれば、これを使って蜂蜜酒《ミード》を造ることもできる。サトウキビもテンサイも蜂蜜もなかったら？　問題ない。馬乳を使うという手もある。馬乳は発酵に使える乳糖をウシやヤギの乳よりも多く含むため、(22)中央アジアの大草原地帯に住む人々は少なくとも十三世紀から馬乳を使って馬乳酒《クミス》を造ってきた。同様にスーダンではラクダの乳が使われる。(23)また、基質に樹液を使う文化圏も多い。西洋のメープルはその筆頭だし、アフリカではナツメヤシの実や樹液を使う。これらには六〇～七〇パーセントもの糖分が含まれ、おまけに無数の種の酵母まで相乗りしている。(24)ヤシから造られるワインはガーナではアサンテのほか、ンサフフオとかエウェとも呼ばれ、ナイジェリアではオゴゴロ、南アフリカではウブスルと言う。ヤシの樹液をそのまま空気にさらすと、野生の酵母、それに乳酸菌やその辺に浮遊しているあらゆるものによってただちに発酵が始まり、一日とたたないうちに、樹液農家はできたビールをヒョウタンや空き瓶に入れて、地元のバーに売ったり道端で販売したりする。このビールの表面には野生の酵母が鼻水状のどろどろの塊になって浮かび、乳酸や酢酸をつくる地元の微生物叢《そう》が腐ったミルクや酢のようなにおいを立てる。そうして、話によれば卵やワニの脂のような味の酒へと変貌するらしい。(25)

お次はリュウゼツランという多肉植物だ。リュウゼツランは南北アメリカ大陸の砂漠に生え、多肉植物といってもサボテンではない。たった一本のリュウゼツランに、二〇〇～一〇〇〇リットルもの、ブドウ糖、果糖、ショ糖が詰まった樹液が含まれる。(26) リュウゼツランを発酵すると甘酸っぱいプルケができるが、これまた鼻水のような見た目でよく知られている。酵母と共存している細菌がバイオフィルムと呼ばれる粘液性の澱《おり》をつくるため、そうなる。(27) リュウゼツランに含まれるおもな炭水化物はイヌリンという食物線維で、葉っぱを切り落として残ったピニャと呼ばれる部分を加熱するとイヌリンが分解されて果糖になる。(28) 果糖は言わずと知れた酵母の好物だ。そして、ピニャを加熱してできたネバネバのものを発酵し蒸留すると、テキーラができる。(29)

(厳密には、テキーラと名乗るにはアオノリュウゼツラン(アガベ・テキラーナ・ウェーバー・アスル)を使わねばならず、またメキシコのテキーラ地域で造る必要がある。「テキーラ」は「コニャック」や「バーボン」と同様、統制された名称なのだ。規定によれば、テキーラと称するには定められた製法仕様に従わなければならず、しかも決められた地域で製造しなければならない。同じものをどこかほかの場所で造ったらどうなるか？　別の酒になってしまう。また、原料にアガベ・

ポタトルムを使えばメスカル酒になる。果物と加熱した鶏肉とを混ぜて造れば、ペチュガという蒸留酒ができるが、チキンみたいな味はしないので、ご安心を）

それでは果物だけを使えばいいではないか、という声が聞えてきそうだ。なにしろ、ほとんどすべての文化圏で果物が使われているのだから。昔のアメリカでは、入植者たちは目に入るものは何でも発酵させた。カボチャ、メープル、柿、それにとりわけリンゴはそうで、リンゴ酒は社交の場で最高の潤滑剤になっていた。でもそれは、ビール造りの伝統を持ったオランダ移民とドイツ移民がペンシルヴェニアに大麦が育つことを発見するまでのこと。[30]

では、酒造りに使う理想の素材とは何だろう。求められるのは、いろいろな場所でよく育つ、糖度の高い果物だ。そして味が良いか、好ましい風味に容易に変えられるものであるべきだろう。それに簡単に収穫や発酵ができないといけない。

この条件にぴったり合うのは、ブドウだ。

糖というのは見方によると、生き物が炭素を蓄えたり移動させたりするための手段と言える。生物学者やSFオタクが「炭素ベース生命」と言うときがあるが、それはまさにドンピシャの言葉なのだ。たとえば、トマトは炭素のほとんどをショ糖として蓄えるし、リンゴは糖とアルコールが結合したものを、アボカドは動物のように炭素を糖ではなく脂質として蓄積する。しかし、ブドウは単純な単糖を蓄える。そういう意味で、ブドウは間違いなく最高の果物だ。その四分の一は糖で、さらにその半分をブドウ糖が占めるのである。

しかし、ブドウがすごいのは糖に限った話ではない。僕たちが芳香と考えているものの多くは揮発性の化学物質で、こうした物質は分子が非常に軽く、気化して僕たちの鼻が感知できるものに変わる。リンゴなどの多くの果物は大量の揮発性化合物をつくり、なかでも特にアルコールと酸が結合したエステルを多く含む。ところがブドウは「エステルをほとんどつくらない」と、オーストラリア、アデレードにある連邦科学産業研究機構の植物分子生物学者、ポール・ボスは言う。じつはこれはワイン造りにとって朗報だ。というのも、ブドウがエステルをつくり出したとしても、すべて発酵中の化学変化の作用によって壊されてしまうからだ。代わりにブドウでは、ジュースがワインへと変わるときエステルになれる分子ができる。「古代の人は手に入るものなら何でも使ってアルコール飲料を造る実験をしたと思いますよ」とボスは言う。

チグリス・ユーフラテス川のほとりの、穏やかで水量豊富な地味《ちみ》の肥えた土地に住みついた人々は、オリーブ、イチジク、ナツメヤシなど、たくさんの果実を手にすることができた。しかし、これら旧式な糖質源のなかにあって、ブドウだけが糖分のほとんどを、酵母が容易に代謝できる可溶性の単純な糖として蓄える。じつのところ、ブドウを収穫できるほど長く定住したのなら、ワインを造らずにいるほうが無理というものだ。なにしろ、ただブドウの実に傷をつけておくだけで、発酵してワインになるのだから。[31] 今日ワイン用に使われるブドウの栽培品種は、適切な分子すべてをつくり、適切な大きさに育ち、適切な糖度に達する。命令のままにおすわりをし、ごろりと転がるようになったというわけだ。

ワインを飲む文化のあるところならどこでも、ヴィティス・ヴィニフェラというたった一つの種が多数派を占める。『ワイン製造の化学と生物学』という本で、イアン・ホーンセイはそのおもな理由は地形だと示唆する。ホーンセイによると、両アメリカ大陸や東アジアの山脈はたいてい南北に走っている。しかし、ヨーロッパや西アジアでは山脈は東西に走る。だから氷河期に氷河が南へ向かって延びたとき、アメリカ大陸や中国のブドウは気候が穏やかで暖かい南へと逃げ出すことができた。しかし、ユーラシアのブドウはおよそ八〇〇〇年前に、わずかに残された「レフュージア」という温暖な微小気候を見つけ、そこで氷河が溶けるまで隠れていなければならなかった。そうして、V・ヴィニフェラだけが生き延びたのだった。

北アメリカと中央アメリカには三〇種のヴィティス属が生育し、中国にはさらに別の三〇種が存在する。しかし、ユーラシアにはヴィティス・ヴィニフェラしかない。それでもユーラシアはワイン発祥の地であり、シャルドネからピノ・ノワール、シラー、ヴィオニエまでブドウの品種に違いはあれど、すべてのワインはみな同じ種のブドウで造られる[32]――ラベルに何と書いてあろうと、どんな色をしていようと、産地がどこであろうと。このヴィティス・ヴィニフェラは、黒海とカスピ海をつなぐ南カフカース高地の、現在ジョージアという国のどこかに起源を持ち、のちに肥沃な三日月地帯およびエジプトへと南下したのだろう（最近の遺伝学研究によれば、ブドウには少なくとも二回の家畜化（栽培化）が起こったらしい。人類が野生の酵母を変えて利用するようになるという出来事は複数回あったが、これと似たようなものだ。一度目はカフカース南部と考えられるが、二度目はほぼまちがいなく地中海地方西部で起こり、そこからヨーロッパのブドウ品種――植物学者の言う栽培品種が生まれた)[33]。

では、ブドウの何が酒造りに適していたのか？　一つは簡単だった、ということ。ブドウはほかの植物が生育できないところでも、ほかの植物が利用できない土にでも育つし、ブドウのつるはほかの作物の上へと伸び、藪や木立ちのなかにも茂るうえ、刈り込まれても枯死しない[34]。

化学組成も文句なしだ。ブドウの実は専門的には中果皮と言われ、ほとんどが果肉でできている。その果肉のほとんどを占めるのがブドウ糖と果糖、それに酒石酸とリンゴ酸で、このミックスは酵母の好物ときている[35]。ブドウの香りの正体はテルペンという揮発性の芳香性化合物で、たとえばゼラニウムのようなにおいのゲラニオール、スパイシーでフローラルな香りのリナロールなどだ。テルペンは多くの植物でつくられるが、たいていの植物はテルペンを放出してしまう。ペパーミントは葉の表面にある毛状突起からメントールを放出し、柑橘類は果皮の「オイルポケット」に香りの油分を集めている。しかしブドウでは、こうした美味なる香りの分子はすべて果肉に浮かんでいて、最後にはワインに溶け込むのである[36]。

ブドウの果汁はすべて透明だが、皮はアントシアニンという色素を豊富に含む（だから果汁に皮を浸して造ると赤ワインになる）。ブドウ果皮の色素にはまた、タンニンという渋味のする巨大な分子と、フェノールを部分構造にもつ化合物も大量に含まれる。後者の分子は本書の後半で重要になってくるもので、コールタールやオイルのにおいがし、ワインメーカーが熟成度を測る目安の一つになっている。

おもしろいことに野生のブドウの実は丸ごと、成熟度合いを知らせる合図になる[37]。成長し始めは小さく、緑色で酸っぱい。そのあと、ワイン製造者のいう「ヴェレゾン」段階である、柔らかく、赤くなる時期を経て、大粒で糖を蓄えた最終段階へと移行する。これは、あまり早いうちに動物に食べられ、種が撒かれないようにする、進化が生み出した仕組みだ。果実の甘さが増し、鳥や鑑定人を惹きつけるまでは、種はまだ準備中というわけだ[38]。

ブドウは完璧、そうだろう？　でも、ブドウは栽培化によってさらによくなった。人類はV・ヴィニフェラの性的な役割を根本から変えたのだ。野生のブドウには雄株と雌株があり、花粉が昆虫や鳥やコウモリや風に雄株の花から雌株の花へと運ばれることによって実がなる。しかしこれでは、好ましい特質——大粒の実や、暗紅色ではなく淡緑色へ逆行した実など——を持たせたまま繁殖するのが難しい。雌株と雄株を離しておかないと、交雑が起きて維持したい特性が失われる危険がある。

どうしたらいいか？　間性〔雌雄の中間の性質を持ったもの〕に変えてしまえばいい。野生のブドウには雄株と雌株がある。だから、動物と同じように両性のあいだで遺伝物質を交換して繁殖する。その様子を想像してもちっとも楽しくないだろうが、これはとにかく重要な性質で、このおかげで遺伝子を交換して種内の多様性を育むことができる。進化や適応が目的ならこれはすごいことだが、栽培して収穫しようとするのならとんでもない話だ。獲得する特性が何であってもそう。栽培する人は変化なんて望んでない。

だから、ブドウの栽培化における決め手の一つに、雄株と雌株に分かれる雌雄異株から雌雄同株への転換が挙げられる。カナダ・ノヴァスコシア州のダルハウジー大学に所属する遺伝学者、ショーン・マイルズの説明では、雌雄同株のブドウは自分自身で受精できるため、花は受粉して結実しやすく、房に実がたくさんつく。一方、祖先である野生のブドウは雌雄異株で、雌株にしか実がならない。けれどここから、あらゆるブドウの品種が作られ、それぞれがワインメーカーの要望に応じて変更されてきた。すべて同じV・ヴィニフェラでありながら目をみはる多様性がある。フランスのオー・メドック地区だけでも、糖が少なくタンニンの多い熟成ワイン向きのカベルネ・ソーヴィニョンと、反対の特性を持ちアルコールの強いワイン向きのメルローを栽培している。さらに早熟性のカベルネ・フランと、遅熟性でタンニンと糖の濃度の高いプティ・ヴェルドーも栽培する。(39)

天の邪鬼な人間なら、こういう栽培品種が存在すること自体、ブドウが言われているほど酒造りの完璧な素材ではないことの表れだと思うだろう。ブドウがそんなにもすばらしいものなら、なぜこんなにも多くの特注品があるのか？　それはあまり楽天的でない人たちがブドウの栽培化を引き受けたからではないかと、マイルズは説明する。「肥沃な三日月地帯であらゆるものの家畜化（栽培化）が進んでいるときに、ブドウは偶然すばらしく果汁に富んだ果物になったのです。もしも最初の栽培化の中心地がメラネシアだったら、私たちはココナツジュースが発酵したものを飲み、それぞれ特性の異なるココナツのさまざまな品種が存在していたことでしょう」。なら、ブドウの何がそんなに特別なのだろう？

「ブドウの栽培品種は空間的にも時間的にも閉じ込められています。まわりの病原体はどんどん進化しているというのにです。だから栽培業者は化学会社に頭が上らないんですよ」。マイルズは続ける。「古い品種を植えるべきじゃない。新しいものを植えるべきなんです。遺伝子をシャッフルしてより優れた新しい組み合わせを作らないと」

コーネル大学のポストドク研究員だったころ、ブドウの遺伝子を研究していたマイルズは、交配によってもっと優れた新しい品種を作るべきだと主張した。市販の果物や野菜はそうしているわけで、ブドウもそれに倣うべきだと。ところが、マイルズのブドウの遺伝学研究は何の成果も挙げなかった。新しい品種を開発するには時間がかかるし、それにマイルズの病気に強くより風味豊かなブドウという考えは誰からも賛同を得られなかった。ヨーロッパやカリフォルニアのワインメーカーは、ラベルでおなじみのいつもの品種が一〇かそこらあればそれでいいのだ。マイルズに言わせると、「ブドウの種差別」だという。それでマイルズはブドウの研究から降りた。「今はリンゴをやっています。リンゴなら新しい品種を売り出せる。うまくいけば大儲けですよ」

伝統を科学に

一八八四年、高峰譲吉はニューオーリンズで開催された世界博覧会への使節としてアメリカへと渡った。当時の世界博覧会は即席のテーマパークなどではまったくなく、自然史博物館と美術館と世界規模の展示商談会とがいっしょになり、それが何か月も続く盛大なイベントだった。

フレンチクォーターにアパートを借りた高峰[40]は、家主の退役北軍大佐の美しきブロンドの娘、キャロライン・ヒッチと出会う。高峰は一八歳のうら若きキャロラインの倍ほどの年齢でありながら、二人は婚約する。これはちょっとしたスキャンダルになったのではなかろうか。しかし高峰は外見はいかにも外国人ながら、英語が達者で、ことを急ぎもしなかった。博覧会では、高峰はリン酸を原料とする肥料について学んだ。これは当時としては新しい製法で造られたもので、穀類の収量を飛躍的に改善するのにひと役買った。博覧会が終わると、高峰はこの肥料の効き目を見にサウスカロライナ州チャールストンまで足を延ばす。帰国した高峰は農商務省に勤務したのち、一年間、専売特許局の管理職を務め、そののち新設された東京人造肥料会社の運営をあずかることとなった。[41]そして一八八七年の夏、ニューオーリンズへと舞い戻った高峰はキャロラインとの結婚を果たし、二人は東京に居を構えた。[42]

高峰は麹の研究を続けた。麹の作用するプロセスの改善法や、反応を速める方法、「ジアスターゼ」の抽出方法を探索した。ジアスターゼが何であれ、デンプンを糖に変えるのはこれにちがいなかった。そしてとうとう、麹カビを米ではなく、使い道がないとされ廃棄物として扱われていた小麦ふすま〔小麦を製粉したときにふるい分けられる糠〕に生えさせる方法を見つける。[43]高峰はこの新しい製品を夜郎自大にも「タカコウジ」と名づけ、さらにはアルコールを使って活性成分を抽出する方法と、それを粉末化する方法も発見した。まだ誰も酵素というものを知らなかった時代に、デンプンを分解する酵素を分離したのだ。[44]

こうした手法の持つ意味が麹の新しい利用技術にとどまらないことに、高峰は気づいていた。これはエタノールを造る新たな方法だった。しかも、伝統的な大麦の糖化が数日かかるのに対して、高峰の方法は四八時間しか要しないのである。モルティング〔製麦〕と呼ばれる伝統的な手法は何千年にもわたって西洋で使われ、シングルモルトウイスキー、モルトリカー、発芽大麦、麦芽粉乳シェイクの製造に使用される。高峰の手法はこのモルティングを打ち負かす可能性を秘めていた。同じ量なら高峰の抽出物のほうがモルティングよりも多量の糖を生産でき、これを使えば醸造業者や蒸留業者は儲けを増やせる。[45]

この発見により転機が訪れる。高峰は探し求めていたもの――穀類のデンプンをより安価でより速く発酵可能な糖に変える手法――を手にしていた。あとは大量生産に向け規模を拡大するだけだ。チャンスは一八九〇年に転がり込んだ。義父が電報を寄こし、アメリカ最大の複合蒸留酒メーカーが高峰にシカゴへ来てモルトを使用しないウイスキー造りを立ち上げてほしいと希望しているのを教えてくれたのだ。[46] これには譲吉一家をアメリカ、それも中西部へと移住させようとする意図があったと思われる。高峰の経営する肥料会社は上々……しかし、キャロラインはそうではなかった。「姑がキャロラインに我慢ならなかったようです」。[47] ラトガース大学のアスペルギルスの研究者で高峰の伝記を書いたジョーン・ベネットは言う。「彼女の境遇は憐れそのもの。おそらくこのことが原因となり、一家はアメリカへ移住したのでしょう」[48]

バイオ産業の先駆け

当時、科学者が自分の研究を商売に結びつけて考えることはほとんどなかったが、高峰はちがった。キャロラインと二人の子供を伴ってシカゴに移り住んだ高峰は実演用の施設を建設。一八九一年には、開発した製造法に関するアメリカの特許を取得した。何をどう勘定するかによるが、これは英語で書かれた最初のバイオテクノロジーの特許と言われる。そして同じ年、高峰を採用した大手複合酒造メーカーのウイスキー・トラスト社の命を受け、イリノイ州ピオリアへ転居し、工業規模の製造施設の建設にこぎ着ける。シカゴ・デイリー・トリビューン紙はピオリアからこう伝えた。「ウイスキー製造で世界最大のシェアを誇る、ピオリアのディスティリング・アンド・キャトル・フィーディング社が新しい蒸留酒製造法を採用。この製造法によって金鉱を上回る収益が期待される」。高峰は同社が上げた利益の五分の一を得られることになっていた。[49]

ところが、酒造界の最先端を走る高峰に対し、旧態依然とした業界には新しい製造法を受け入れるだけの準備が整っていなかった。

グレンオードのモルティング

スコットランドの遥か北方の地、ミュール・オブ・オードという小さな村には、鉄道の駅のほか、トラック用に建設された驚くほど広い道路がある。ここはブラックアイルへの入口で、広い道路はそのために引かれた。ブラックアイル（黒い島）はその不吉な名前にもかかわらず、スコットランドが誇る大麦の一大産地なのである。

ミュール・オブ・オードには、一八三八年から続くウイスキーの蒸留所がある。現在、その蒸留所は多国籍複合飲料メーカー、ディアジオが所有する退屈な四角いビルになっている。隣接するとんがり屋根の小ぶりな木造の建物には小さな店舗が入っていて、何かで読んだ話では人気の店らしい。僕もそんな気がするのだが、はっきりしたことは言えない。というのも、僕がグレンオード蒸留所に着いたのは、どんよりとした金曜の晩だったからだ。蒸留所は完全に業務終了。扉は施錠され、電球ひとつ灯っていない。でも構わない。僕はそれまで一度だってそこのウイスキーのシングルトン・オブ・グレンオードを賞味したことはない。なにしろ、ほとんどは一大ブランドのジョニーウォーカーにブレンドされてしまうし、(50) 残りもほぼすべてマレーシアとタイに売られている。そこで、あるウイスキーブロガーの論評を引用しよう。「まずまず心地のよいウイスキーだ――しかし、特別なところも記憶に残るようなところもない。すばらしいという意味においても、つまらないという意味においても、何もない[51]」

グレンオードで大事なものは駐車場を隔てた反対側の別の建物にある。高さ一八メートルのきわめてモダンなデザインの立方体には、もう一つの立方体が付いている。これがグレンオード・モルティングスだ。ディアジオがスコットランドに所有する四つのモルティング施設の一つで、大麦をデンプンの粒から、ウイスキーへと容易に変換できる糖を含む麦芽《モルト》へと変える。ここは一一人体制で毎日稼働し、年間三万八〇〇〇トンの大麦を処理する。これは八億三八〇〇万ポンドに当たり、日に七台から八台の大麦を積んだトラックがスコットランド中からやって来ては、その後、国内各地のディアジオの蒸留所へ向けてモルトを運び出している。

蒸留所はかつて自前で大麦をモルトにしていた。これは「シングルモルト」ウイスキーの条件の一つだった。今日、ウイスキー蒸留所の特徴とされるジッグラト型の屋根は、実際には「モルティングフロア〔発芽室〕」の屋根であり、かつてそこではモルト係たちが運び入れた大麦を湿らし、鋤《すき》のような特製の道具でひっくり返して発芽によって生じた熱を逃がしながら温度を調整し、それから穏やかな加熱のステップ（燃料にピートモスを使うこともあった）によって発芽を止めていた。しかし今では、ほとんどの蒸留所はこんなことはしない。古き良きモルティングフロアはグレンオードのような集約型の施設を使うやり方にくらべると費用がかさみ、もはや過去の遺物と化している。さらにシングルモルトの世界的な需要の高まりもあって、たとえフットボール場サイズのモルティングフロアがあったとしても、蒸留所の能力にモルトの生産が追い着かないだろう。一〇トンから一二トンの大麦をモルトにするのに、伝統的な方法では五日か六日かかるが、通常サイズのウイスキー蒸留所なら、たった一回の発酵でこの量のモルトを消費してしまう。

モルティングというのは大麦のデンプンを糖に変える方法で、そうしてできた糖をビールやほかの酒類へと変える。ウイスキーは基本的には蒸留したビールだ。そして、このモルティングこそが高峰がなくしてしまいたいと望んでいたものだ。

ビールやウイスキーのメーカーが大麦を使うのは、モルティングが簡単だからだ。ほかの穀類でもモルティングはできる。けれど、たとえば小麦にはデンプン分解酵素が少ないし、オート麦にはタンパク質と脂質が多すぎる。トウモロコシはモルティング前のデンプンをほぐす工程で多量の熱を要する上、油分が変質しやすい[52]。大麦にはそういう不都合がない。

金曜日の定時を過ぎた時刻だが、グレンオード現場業務部長のダニエル・カントはまだ仕事をしている。短く刈り込んだ黒髪につるっとシワひとつない顔のカントは、反射素材でできたオレンジのジャケットを身に着け、僕のと同じ色のベストを手にしている。二人とも工場の作業階へ行こうとしているのだ——一〇〇万年の歴史ある生化学反応を利用した工業プロセスの現場へ。

搬入ドックに行くと、ダンプカーが荷台を傾けていた。ダンプの後ろに付いたパイプから重量挙げ選手の太腿ほどの太さの流れとなって大麦が飛び出し、コンクリートに開いた穴へと吸い込まれていく。カントは飛び去っていく大麦の流れに片手を突っ込み、種をひとつかみ取ると口に放り込んで、僕にも同じようにしろと促す。言われるままにひと口ほおばる。朝食に食べる乾燥したシリアルのような味。特に甘くはない。グレープナッツ〔小麦を原料とした朝食用シリアル〕を思わせるが、ラッキーチャームス〔シリアルとマシュマロの入った子供用朝食〕とは違う。

「いいかい、ようく見てな」。カントはそう言うと、親指の爪と人差し指のあいだにひと粒の大麦を挟んで、ギリギリと力を込める。ところが爪なんかではへこみキズひとつつきやしない。もみ殻は頑丈にできているのだ。搬入された大麦は地下のホッパー〔穀類を下に落とすためのじょうご状の装置〕の中に落ちたあと、ベルトコンベアで運ばれながら磁石の前を通っていく（これは金属を取り除くための工程で、農機具の部品やらローマコインやら、一〇〇〇年の歴史を持つスコットランドの穀倉地帯で収穫の際に紛れ込んだ鉄を選別する）。それから大麦は二五基ある容量二〇〇トンのサイロの一つへと運び込まれる。

工場の中では、大麦はカラカラという音やシュッシュッという音を立てながら縦横無尽に張りめぐらされたダクトや排出口を通り抜け、工場の壁や金属メッシュの床に反響音を響かせる。カントも僕も相手に聞こえるように半ば叫び声で話さなければならなかった。「蒸留所は楽なもんです。連中は液体を動かしているだけですよ」。カントが怒鳴り声を上げる。「穀物はそうはいかない」。ここのような施設は材料の扱いに難儀しているのだ。運動している粒子は時には液体のように時には砂のようにふるまい、よどみなく流れるのではなく、小さな雪崩をくりかえしながら動く。ダクトでは弁やポンプではなく、タービンやパドルやコンベヤーベルトを使う。大麦がくっついて塊になりやすいからだ。また粉末が空中に散乱すると爆発性のガスのようになり、ちょっとした火花で粒子が発火してそれが近くの粒子に火をつけ、それがさらに別の粒子に火をつけ、というふうに「三次元高速発熱波」が生じる。要は大爆発が起こるのである。だからグレンオードのようなモルティング施設では、立派な木工所のように、バキューム装置があちこちに備え付けられている(穀粒が濡れると、今度は粘性の高い重い泥のような塊をいかに動かすかという問題が頭をもたげる)。

カントは巨大な金属製の赤い引き戸を開け、実際にモルティングが起こっている部屋を見せてくれた。まるで一九六四年ごろに建造された戦艦のボイラー室のようだ。それから僕たちは最上階まで上がってホッパーを見た。ホッパーから乾いた大麦が落ちて、下の浸漬槽と呼ばれる水を張った大きなプールへと入っていく。浸漬槽は全部で一八基あり、それぞれがミニクーパーがすっぽり収まるほどの大きさだ。床に開いた金属の格子越しに、六メートル下にトレーラー式タンク車ほどもある巨大な円筒形の金属タンクの蓋が一八個あるのが見える。タンク正面に取り付けられた歯車がまるで歯のようで、映画『メトロポリス』の憐れな地下労働者が操作しているのではと思わせる。タンクはすべて水気を含んだ大麦で満たされており、中身をゆっくりと撹拌している。

浸漬槽の上の金属の支柱が交差しているところに、丈の短い草が茂っている。逃げ出した大麦の種が育ってすみついたのだ。「ここは大麦に湿気を与える場所です」と浸漬槽のそばに立ち、カントが言った。大麦の種は湿度およそ一三パーセントに乾燥されている。これはカラカラの状態で、サイロの中でなら二、三年は保存がきく。ここでは、大麦がタンクに落ちてから二日間かけて水分を四八パーセントまで上げており、これが連続して起こる化学反応の引き金になる。

大麦はほかの穀類と同様に草の仲間で、人間が食べるところはその種の部分だ。種は生命の爆弾だ。種が発芽し、発育するための生化学のエンジンを動かすのに必要な栄養が、胚とともに詰まっている。この爆弾を水中や空中、あるいは泥の中へ落とすと、爆発して植物体となる。しかし、アルコールにしか関心がないのなら、僕らの興味は弾頭——幼根や、植物体になる胚——ではなく、デンプンを満載している入れ物のほうに向かうことになる。

大麦の粒は流線型で、ちょうどマグロのような形をしている。種は「頭」を内側、つまり茎に向けた状態で成熟する。マグロの脳にあたる先端部には、幼根の束が包まれた胚があり、その後ろにはやがて葉になる胚盤と呼ばれる壁がある。[53] さらにその後ろで粒の大部分のスペースを占めているのがデンプンの詰まった内胚乳で、胚の食料の役割を果たす（ちょうど卵黄が発生中のひよこの栄養になるのと同じ）。これらを酵素産生細胞でできている糊粉層という三重の層が包み、さらにそのすべてを硬いセルロースの殻が覆う。[54] カントがなかなかへこみキズをつけられなかったのはこのためだ。セルロースは頑丈なのだ。

水に浸し、その後また空気乾燥させるという処理をすると、大麦の胚は生長する時期がきたと勘違いするらしい。これにより一連の化学反応の引き金が引かれ、まずジベレリン酸というホルモンが産生される。次にジベレリン酸は糊粉層へと浸透。これがシグナルとなって、この層を形成する細胞はデンプンを分解するアミラーゼと、デンプンを覆っているタンパク質を分解するプロテアーゼをつくる。大麦のアミラーゼは大麦のデンプンだけを分解するわけではなく、アメリカ式ウイスキーのバーボンの主原料であるトウモロコシや、サツマイモ、さらにはある種のビールの添加物として使われる米のデンプンも分解する。

次に僕たちは金属製の階段を下りて回転ドラムの一つへと向かった。カントは操作盤のキーを二、三個叩いて、僕たちが頭を突っ込んでいるあいだにドラムが回転し始めないようにロックする。それから側面の四角い金属の扉までさらに下りて、扉を上に引き開けた。生きた穀物のにおいが立ち昇る。秋の日に中西部の農場を訪れたような感じ。いい兆候だ。もし大麦が湿りすぎていたらリンゴのような、発酵しているようなにおいがするはずだから。

カントは二、三粒種をすくい取った。今度はどの粒も親指の爪で切れる。内側に幼芽鞘と呼ばれる白色に輝く帯状の組織がカーブを描いているのが見える。これが幼根へと発達する部分で、最初にデンプンが糖に変わるところだ。「デンプンやタンパク質を分解する酵素がほしいわけで、植物を成長させたいわけじゃない」とカント。種は糖をつくるために必要なのであって、食べるためではないということだ。カントが種をつぶすと砕けて白い破片になった。「アイシング用粉砂糖みたいな手触りになるんです」。そう言うカントの指に、砕けた種が薄く白い筋を残した。

ここで、ふたたび大麦を乾燥させなければならない。湿ったままだとカビやほかの真菌が生えるおそれがあり、たとえカビに毒がなくても、そのにおいは蒸留した最終製品にまでついて行く。また、モルトの色や焙煎の程度には醸造業者によって好み——「チョコレート・モルト」など——があり、これらはこの加熱の段階で決まる。カントは窯で乾燥させる際、駐車場の向こうにある蒸留所の廃熱を利用したり、オイル炉を使ったりする。「フェノールを加えてもいいですよ。ピートに含まれていますからね」とカントは付け加えた。

ウイスキーメーカーにとって、これはきわめて重要な話だ。ミズゴケやいろいろな植物がいっしょになって死に、沼や湿原の水中に沈むと、泥炭《ピート》ができる。酸素がないので、ふつうだったら植物の遺骸を分解するはずの細菌が働けない。そうして植物の遺骸が蓄積したものが、英国ではいっとき重要な燃料源になっていた。沼から切り出し、乾かしてレンガのような形にして燃やしていた。ピートを燃やしたときに出る煙には、ミズゴケに含まれるフェノールに由来する独特の香りがある。この香りが好きな人は「土の香り」とか「ヨウ素のような香り」とか言う一方で、嫌いな人に言わせればそれは古くなったバンドエイドの味だそうだ。グレンオードでは一週間で三八トンのピートペレットを使用しており、ペレットが屋外に山と積み上げられている。蒸留業者はみな、自分たちのフェノール含有量をppmのレベルで調節し、他社との差別化を図ろうとしている。グレンオードでは、かなり高い一〇〇ppmの濃度のタンクを作り、それをピートを含まないモルトと混合して蒸留所の求める仕様の濃度まで下げるという。

事務所へ戻ると、カントはプラスチックチューブのようなものが所狭しと並ぶ大きな冷蔵庫を見せてくれた。チューブには仰々しいラベルがぺたりと貼られ、「納品済みモルト——クラガンモア〔スコットランドの高級モルトウイスキー〕」などと書かれている。グレンオードがさまざまな蒸留所へ納めたモルトのサンプルが満載なのだ。カントはそこから一本取り出して、これはコンチェルトという新しい大麦株の試験品だと言うと、味見を勧めてくれた。本日、三回目の味見だ。

パリパリしていて、日本の煎餅のような食感。甘さはチェリオス〔オート麦シリアル〕っぽいものからシロップを入れたポリッジ〔オートミールなどを水や牛乳で煮たかゆ〕へと優しい甘さが円熟している。ピート由来のフェノールもしっかり香る。ピートの香りに目がないタイプの人には効果てきめんだろう。

モルティングはここで終了。あとはウイスキーになるのを待つばかり。

世界でもめずらしい麹による酒造り

日本酒メーカーはおよそ四〇系統の米を使っている。米——分類好きのために言うと、オリザ・サティバ(55)——は大麦同様、それぞれの系統が要望に合ったいろいろな特性を持つように最適化されている。たとえば前章で触れた酒造家、秋山裕一は、山田錦という系統をそうとう気難しいと評している。まず山田錦は山地でしか育たない。斜面では大型農機が使えないので栽培も収穫も難しい。また背丈が高く伸び、実るのが遅いので、収穫前に台風でやられる危険がつねにある。それでも山田錦は育てる価値がある。ほかの醸造用の米と同様、山田錦はデンプンを多く含む大きな粒を実らせ、それでいてタンパク質が少ないのだ。

米は強靭な果皮で覆われ、そのすぐ内側には胚の層がある。この二つがいっしょになったものが糠《ぬか》で、玄米の色はこの糠によるものだ。日本酒造りにとって、糠は厄介のもとだ。糠に含まれるタンパク質と脂質のせいで、酒の香りや色が悪くなり、酵母の生育が抑えられる[56]。だから、蔵人たちは何度も精米機にかけて糠の層を徹底的に取り除く。これを「磨き」といい、このときナマの米を超硬度のシリコンカーバイドでコートしたローラーの上に落として、ローラーで糠と酵素をつくる糊粉層、さらには米粒のデンプンの外側を少し削り取る。こうして磨いた米を蒸すとき、世界でももっとも心地よい香りがあたりいっぱいに広がる。重厚で、甘く、ナッツにも似た芳香が立ち込める。米はそれから少し冷まされる……が、ここで本当の問題が出現する。蒸すとデンプンは柔らかくなり、「ゼラチン様」になる。しかし、分解はしないのである。

初期の酒造りでは、米を口に含んで噛み、それを吐き出すことで、デンプンを分解していた。人間の唾液にはアミラーゼが含まれているため、食べ物が胃へ入って行く前からデンプンが分解される。これに関して、文化の平行進化というべき驚きの例がある。南米の田舎にも、これと同じ方法でチチャと呼ばれる発酵飲料を造っている人たちがいる。彼らはキャッサバやトウモロコシの粉を噛んだあと口から出し[57]、転がして小さな塊にし、天日乾燥したのちに発酵させるのだ。

こうした口噛みは長時間にわたって大規模に行える方法ではなく、日本酒の場合は、結局もっと奇妙な解決法に行き着いた。それが麹である。

ちょうど酵母と同じように、麹は一八〇〇年代後期、正確には一八七六年[58]になってはじめて、分離・同定された。しかし、酵母が一九九六年に初めてゲノム解析された生物になった[59]一方で、麹にその順番が回ってきたのは二〇〇五年のことだった。[60] ゲノム解析によって明らかになったのは、麹が二〇〇〇万年前からいる微生物であることと、[61] それにもかかわらず現代的な酒造プロセスにぴったり合っているということだった。麹は一〇種類のタンパク質分解酵素をつくり、タンパク質を大量に含む大豆を分解することから、醤油や味噌の生産者に重宝されているし、三種類の特徴的なα-アミラーゼをつくるため、[62] 酒造業者が米を糖化するのになくてはならない存在になっているのである。

麹はいとこたちが持つ有毒な遺伝子をいまだに持っている。麹の遺伝子は、アフラトキシンという毒を産生するアスペルギルス・フラブスと九九・五パーセント同じなのだ。それでもA・オリゼは安全だとしか思えない。[63]「有害な可能性のあるそうした遺伝子はほぼ完全に抑制されています」。日本の産業技術総合研究所の生物システム工学研究グループ長であり、A・オリゼのゲノム解析プロジェクトを指導していた町田雅之《まちだまさゆき》は言う。「発酵産業で使われる株では、有害な可能性のある遺伝子群は完全に削除されていました」。しかし町田の研究では、いつ、どうやって麹を人々が手なずけたのかはわからない。

進化生物学者アントニス・ロカスにとって、この謎を解くのは長年の夢だった。二〇〇七年にヴァンダービルト大学で自分のラボを立ち上げたとき、ロカスは日本の酒類総合研究所に依頼してさまざまな酒蔵から採取した麹の胞子を送ってもらった。ロカスは進化、それも家畜化——人間主導の速度の速い進化について研究したいと思っていた。「進化に関する私たちの考えの多くは、動物や植物の研究例のせいでかなり偏ったものになっていると思うんです。それは悪いことじゃないけれど、進化の多くは微生物で起こっているんですよ」。そうロカスは言う。

ロカスは家畜化を新しい視点から考えなおすことにした。家畜化の過程では、特定の性質をかけ合せることによって遺伝子のセットを選択することになる。バージョンの異なる遺伝子のことを「対立遺伝子」といい、これらバージョン違いの遺伝子はそれぞれ異なるタンパク質をつくり、その結果違う効果を発揮する。たとえば、体毛の色を濃くしたり、大きな果実をつくったり。家畜化された微生物では、苦味を抑えたビールや、速く膨らむパンや、大量のペニシリンをつくったりする。

しかし、遺伝子は孤立して存在することなどない。みんなほかの遺伝子とつながって、染色体という構造体に詰め込まれている。ロカスは、家畜化、すなわち特定の遺伝子にコードされている特定の性質を選択すると、その近傍の遺伝子の変異も少なくなるだろうという仮説を立てた。たとえば、米のデンプンを分解する遺伝子を選択〔維持〕しようとすれば、染色体上でその遺伝子と隣接している別の遺伝子も無差別に選択することになるというわけだ。「家畜化してから二、三千年たってみると、人間が選択した有益な特性のある遺伝子周辺の部位では変異が抑えられているでしょう」とロカスは言う。

つまり、家畜化された生き物のゲノムには、野生の祖先にくらべると変異の少ない部分があるということだ。時が止まった断片があるにちがいない。そこでロカスらは実験を行うことにした。

A・オリゼのゲノムと毒性のある近縁のA・フラブスのゲノムとを並べ、時が止まっている部位を探したのである。

すると、あった。およそ一五〇か所の領域で、A・フラブスでは正常な頻度の変異が起こっていたのに対し、A・オリゼでは不気味なほどに安定していたのだ。さらに結構なことに、これらの領域にあった遺伝子は家畜化の候補として申し分のないものだった。「こうした遺伝子の多くが、代謝と関係があったんです。直感的に言って、これは筋が通っています」。ロカスは続ける。「米のデンプンを分解しようという人にとって、代謝は一大事ですからね」。グルタミナーゼをつくる遺伝子は特に安定していた。グルタミナーゼはL─グルタミンというアミノ酸をグルタミン酸に変える酵素だ。グルタミン酸はMSG（グルタミン酸ナトリウム）としてよく知られる「調味料」で、肉やタンパク質を思わせる旨味がある。醤油や味噌にとって、これは大切な成分である。そして、もちろん日本酒にとってもそうだ。

酒蔵の親方を杜氏という。日本でたった一人の外国人杜氏、フィリップ・ハーパーによれば、日本酒を理解する上でもっとも重要なものが麹だという。麹の利用にはふつうの微生物では考えられない方法が取られる。カルチャーショックものだ。大規模な醸造所では、米に麹を植えつけるのに「培養装置」を使う。たとえば、カリフォルニア州のわが家から二、三ブロック先にある宝酒造では、建物の二階ほどの高さがある六角柱型のスチール製の巨大タンクが使われ、一度に六〇〇キロの米を処理する。しかし、ハーパーの酒蔵では昔ながらのやり方で米に麹を植えつける。蒸した米を平たく広げ、下に網を張ったブリキの容器を使って麹の胞子を撒くのだ。胞子は黄褐色の粒子になってさらさらと落ちていく。ハーパーは三つの麹業者から合計六種類の異なる株の麹を買い付けているそうだ。麹菌が容器の中の米に菌糸を伸ばし始めると、麹室のにおいは変わり、家庭的で心地よいご飯の香りから、焼き栗に似たにおいへ、さらに時間がたつと、きのこのような土臭いにおいへと変化する。こうして変化した米もまた麹と呼ばれ、味も変わり、ご推察のとおり甘く、若干ポップコーンのような味がする。色もまた、半透明のほぼ乳白色から輝くような均等な白へと変わる。「ワインの場合はブドウから直接造ります」。ハーパーは言う。「日本酒造りのキモは、蒸し米から始めるというところにあるんです。これに尽きます。麹室に入れて二日たつと、もう米ではなく米麹になります。両者はまったく違うものです。発酵をどうこうする前の段階ですでに根本的な変化が起こっているんですよ」

日本人科学者の夢の続き

もし麹による糖化を大麦に応用できれば、モルティングはまったく必要なくなる。さらに、麹の必要さえもなくしてしまえば――つまり麹がつくる酵素だけを使えれば、話はもっとはやい。今ではその酵素を買うことができるようになったが、一八〇〇年代後半では無理な相談だ。しかしこれこそが、高峰が提案していたこと、モルティングを行わずにデンプンを分解することだった。

このアイデアを嫌うのが誰だか、もうわかるだろう。モルト屋だ。高峰がこの手法を産業化させようとすると、モルト業者は反対運動を起こした。(65) 一八九一年の十月初め、高峰は最初にしてひどい挫折を味わうことになる。高峰を雇っていた蒸留所が火事になったのだ。この騒ぎは……疑惑に満ちていた。ピオリア・デイリー・トランスクリプト紙は次のように書いた。

昨日朝早くに起きたマンハッタンのモルト工場の火災は、きわめて異常なものだった。ほかの建物に被害がなかったのはまったくの幸運である。ホース隊6分署の警報を受け、消防士が現場に駆けつけたとき、火の手は激しかったものの小さなやぐらのみに限られていたため、消火は容易と思われた。しかし、ホースを伸ばしても最寄りの消火栓までは届かず、4分署隊が到着してホースを延長するまで、消防士らは何もできずに立ち尽くすしかなかった。さらに消火栓を開いても、まことに腹立たしいことに水圧がまるで足りなかった。(66)

なるほど、なんとも妙な話である。

高峰は再建を試み、とうとうタカコウジを使って大麦の糖化を行う蒸留所を作った。三年を要した蒸留所は、最終的に日に三〇〇〇ブッシェル〔約一〇万五〇〇〇リットル〕のトウモロコシを糖化するようになった。モルトを使用しない、高峰が造った安価なウイスキーは「バンザイ」と名づけられ、販売へとこぎ着ける。(67) しかし思ったようにはうまくいかず、ついにウイスキー・トラスト社との関係は悪化。長期化する法廷闘争のために事業は衰退を続け、資金は枯渇した。キャロラインは集めていた美術品を売りに出さなければならず、高峰は生きていくために親族に金を無心するほかなかった。[68]

一八九四年、ウイスキー・トラスト社は高峰との関係を絶った。[69]高峰は何十年も、タカコウジによるモルトの置き換えを提案し続けたが、ついに事業を軌道に乗せることはかなわなかった。モルティング法は、糖化酵素を得る方法として現在も主流であり続けている。

もし高峰が事業に成功していたら、酒造業界はどうなっていたのだろう。まず、ミュール・オブ・オードにあるモルト工場は不要になっていたはずだ。それどころか、モルティングのためのインフラすべてが不要になっていただろう。また、違う品種の大麦、さらには大麦でもない穀類がウイスキー市場を席捲していたかもしれないし、巨大市場へと変貌を遂げたアジアのウイスキー市場が一五〇年早く立ち上がっていたかもしれない。それに、酵素の研究はまったく違う方向へ、より商業的な方向へと進んでいた可能性も考えられる。

しかし、高峰のことは心配無用だ。酒造りはうまくいかなかったが、高峰は人生に失敗してなどいなかった。高峰は製薬事業へと関心を切り変え、ジアスターゼ抽出物をタカジアスターゼと名づけ、「消化不良」の薬として売り出した。ベネットが書いているように、「要するに、彼は一八九〇年代のアルカ・セルツァー〔米国の胃薬〕を作ったのだ[70]」。この薬で大成功を収めた高峰は、デトロイトを本拠にしている製薬会社、パーク・デービス〔現ファイザー〕にその製造・販売の権利を売却、同社の命を受けてニューヨークにラボを開設し、まだ誰ひとり分離に成功したことのなかった不思議な化合物の研究を開始する。[71]その化合物とはエピネフリンである。それは、投与された人に活力を与え、アレルギーを軽減し、半死状態の人の心臓を再拍動させるようだった。だが、その製法をまだ誰も知らなかった。

そこで、高峰は同じ問題に取り組んでいたジョン・ジェイコブ・エイベルを、ジョンズ・ホプキンズ大学の研究室に訪ねた。そして上中啓三《うえなかけいぞう》という化学者をニューヨークの自分のラボへ雇い入れる。高峰は自分の知っている精製法とエイベルの方法とを組み合わせることにし、そして一九〇〇年のある夜、上中が抽出物から純粋な結晶を作り出すのに成功した。

高峰は「アドレナリン」と名づけたこの新しい物質の特許を申請し、一九〇一年に単著論文を二報発表した。上中の貢献を考えると、これはどこから見てもひどい話だし、危険でもあった。とうとうライバルの製薬会社が、独占にあたるとしてパーク・デービス社を告訴。最初に分離に成功したのはエイベルであるし、そもそも天然に存在する物質に特許が認められるべきではないと主張した。一九一一年、ラーニド・ハンド判事は原告の訴えを退け、天然物に対する特許も合法であるとした。[72]このハンド判事の見解は、現代の製薬産業およびバイオ産業の発展の土台となっている。

タカジアスターゼからアドレナリンへと研究の軸を移すなかで、高峰はふたたび財をなす。キャロラインと二人でマンハッタンに五階建てのマンションを建て、一階と二階を本格的な日本様式にしつらえた。[73]日本とアメリカで数社会社を経営し、日本の全米科学財団に相当する組織の創立にひと役買った。また一九一二年には、ワシントンDCに三〇二〇本の桜を寄贈(74)。これは今でもポトマック河畔を彩っている。そして今日、日本では、高峰の功績が児童書や伝記映画となって伝えられている。

モルトを使用しない発酵という高峰の描いた未来は、本人がいなくなって実現した。一部の反肥満運動家から目の敵にされるコーンシロップ（異性化糖）のほとんどは、A・オリゼ由来の酵素で造られている。また、いわゆるプレミアム級のクラフトビールが大手ブランドの二倍のモルトを使う一方で、新開発されたビールのなかには、モルトの使用量を減らし、まったく新しいビールを提案しているものがある。

たとえば日本のビールメーカーは、発泡酒というビールとは似て非なる飲み物を造っている。ビールメーカーにはビール中のモルトの量に応じて課税されるので、モルトの代わりに、合成酵素と大麦エキスで糖化された麦汁を造りビールの発酵に使用すれば税の負担を軽減できるというわけである。そうしてできたものから水分を蒸発させ、正規のビールと混合する。そのため、モルトの使用量は低く抑えられている。

蓋を開けてみれば、ビールそっくりの安価な発泡酒は人気を博し、日本の大手ビールメーカーはどこも類似品を造るまでになった。さらに踏み込んで、モルトが要らないならば大麦も要らない——必要なのは糖の原料だけと考えるメーカーも現れ、たとえば豆類がその原料になった。

一方デンマークでは、ハーボーというビールメーカーがひところ、クリム8という喉の渇きを潤すのにぴったりのラガービールを売っていて、製造過程から排出される二酸化炭素を同社比八パーセント削減できるのを売りにしていた。タネ明かしをすると、彼らはモルトを使わなかった。ハーボー社はクリム8の製造に、モルト化していない大麦とノボザイムズというバイオ企業から購入した酵素を使ったのだ。

酵母にとって糖の由来は何だっていい。ばらばらになったレゴブロックのように単糖に分解されてさえいればいいのだ。人間が食べ物をくれれば酵母は幸せだ。モルトだろうと、麹だろうと、酵素の賢い応用だろうと。けれど、連中が幸せというのはちょっとちがう。酵母は満ち足りている。そして酵母はその満足を表現しているのだ。まるで酒を飲んで気持ちが沸き立つみたいに発酵して。

3 発酵

―Fermentation

ペンシルヴェニア大学博物館の、パトリック・マクガヴァンが働く陽当たりのよいオフィスの棚の端っこには、階下の壮麗な博物館に展示されているどんな物よりもまちがいなくすごいものが置いてある。それはタバコの箱ほどの大きさの陶器のかけらだ。生物分子考古学プロジェクトのディレクターを務めるマクガヴァンが正しければ、内側に溝の走る、このわずかに反ったカーキ色の陶片は、一万年前に作られた甕《かめ》の底の一部で、わかっているかぎりで、人が造った最古の発酵飲料の証拠を秘めている(1)。

サンタクロースのような顎ひげを生やし、ゆっくりと思慮深げに話すマクガヴァンは、土を掘り返すタイプの考古学者ではない。たいていは実験器具を用いて古代の人工物に残った化学物質のわずかな痕跡を探している。そこにアルコールが見つかることはまずない。アルコールはすぐに消えるからだ。[2]とても軽いので人の一生ほどの時間で雲散霧消してしまう。しかし、太古のビールやワインに含まれていたほかの物質は痕跡を残す。それを見つけるのがマクガヴァンが得意とするところだ。

これは簡単なことではない。あるドイツ人の研究者らは数世紀前の容器の中に液体を発見して、何かおもしろいものが味わえるのではないかと無邪気に飲んでみた。ところが何の味もしなかった。ただ水の味がしただけ。[3]人間が感知できるほどのものは、とっくの昔に消えてしまっていたのだ。だから、もっと賢い方法でアプローチしないといけない。幸い僕らには、人間が感知できないものを発見する科学機器がある。

化学者に言わせると、「粘土」とはアルミノケイ酸塩の水化物だ。つまりアルミニウムと砂と水である。これが混ざり合うと、イオン化した分子を捕捉したり保持したりするのに優れた物質になる。イオン化した分子とは陽性や陰性に荷電した分子のことで、酸やエステルやそのほか発酵飲料に特有の分子もイオン化している。[4]こうした分子のうちのどれが数千年のあいだ持ちこたえられるのか、どういう科学捜査法――つまり生物分子考古学――を用いればそれらを検出できるのかを解明していくのが、マクガヴァンの研究の神髄だ。発酵飲料はいろいろな分子の複雑な混合物で、なかには悠久の時間を経ても残存する分子があり、粘土の中に含まれると特に保存がきく。

マクガヴァンは最初から酒探しをしていたわけではない。ロイヤルパープルという軟体動物由来の深い赤紫色の染料の専門家として研究生活を始めた（ロイヤルパープルは古代世界では人気の最高級染料でステータスシンボルになっていた）。マクガヴァンは、ペンシルヴェニアでいっしょにアッカド文明を研究したことのある研究者に誘われ、イラン西部のゴディン・テペ遺跡で見つかった五〇〇〇年前の壺の内側についたワインとおぼしき赤色の残留物を調べることになる。(5) その痕跡に見られた化学物質の組み合わせ——ヨーロッパのブドウに多量に含まれる酒石酸と、古代のワイン保存料として一般的だった松やに——から、マクガヴァンはこれをワインだと断定した。(6) 当時知られていたもっとも古い試料である、フランスのリヴィエラ沖で難破した船に積まれたローマのアンフォラ〔古代ギリシャ・ローマの壺〕由来のものよりも、かるく三〇〇〇年はさかのぼる発見だった。

マクガヴァンはたちまち、古代の発酵飲料研究の第一人者となった。そのため、中国北部、賈湖《ジアフー》の新石器時代の村落で同じように残留物がこびりついた壺と、穴の開けられた鉢が見つかったときも、マクガヴァンに声がかかった。賈湖では、栽培種と思われる昔の米(7)や最古の演奏可能な楽器、中国最古の象形文字とおぼしきものが発見されていて、その名はすでに知れ渡っていた。そこに最古の発酵飲料が加わっても何の不思議もなかった。マクガヴァンは賈湖の発掘現場へ足を運んだことはない。陶器のかけらを見ただけだ。「近くの町にある博物館へ行ってごらん」。マクガヴァンは言う。「倉庫で眠ってるから」

発掘現場から出土した破片は非常にもろく、マクガヴァンは自分のラボまで運ぶことができなかった。「高校の化学実験室で抽出をやったんだよ」。マクガヴァンは当時を振り返る。「薬品を現地で買うはめになったんだが、そこまで品質が良くなくてね」。しかし最後には、試料をいくつかペンシルヴェニアまで持ち帰ることができた。

　適切な機器を使用し、本格的な試験をしたマクガヴァンは、米や米から造った酒の古代の試料に含まれていそうな化学物質の痕跡を見つける。なかなかの収穫だが、まだ決定的とは言えなかった。賈湖では古代の米が大量に見つかるからだ。そこに、蜜蝋《みつろう》に見られるn－アルカン類という有機化合物を発見する。これは蜂蜜があったという確かな証拠だ。糖は分解するが、蜜蝋はなかなか消えない。さらにマクガヴァンは樹脂の痕跡と、酒石酸の存在を示す証拠も見つける。これはユーラシアのブドウに由来するものかもしれない。しかし、ヴィティス・ヴィニフェラが中国に到達したのは、この壺が作られた六〇〇〇年後以降であるため、これは中国の在来種由来のものと考えられる。しかし、賈湖にはサンザシもある。サンザシは野球ボールくらいの赤い実をつけ、その果実は内部に房があり、リンゴに似た味には少しチョークの風味がしてブドウの四倍の酒石酸を含む。発掘現場では、壺と同時代までさかのぼるサンザシのタネも見つかっている。

　米に蜂蜜、中国の野生のブドウとサンザシ――これだけの材料を混ぜておいて、発酵させないでおくほうが無理というものだろう。米はアジア全域でアルコール飲料の主原料になっており、またアメリカのピルスナービールの一部にも使われる。蜂蜜は蜂蜜酒《ミード》の原料だし、果実はワインとブランデーの製造に必須のものだ。つまり賈湖の人々がついでいたものには、後世の酒へと変わるものがすべて混ざっていた。それは酒の母なるイヴだったのだ。

これは科学の話であって、一般の同意は得られていない。オリヴァー・ディートリッヒという考古学者は、二〇一二年の論文で、さらに古い時代に人類が発酵を行っていた証拠があると主張した(8)。ディートリッヒはトルコのギョベクリ・テペ遺跡で、台所のような部屋に巨大な桶と、モルトか大麦とおぼしき残留物があるのを発見し、これによって人類による発酵の起源はおよそ一万一〇〇〇年前までさかのぼると考えたのだ。マクガヴァンはこの結果を「示唆に富む」としながらも、化学的な証拠や植物による証拠がないとも述べる。依然としてマクガヴァンは賈湖にこだわっている。

発酵に人間は必要ない。自然現象なのだ。酵母に糖を与えれば勝手に始まる。しかしおよそ一万年前のあるとき、人類は発酵のプロセスを掌握し、自分たちの好みに合わせ、運まかせに発酵したブドウをその木から手に入れるのではなく、飲みたいときに飲めるようにした。陶器の作り方や金属の加工や作物の栽培を覚えたのとならんで、発酵もまた人類史の初期に初歩的な観察から科学へと変貌を遂げた。人類にはその仕組みはわからなかったが、発酵は自分たちが持っているものを自分たちのほしいものへ変えてくれると知っていた。発酵プロセスを修正したり改善したりしたということは、人類がもはや自然の単なる参加者ではなくなったということだ。人類は自然をつくり変えていた。今日では発酵は当たり前になり、一つの技能になった。それでも研究者たちは理解を深め、発酵プロセスを改善しようと努めている。

その陶片を持たせてもらえないかとたずねたとき、マクガヴァンが緊張しているのがわかった。マクガヴァンは僕にゴム手袋を渡すと自分も手袋をつけ、もろい破片をジップロックから取り出して手渡してくれた。こんなにも古い人工物を手にしたのは初めてだ。しっかりと手のひらに感じたあと、携帯電話を取り出し、写真に収めた。この陶器のかけらは人類のアルコール造りの起源へとつながっている。時を越え、確かにそう感じられた。

実験的醸造

サンディエゴ郊外にある四角い工場の建物から、バッティングケージやら農機具のジョン・ディア特約販売店やらが続く通りを抜けたところに、ホワイト・ラブズという会社がある。同社の事業は酵母の販売で、顧客の多くは個人醸造家とクラフトビールメーカーだ。[9] 二、三の小さなワイナリーや蒸留所へも卸している。ホワイト・ラブズの大きなシャッターの向こうには、すばらしい試飲室がある。

試飲室の無垢の壁板には引き伸ばした実験器具のアーティスティックな写真が飾られ、長い羽目板のバーカウンターには蛇口が二四個備え付けられている。蛇口には、パブによくあるような装飾はいっさいなく、先端に試験管のような端の丸い透明なプラスチックの筒が取り付けてあるだけ。頭上に取り付けられた薄型ディスプレイにはスポーツ中継ではなく、少量生産のビールとその醸造に使われた酵母株のリストが映し出されている。WLP001カリフォルニアエール、WLP585ベルギーセゾンⅢ、WLP802チェコ・ブデヨヴィツェラガー[10]、という具合だ。

画面をにらんでいると、ニーヴァ・パーカーが歩み寄ってきた。ホワイト・ラブズの試験所所長を務める几帳面な黒髪女性のパーカーはお決まりフレーズを繰り出す。「ビールはいかがです?」

はい、と言わなきゃいけないようだ。仕方がない。記事のためだ。

パーカーはバーの内側へ入って小さなグラスを四つ取ると、並んだ蛇口の前を行ったり来たりし始めた。できるかぎり多種多様な酵母を披露したいのだと言う。まずは、ホワイト・ラブズで一番人気のエール酵母WLP001で造ったビールだ。次にパーカーは、WLP051という別のエール酵母で造ったビールを注いでくれる。こちらはよりサンフランシスコ・スタイルのものらしい。この二つのビールのあいだに、カリフォルニアラガー酵母WLP810で造ったビールと、ミュンヘンの「ヘレス」用のWLP860で造ったビールを置く。外は暑く、少し蒸している。ビールを飲むにはうってつけの日だ。810をひと口すすり、時間をかけて鼻腔に香気を流し入れてから、グラスを置く。今度は860で同じことをくりかえす。両方とも松林をわたる海からの風のように爽やかで、ホップが効いている。しかし正直なところ、両者の違いはあまりわからない。

パーカーは、洗練されていない僕の味覚にもひるむ様子を見せない。この四種類のビール——それどころかホワイト・ラブズの蛇口から出るビール——はすべて、一つの決定的な要因を除けばまったく同じものだ。同じ大麦、同じホップ、同じ水、同じ温度で造られている。パーカーがアピールしたいのは、酵母による発酵の違いだけなのだ。

本物の醸造所ではこんな風にはビールを造らない。使う酵母の種類によって温度を変えたほうが、味のよい製品ができるというもの。[11] たとえば、エールはラガーよりも高温で短時間、発酵させる場合が多い。原料も変える。大麦の種類や量を変えれば、違うタイプのビールができる。水だって大事だ。ピルゼン〔チェコの都市〕の伝統的なビールを造る地域では、ミネラルをほとんど含まない軟水が使われ、イングランドを象徴するバートン・アポン・トレントでは、亜硫酸塩やカルシウム、マグネシウムを多く含む水が使われる。[12] こうしたことは、エタノールだけでなく、風味にかかわる分子をつくるという点で、発酵の成功いかんを左右する。しかも、これはビールについての話で、ワインではまた別の調整が必要だ。

ホワイト・ラブズは酵母に照準を合わせている。「ほとんどの株は人為的に操作ができるんですよ」。パーカーは説明する。「より高温で発酵させればより多くエステルがつくられます。増殖速度によって風味の化合物に違いが出てくるのです」。それに、麦汁の糖分量でも最終産物が違ってくる。とにかく、こうした要因によってたくさんの組み合わせが生まれるのだ。こういう初期条件に加え、大麦やホップを変えれば、二二種類のおもなタイプのビールを造れる。インディアペールエール〔苦味が強く、適度にフルーティ〕やポーター〔濃厚でホップの苦味が強く、濃色〕のようなエールから、ピルスナー〔日本の淡色ビールが該当するタイプ〕やボック〔コクがあり、アルコール分も高い〕のようなラガーまで。[13]

また、発酵手順のわずかな違いが最終産物に大きな影響を与えることもある。ホワイト・ラブズは以前に、同じ麦汁、同じ酵母を使い、発酵温度だけを変えて、二種類のビールを造ったことがある。ところが、この二つのビールの味はまったく違っていた。一九℃で発酵したビールに含まれるアセトアルデヒドは七・九八ｐｐｍとかなり低い値だった。アセトアルデヒドはふつう、青リンゴに似た味を呈するが、このくらい低い数字になるとほとんどの人はまったくその味を感じられない。一方、二四℃で造ったビールは一五二・一九ｐｐｍという途方もない量のアセトアルデヒドを含んでいた。(14)

ホワイト・ラブズのバーカウンターの向い側には大きな窓がしつらえてあり、そこからこの会社の本当の業務を覗き見ることができる。窓の向こうでは、研究室の中で白衣を着た技術者たちが酵母の株を培養したり分離したり分析したりしている。パーカーのチームは、英国国立酵母系統保存機関（ＮＣＹＣ）とかアメリカ培養細胞系統保存機関とかの保管物から発酵に使えそうな株を徹底的に探し出し、必要ならば単離を行い、発酵速度や風味の特性、綿状沈殿などをテストする。パーカーたちは五〇株以上を販売し、およそ二〇〇株を凍結保存して保有するほか、遠隔地バックアップ《オフサイト》を希望している顧客のために、五〇〇株程度の酵母の保管も行う。

ホワイト・ラブズはただ酵母を製造・販売しているのではない。彼らは発酵の管理を約束している。還元主義者風に簡潔に言えば、ブドウ糖に始まって二酸化炭素とエチルアルコール（エタノール）で終わる工程の管理である。

酵母のレントゲン写真

本書で僕たちが扱う有機化学では、単語の語尾や語頭で特定の化学構造を表す。たとえば、「オール（-ol）」で終わる化合物では、一つの水素原子と一つの酸素原子が結合したヒドロキシ基と呼ばれるものが、炭素原子に結合する。ヒドロキシ基のように化合物を特徴づける原子集団を「官能基」と言う。先ほどのアルコールの炭素原子にはほかの官能基も結合している。エタノールではエタンからつくられるエチル基（$-C_2H_5$）が結合し、類縁の例であるメタノールではメタンをもとにしたメチル基（$-CH_3$）が結合する。炭素原子一つと水素原子二つというわずかな違いが、酔いと中毒死ほど大きな違いを生むとは、なんとも手際のいいことだ。

エタノールはすごい分子だ。溶媒といって、水には溶けないさまざまな分子をエタノールは溶かすことができる。においも色もなく、じつによく燃える――すぐれた燃料のしるしだ。殺菌力もある。酵母は自分のまわりにエタノールを噴射して、そばにいる競合する細菌や真菌を殺す。また、酵母は代謝の一部を逆転することができる。自分でつくったエタノールをエネルギー源としてムシャムシャと食べることができるのだ。いわば自動車が自分の排気ガスで走るようなもので、酵母は緊急時に自分のウンチで命をつなぐことができるのだ。

こうなると実存論的な疑問が生じる。エタノールが化学兵器とエネルギー源の両方になりうるとしたら、どちらのほうが重要なのだろう。言い換えれば、酵母はなぜエタノールをつくるのか？　そもそも発酵はなぜ存在するのか？

発酵は偶然起こったわけでも何かの副産物でもない。食べたものをエネルギーに変える酵母のやり方なのだ。発酵は代謝、つまりいくつもの化学反応が連なって起こるもので、こちらの分子の一部を噛み切ってあちらに添加したり、電子をくっつけたりひっぱがしたりして、アデノシン三リン酸（ATP）を生み出す。ATPは生体内のエネルギーの通貨で、命の灯りをともすための燃料だ[15]。

僕たち哺乳類の場合は、酸素とブドウ糖から代謝を始めて、実質的には二酸化炭素と乳酸を廃棄物として出す。乳酸は食物を腐敗させる細菌がつくるものでもあり、またピクルスにも含まれる[16]。一方、酵母は乳酸ではなくアセトアルデヒドという別の分子を廃物として出す。しかもそこで止まらない。酵母はアセトアルデヒドに水素原子を結合してエタノールとATPをつくり[17]、エタノールをまわりへ拡散させる[18]。

そう！　酒ができるのだ。

じつは、特別贅沢な実験装置を使えば、この過程を目で見ることができる。コペンハーゲンにあるカールスバーグ研究所はビール醸造にとっての科学兵器だ。そこは第1章で登場したエミル・ハンセンが一八八三年にラガー酵母を単離精製した研究所で、今ではセバスチアン・マイアーというポニーテールで穏やかな話しぶりの化学者が核磁器共鳴（NMR）装置を操る。NMRを使うと発酵中の酵母細胞の内部が見られる。

これは医者が軟組織を画像化するMRI技術と同じようなものだ。しかしマイアーはまったく違うスケールでこれを行っている。超低温の液体窒素と五〇キロメートルの電線の入った高さ三メートルほどのスチールの円筒を使って、一八・七テスラという、地球がつくり出すよりも三〇万倍強力な磁場を発生させる。この強力な磁場によって、原子を振動させ、分子を識別するのだ。マイアーは、装置が追跡できるように、炭素同位体を含むブドウ糖を作製して酵母に食べさせた。「たいていの人がやることは成分の測定です」とマイアーは言う。言い換えると、生物というシステムを作動させてその結果を見ている。「複雑な系では、今までのところそうするしかない。でも、細胞を改良しようと思うなら、活動中の細胞を見たくなるというものです」

マイアーには、医者が傷ついた靭帯を見るように、跳ね回る個々の原子が見えるわけではない。装置はデータを示すだけだ。分子は現れるとほぼ一瞬にして変化してしまう。さまざまな分子が出現しては、ブドウ糖からエタノールへと代謝されるあいだにできる化合物の何かに変わる。一方、二酸化炭素ははっきりと出現する。マイアーには、反応の連なる鎖の両端にブドウ糖とエタノールが見えるが、酵母の腹の中にはほかにも半ダースばかりの見覚えのある分子が認められる。ピルビン酸は即刻と言っていいくらいの速さで消滅し、アセトアルデヒドは現れてもあまりにすばやく消え去るので、NMRでは拾い上げることもできない。[19]

マイアーは、サッカロミセス・セレビシエの醸造用株による発酵の結果と、実験用酵母による発酵の結果とをくりかえし比較した。案の定、実験用酵母は少量のピルビン酸以外にはたいして何もつくり出さなかった一方で、醸造用株では二酸化炭素の大きなピークが見られた。要するにこれは、醸造用株はエタノールづくりに適しているということだ。「どうしてこの株はビールの醸造に優れているのだろう？　どういうわけで、こいつはこんなにも速く作動するのだろう？」。マイアーは疑問に思う。答えは誰にもわからない。わかっているのは、そのようになっているということだけ。

ＮＭＲの研究をしたところで、この疑問には答えられない。酵母がどのようにエタノールをつくるのかを研究しているが、なぜつくるのかは研究していないのだから。

兵器？　それともゴミ？

スティーヴン・ベナーは、その答えがわかるという。ベナーは合成生物学の生みの親の一人だ。合成生物学とは、一から新しい遺伝子やゲノムを組み立てようとする、言わば遺伝学版のＤＩＹである。一九七〇年代、ベナーは酵素を研究していた。酵素をはじめとするタンパク質はすべてアミノ酸という小さな要素からなり、そのアミノ酸が遺伝子によって決められたとおりの配列と形態で組み立てられる。アミノ酸の連なる鎖は、長いひも状や突起状になったりするが、酵素ではくぼみやカップ型の構造がつくられ、そこで化学反応が起こる。酵素の重要な働きには、分子の結合や切断がある。酵素は進化が生み出した傑作だ——もし審美眼をお持ちなら、これに賛同してもらえると思う。

ベナーたちは、こういうアミノ酸の配列を使えば、いわば分子的な古生物学研究が行えることに気づいた。現生の生き物の酵素のアミノ酸配列を近縁種の関連する遺伝子のアミノ酸配列と比較することで系統樹を逆再生し、先祖のタンパク質がどのようであったかを推測することができるという。これはたとえるなら、言語学者がすべてのインド・ヨーロッパ語族で「ホーム」という言葉がどのように発音されるのかを調べることで、インド・ヨーロッパ祖語の「ホーム」に相当する言葉が何であったかを的確に推測するのと同じだ。「私たちの着想は、もし古代のタンパク質を復活させ、実験室で研究できたなら、その物理的なふるまいがわかるはず、というものです」とベナーは言う。ベナーたちは自分たちの新しい取り組みを「古遺伝学」と呼ぶ。

酵母は糖を食べる。だが、一億五〇〇〇万年前には草はまだ誕生していなかった。だから、サトウキビもないし、果実をつける顕花植物もまだなかった。それでも酵母はどうにか問題なく生きていた。

しかし、そのおよそ五〇〇〇万年後の白亜紀の時代に、果実をつける植物がマツなどの裸子植物に取って代わった。果実をつける新しい被子植物の勃興は、これに対処できない生物種の殺戮を意味した。地球規模の絶滅が起こったのだ。恐竜の一部は生き残った。果実やナッツ類やベリー類を食べる方法を見つけた恐竜を、今日僕たちは鳥と呼ぶ。また、霊長類の祖先のなかにもうまく対応した種もいて、そこからわれら人類へとつながった。

「以上は、『なぜなぜ物語』にすぎません」とベナーは釘をさす。つまり、これはデータに矛盾しない一つの仮説であって、同じくらい適切な説はいくつでも考え出せるという意味だ。進化生物学にはこういう話が山ほどある。

ベナーは太古の昔、酵母が発酵をつくり出した瞬間を覗いてみたいと思っている。そこでベナーは、酵素をタイムマシンがわりにした。酵母はアルコール脱水素酵素1という酵素を使って、アセトアルデヒドをエタノールに変える。[20] また、アルコール脱水素酵素2を使って、逆にエタノールをアセトアルデヒドに変える。S・セレビシエでは、この二つの酵素の違いは三四八個のアミノ酸のうちわずか二四個だけで、近縁種の別の酵母はセレビシエともさらにわずかに異なるアミノ酸配列の酵素を持っている。ベナーたちはこの酵素の配列をたくさんの種で決定して比較した。そうして、時間の経過とともに生じる配列の変化についてわかっていたことをもとに、祖先種で見られたであろうこれらの酵素の原型をつくって、その一群の酵素をAdh_Aと名づけた。

考慮すべき要素があまりに多く、これだと一つに絞れなかったが、最終的に一二種類のAdh_A候補が得られた。さらにそれぞれをエタノールとアセトアルデヒドの溶液中に入れて、どちらの向きへ反応が進むのかを調べた。さて、結果やいかに。Adh_Aはアセトアルデヒドをエタノールに変える反応を、その逆の反応よりもはるかに効率よく進めた。これで問題解決。そうだろう？ 原初の酵母は敵を殺すためにエタノールをつくったのであって、あとの宴会で飲むためにつくったわけではないと言えよう。

残念ながらそうではないと、ベナーは言う。「酵母がやろうとしているのはエタノール耐性になること。アルコールはただの最終産物です。あなたや乳酸菌が乳酸耐性を持つようになったのと同じことですよ。乳酸耐性はあなたという生態系の細部と関連した選択の一例です」。酵母には循環系がなく、僕たちが乳酸を処分するような方法で副産物を排出できない。連中は環境に頼るしかないのだ。花や果実が出現する前は、酵母は空気にさらされた木の浸出液（つまり樹液）の中に住んでいた。ここで、パトリック・マクガヴァンが考古学試料中にエタノールをじかに見つけられなかった理由を思い出してほしい（これと同じ理由で、あとから見るように僕らは蒸留を行うことができる）。要するに、エタノールは揮発性が非常に高く、簡単に気化するのだ。酵母は周囲の菌を殺そうとしていたのではなかった。やりたかったのは家からゴミを出すことで、ゴミをエタノールとして一まとめにするのがもっとも効率の良い方法だったのだ。

そこに顕花植物が現れた。「その後、酵母は果肉の多い果実をすみかにした」。ベナーは続ける。「それなのに、酵母はすでにエタノール耐性を獲得しているのです。すると不意に、酵母があらかじめ進化していたように思える。後知恵で考えると、酵母は果実に出会う準備をしていたように見えるのです。でもそれは違います」

酵母はなぜ発酵するのか？　進化論的に言えば、転変常なきこの惑星ではこれがもっとも賢い生き方だったからだ。「あなただったら、こう言うかもしれません。『なんてこった、アルコールだらけだ。でも、これは使えるかもな』って。それで、おもむろに飲み始めるというわけ」。ベナーは言った。

「もちろん、これも『なぜなぜ物語』ですけどね」

複雑な代謝経路

先ほどのホワイト・ラブズ直営のパブにある酵母株は――もちろん、ワインや日本酒や蒸留酒をつくる酵母、それに野生株も――すべてエタノールをつくる。それぞれの株は発酵を開始したときの条件次第で、味の異なる酒をつくる。また、ピノ・グリジオはピノ・ノワールのような味はしないし、ビールとワインとでは味がまったく違う。明らかに発酵ではブドウ糖からエタノールへの変換以外のことが起きている。ブドウ糖からエタノールへ至る分子の行路には、脇道や分かれ道が入り乱れている。たしかに代謝はエネルギーに関わるものだが、それ以外にも栄養に関係していて、細胞壁や細胞膜をつくったり、増殖に備えたり遂行したりするのに必要なタンパク質をつくり出す。

発酵液の中にエタノール以外のものがあることに最初に気づいたのはパスツールで、グリセロールや酪酸、コハク酸、セルロースが液中に含まれているのを発見した。注意深いパスツールは実験をとおして、用いた酵母の種類や方法によって発酵産物が異なることに気づいた。これは、生きている細胞が有機化合物をまったく別の有機化合物に変えることを実証する上で、重要な要素の一つとなった。[21]

そうした違いのなかには、酵母と関係のないものもある。たとえば、ワインの色はブドウの皮の色素に由来する。[22] 一方、ビールに色をつけているのはおもにメラノイジン（語根は皮膚の色素メラニンと同じ）という分子で、この色素はモルティングの加熱段階の熱によって大麦の糖とアミノ酸とが反応して生じる。これはメイラード反応と呼ばれ、ちょうどダッチオーブンの中で食材が茶色になるのと同じだ。エールの場合は加熱時間がより長くなるため、ほかのビールにくらべ色の濃いものが多い。[23]

豊かな風味を生む遺伝子

シドニーのマッコーリー大学副学長代理（学術部門）である、南アフリカ生まれのアイザック・プレトリウスは、以前、オーストラリア・ワイン研究所所長とサウスオーストラリア大学の研究・イノベーション部門長を務めていた数年のあいだ、ワイン酵母の改良に心血を注いだ。プレトリウスのラボでは、ワイン製造者と微生物学者、それに遺伝学者が協力し合い、実験圃場《ほじょう》のブドウに手を加えて改良することから、野生酵母の新種ハンティングまで何でもした。「市場に出回っている製品には、およそ二三〇株の酵母が使われていることになっていますが、実際にはすべてが別の株というわけではありません」。プレトリウスは言う。「みんなサッカロミセス・セレビシエです。でも風味となると、それぞれずいぶん異なるんです[24]」

一例を挙げよう。スタンフォード大学の研究者と、実験室での研究に力を入れているE＆Jガロ・ワイナリーとが、いろいろな業者から購入した六九種類のワイン酵母株を使って、シャルドネ品種のブドウ果汁を発酵させた。彼らはエタノールの生産量のほか、各種アルコール類、エステル類、アセトアルデヒド、二酸化硫黄、グリセロールなど二九種類の代謝産物の量を測定した。さて、ブドウの品種を変えていたのであれば、こうした代謝産物の生産量に違いが出ると、あなたは思うだろう。ブドウに含まれるアミノ酸が違えば、発酵後のアルコールの種類も違うはずだと。ところが実際には、たとえ使ったのが同じ種類のブドウでも、酵母のつくる物質の量には最大で一〇〇〇倍もの開きがあった[25]ほか、発酵の速度も違っていた。

プレトリウスはというと、膨大な時間をかけてソーヴィニョン・ブランというブドウをいじくっていた。この品種のブドウにはチオール化合物が多量に含まれている（チオールは硫黄と水素とからなる官能基である）。ブドウ果汁の中では、チオールはシステインからチオールを分離する能力が少揮発性なため、においはしない。「ですが、酵母にはシステインからチオールを分離する能力が少しばかりあるのです。それでソーヴィニョン・ブランのパッションフルーツやトロピカルフルーツのような独特の風味が出るのです」。そうプレトリウスは説明する。この物質はブドウ由来だ。けれど、酵母が果汁を代謝するなかでこれを揮発性のものに変えている。同じことが、ゲヴュルツトラミナーという品種のブドウの、バラやスミレの香りのするテルペンにも起こる。果汁の中では縛り付けられている不揮発性の物質が、酵母のおかげで自由になるのだ。

それを念頭に、プレトリウスは特定の効果を狙って酵母を調整した。プレトリウスらは、システインからチオールを切り離す酵素をつくる遺伝子を細菌から取り出し、ワイン酵母に導入した。それから、オーストラリアでもっとも暑い地域から、ソーヴィニョン・ブランの果汁を入手した。ブドウが熟成するには涼しい気候が適しているため、こうした地域のブドウで造ったワインはふつうつまらない味になる。ところが、遺伝子操作したプレトリウスの酵母で発酵したワインは、ほかのワインとくらべて二〇倍のチオールを含んでいた。「オフィスで、フラスコからそのワインを注いだとき、五〇メートルは離れたロビーにいた人たちが数秒の内にそのにおいに気づきましたよ」。プレトリウスは胸を張る。「目標をかるく上回っていました。しかし、問題点も明らかになりました」

特定の遺伝子を導入することなど、まだまだ素朴なほうだ。それでもプレトリウスたちは最終的には、ワイン酵母の遺伝子を操作したことに対して国内外から向けられていた非難をそらすために、希望の遺伝子をもともと持っている株を探索することにした。しかし酵母研究者は、遺伝子を特定の芳香や味と結びつけるという、もう一歩洗練された方法を採り始めている。この研究は緒に就いたばかりだ。酵母はゲノム解読された最初の生き物だとはいえ、それは遺伝学の研究用酵母の話であり、発酵物の風味に照準を当てるほど特化した研究はできない。そこで、ホワイト・ラブズはゲノム研究の雄であるイルミナ社と組み、多くの株のＤＮＡ配列を決定している。だがこれは、多くの研究者が待ち望む、発酵中にどの遺伝子がどんな働きをするかを突き止めるプロジェクトの始まりにすぎない。

注目されるマイナーな細菌たち

ものによっては、発酵に関わるのが酵母だけではないこともある。ほとんど注目されることのない微生物が発酵に関与しているのだ。しかし酒の研究者でさえ、そうした微生物の役割を正確に把握できていない。

アメリカのウイスキー造りでは、蒸留する前のもろみ《マッシュ》の中の発酵した穀類を少し次の発酵タンクに混ぜることが多い。これは「戻し」といい、この製法自体はラベルに明記されているように「サワーマッシュ」法と呼ばれる。この製法は一八〇〇年代に、おそらく酵母株を維持するための方法として始まった[26]。だが、発酵マッシュにはほかの働きもある。

ラム酒造りは比較的簡単そうに思える。サトウキビの搾り汁やそれを黒くなるまで煮込んだ廃糖蜜《モラセス》には、酵母の食料となる糖が大量に含まれる。だが、これには利点よりも欠点のほうが多い。モラセスは実際は発酵可能な単糖類が少ないし、単糖類の多い搾り汁はすぐに微生物によって発酵されてしまうので急ぐ必要がある。最高のラム酒の産地である暖かく湿潤な熱帯では、気候が微生物の生育に適していて、たちまち地元のバイ菌が搾り汁に感染してしまう。そのため、サトウキビ畑のすぐそばに蒸留所を建てなければならない[27]。

とはいえ、ラム酒の製造者たちはこの奇妙で攻撃的な地元の微生物叢《そう》を利用する方法を心得ている。ジャマイカは、風味の強いダークラムで有名だが、これには糖の分解産物である有機酸などの酸にアルコール類が結合してできる、フルーティな香りのエステル分子が大量に含まれている。こうした分子は酵母だけでなく、地元の細菌にも由来する。ラム酒のなかには、先ほどの戻しにほかの細菌を接種し、次の発酵に投入して造られるものがある。

もっと極端なのもあって、「ダンダー・ピット」を使ってラム酒を造るところもある。ダンダー・ピットとはラム酒造りの残りものを捨てる地面に掘った穴のことで、そこには果物やモラセスや、ときには酸を和らげるためのライムや灰汁などが含まれる。これをそのままにしておく。それも何年間も。そしてこの肥やし——本当に「肥やし」と呼ばれている——を蒸留工程に戻す。ダンダー・ピットはご想像どおり吐き気を催すようなものだが、おそらく微生物は何もかも蒸留のときの熱で完璧に死んでしまう。それでも、細菌の発酵でつくられた風変わりな酸があとに残され、マッシュのなかのアルコールと混ざりあって、ふつうではお目にかかれないエステルができるのだ。

一九三〇年代の終わりから四〇年代の初めにかけて、ラファエル・アロヨというラム酒研究家が酒造業の標準化に着手した。ラム酒の国際競合に悩まされていたプエルトリコ政府はアロヨに研究所を建ててやり、自由に研究させた(28)。アロヨは、ラム酒の製造に本当に必要な細菌は(もしあるとすれば)どれかという疑問に答えを出そうとしていた。

アロヨたちは培養のたびに何度も、接種する細菌と培養の時間を変えてみた。アロヨの答えは、結局は何を造りたいかによる、というものだった。「今とても流行っている、軽くて繊細な香りのストレートで飲むタイプのラム酒には、細菌は向かない」と書いている。バカルディが造っていたのは細菌を使う種類のラム酒で、おもにコカコーラで割って飲まれた。「私たちの造るラム酒で最高のものは、選び抜かれた酵母と純粋培養発酵技術によって造られる。しかしながら、細菌やその他の微生物を追加することで、味や香りが増強されることは確かである」と続けている。

しかし、アロヨはダンダー・ピットを推奨せず、どの細菌のどの株が最適なのかを正確に知ろうとした。野生株である必要はなかった。糖をほとんど消費せず、有用な酸を適量つくるが、アルコールはつくらないものでなければならない。

アロヨは半ダースばかりの細菌を試験して、クロストリジウム・サッカロブチリカムという細菌がもっとも興味深い酸をつくることを突き止めた。また、お気に入りのコーヒーの木に付いていたカビも採集して単離した。[29] アロヨによると、このカビがラム酒にリンゴの香りを付けるのだという。

七五年前のアロヨの研究は、ラム酒と関連のある微生物についての規範としていまだに参照される。考えようによっては、これはおかしなことだ。ただ言えるのは、ダンダー・ピットの微生物群を分類しようとした者や、アロヨが推奨した以外の種を単離した者は、あとにも先にもいないということだ。ラム酒、ことに珍奇なエステルでいっぱいの一風変わったダークラムは、もっとも過小評価されている酒だ。しかし、その発酵の随所には職人たちが守り抜いた知識が組み込まれている。科学者は今になってようやく、さまざまな酒でどの微生物がいちばん大切なのかを詳しく知ろうとしている。彼らは、カリフォルニア州ナパで栽培されるシャルドネの果汁の中にファーミキューテス類の細菌とユーロチウム菌に属する真菌を発見し（後者にはアスペルギルスおよびペニシリウムという真菌も含まれる）、同州セントラルコーストのワイン地帯では、バクテロイデス類やアクチノバクテリア類の細菌、サッカロミセス類やエリシフェ・ネカトールといった真菌を発見している。同じくカリフォルニア州のソノマ郡では、ボトリチニア・フッケリアナという真菌とプロテオバクテリア類の細菌が見つけられた。別のブドウにはまったく異なる微生物がすみ着いていて、まだ知られていない方法で、それぞれがワインの芳香の一端を担っている。[30]「微生物のテロワール」——解析した研究者たちは、これをそう呼ぶ。

泡の科学

発酵産物に魅力を与えているのはエタノールやそのほかのいろいろな代謝産物だが、ほかにも重要な要素がある。発酵では二酸化炭素もつくられる。つまり泡だ。泡はすべてを変える。

パン職人はまさに酵母の二酸化炭素をつくる能力を高く買っている。二酸化炭素はパンに小さな空洞をつくり、そのおかげでパンはふんわり美味しくなる。エタノールは揮発してなくなってしまうが、パン屋は気にしない。酒だけではなく、乳酸菌を使ってピクルスをつくるなど、何かを発酵させようとする人はだいたいの場合、二酸化炭素を閉じ込めたり管理したりしない。だから韓国のキムチの瓶を開けるときは気をつけたほうがいい。あっという間に漬け汁から炭酸ガスが噴き出し、そこら中に辛い塩水を撒き散らすことになる。

二酸化炭素にはそれ自身風味があって、これが飲み物全体の味に影響を与える[31]（分圧が高いと、つまりほかのガスにくらべて二酸化炭素が多いと、「侵害受容器」と呼ばれる痛みを感じる受容体を刺激する。蒸留所を訪ねるとほとんど毎回、発酵の最終段階の大桶の中へ頭を突っ込まされるというイタズラを仕掛けられた。容器の上部、つまり発酵液の上には二酸化炭素の雲ができていて、それを吸い込むと鼻を編み針で刺されたような痛みが走る。やりすぎると意識を失い、一直線に桶の中へ落っこちることになる。やれやれ）。

発酵中には、炭酸のガスがさかんに沸き立つ。醸造所によっては、噴き出たガスを集めてビールへ戻しているところもある[32]が、伝統的には完成品の中に酵母を少量入れて容器を密封している。この「調整」と呼ばれる二次発酵で、二酸化炭素がつくられ、ビールの味を損ねる遊離の酸素が取り除かれる。しかし、酵母を入れると濁りが生じ、それがしばしば不純物と間違われてしまう。

ワイン、蜂蜜酒《ミード》、日本酒、それに蒸留酒は二酸化炭素をほとんど含まない（たまにはわずかに発泡したものに当たることもあるかもしれないが）。一方で、スパークリングワインとビールでは、二酸化炭素が飲んだときの印象を大きく左右する。ただ、話はそう簡単ではない。この二つの酒では、泡のふるまいが完全に違っているのだ。

二酸化炭素は瓶の中では加圧され、蓋やコルクがその圧力を保っている。二酸化炭素は、圧力が高いと液に溶け、泡として見えることはないが、栓を抜き、圧力が下がると液から出てくる。シャンパンやプロセッコのようなスパークリングワインでは、小さな泡粒が脂肪酸や芳香性の化合物を液の中から表面まで引き出してくれる。詳しく見ると、まず泡がワインの液面にぶつかり、弾けてそのてっぺんに穴が開く。穴の縁はおよそ時速三五キロの速さで広がり、高圧の輪となって圧力の低い泡の底部で衝突する。すると円錐形のジェットがグラスの上部へ噴射され、[33]これによってワインの香りが豊かになるのだ[34]（少なくとも増強する）。それに、シュワシュワと小さな泡が弾けるのを見るのは、それだけで心が躍る。

瓶入りビールには、ビール一リットルあたり五グラムの二酸化炭素が入っている。[35]シャンパンでは一リットルあたり一二グラムである。いずれの瓶にせよ栓を開けると、内部の二酸化炭素は過飽和になる。つまり、液中に溶け込んだ二酸化炭素の圧力が、大気中で存在できる範囲の圧力よりも高くなる。そのため、二酸化炭素は液から出ていかざるをえず、泡になって現れてくるのだ。シャンパンには、海面気圧の六倍の気圧がかかっていて、[36]これはコルク栓をおよそ時速四八キロで飛ばすのに十分な圧力だ。[37]教訓。栓を開けるときにコルクを飛ばすのは、下品であるとともに危険でもある。

理論上は、スパークリングワインは瓶の口から噴き出したときよりも、グラスの中のほうが繊細な泡ができる。そうなるには、液体分子で満たされたグラスの真ん中で二酸化炭素の分子どうしが互いを見つけなければならない。問題は、液体分子が互いにくっついていることだ。[38]二酸化炭素をロマンチック・コメディの恋人どうしにたとえると、液体は空港にいる群衆で、二人はドラマが終わるまでの一〇分間に人混みをかき分けてお互いを見つけなければならない。

もちろん、映画でご覧になってきたように恋人たちは無事に会える。でもじつは、二酸化炭素は映画のスターよりも賢い。この分子たちは事前に待ち合わせ場所を決めているからだ。待ち合わせ場所は特定のサイズの穴のあるところで、シャンパンにとって、その穴はグラスの側面に開いた〇・二マイクロメートル以上の穴だ。泡ができるプロセスは核形成と言う。二〇〇二年、フランスはランス大学のジェラール・リジェ＝ベレールという名の物理学者が、核形成が起こっているところを見ようと、[39]毎秒三〇〇〇コマで[40]マイクロメートル（一〇〇〇分の一ミリ）レベルの小さい物体を解像できるカメラをシャンパングラスに向けた。

シャンパンの泡はグラスの小さな傷で生じる[41]ものと考える人は多い。たしかにそれは正しく、メーカーのなかには、グラスの底にレーザーで傷をつけて核形成の場をつくり、[42]見た目に楽しい泡が安定してできるようにしているところもある。しかし、リジェ＝ベレールが発見したものは傷ではなかった。セルロースだ。肉眼では見えない小さな布か紙の切れ端が、フルートと呼ばれる細長いシャンパングラスの内側に張り付いていた。[43]リジェ＝ベレールは、洗ったグラスをタオルで拭いたときに付いたセルロース線維の内部が核形成にちょうどよい空間になったのだろうと考えている。実際、この線維が「泡粒銃《バブルガン》」となって、[44]一秒間に三〇粒もの泡を液面に向けて放つことで泡の柱ができていた。[45]ところで、浅く口の広いクープグラスにシャンパンを注ぐと、背が高く狭いフルートグラスに注いだときよりも炭酸ガスが速く消えるため[46]、長いあいだシャンパンの泡を楽しみたければフルートを使うようにしたい。

泡は泡でも、ビールはまた話が異なる。スパークリングワインの泡は液面にぶつかって弾けるが[47]、ビールの泡は液面に留まり、泡で蓋をつくる。いくつかの調査によると、泡の蓋が厚く、飲んだあとにレーシングと呼ばれるレース状の泡の筋をグラスにしっかり残すものが美味しいビールであると思われているようだ。

ビールの泡について知るには、チャーリー・バムフォースに話を聞くのがいい。バムフォースはカリフォルニア大学デービス校の醸造学の教授を務め、アンハイザー・ブッシュ〔バドワイザーで有名な米国のビール会社〕から研究資金を受けている。これが醸造学全体を通じても二つとない偉大な肩書きであることは間違いないだろう。チャーリー・バムフォースといっしょにビールを飲むことは、デヴィッド・ボウイといっしょに音楽を聞くようなものだ。ある日の午後のこと、デービス校のバムフォースの研究室から数分のところにある、ほとんど客のいないブリューパブ〔自家製ビールを飲ませる店〕のテーブルに座って、彼に質問してみた。あなたの経歴から言って、ただ腰掛けて冷えたビールを楽しんでいるだけで我慢できますか、と。

「私は批判的な人間です」。バムフォースは自分の性格の小さな欠点を認めているといった風に首を傾けながら言った。「自分が求めているものや、あるべきものを知っていると思っているのですが、そういうものの多くは醸造業界にずっと存在している偏見です」。個人の好みは認めている、と彼は言う。多くの輸入ビールはアメリカの酒飲みの喉に流し入れられるころには酸化してダメになっている。けれど、みんなそんなビールが大好きで、おおむねそれでいいと。

じゃあ何がダメなのか？　泡の蓋ができないビールがそうだ。「このビールを見なさい」。バムフォースは自分のそばにある半分カラになったグラスを指しながら言う。「これですよ。こいつはどうしようもない。目も当てられないね」。言われるままグラスを見ると、文句が口を突いて出てきそうになった。泡はまったく残っておらず、水泡のようなものが貧弱なリングをつくっているだけ。レーシングなど、どこにも見えない。まったく、ひどいビールだ。これを見逃すなんてできようか。「たぶん、七割がたの人はこのことに見向きもしないでしょうね」。バムフォースは続ける。「これがドイツやベルギーだったら突っ返されますよ。私はそんなことしませんがね」

突っ返さないけれど、そうしたいという気持ちをやっとの思いで抑えているのが伝わってくる。ビールはグラスの内側にぶつかったとたんに泡立ち始めるので、ほんの少しでもビールが入れば、泡が蓋をつくり、そして数分かけて泡はおさまる。これはとても単純なことのように思えるが、この泡の興亡はミクロのスケールでの激しい戦いがマクロのスケールで現れた結果だ。物理の力が泡を弾けさせようとする一方で、化学の力は泡を維持しようとしているのだ。

泡の粒はビールの中を昇っていくあいだに、タンパク質と糖が結合してできた糖タンパク質を引き寄せる。一九七〇年代にバムフォースたち[48]は、細長い糖タンパク質分子が一方の端を気泡内のガスに、反対の端を気泡の外のビールに向けていることを発見した[49]。この分子は洗剤と同じ「界面活性剤」だ。界面活性剤は洗濯物の中で水と汚れのあいだに入り、布地から汚れを引っぱり出す。ビールでは、界面活性剤が泡のまわりに膜をつくるため、泡粒は弾けず近くの泡とくっつくようになる。だからシャンパンの泡が消えるのにビールの泡はずっと残るのだ。泡は泡粒の共同作業の結果なのである。(50)

泡粒は液体――ビール――を泡にして持ち上げるが、重力がそれを引き戻そうとする。(51) 多くの場合、泡ができて一分以内にこれが起こる。泡粒は融合し、大きくなり、弾ける。これが泡の蓋がついには消えてしまう理由だ。

そこで、上等なアイリッシュバーでは、ギネスを「調整する」ときに少し変わった技を使う。蛇口をひねってパイントグラスをほぼ満たしたあと、三分間そのままにしておく。それからグラスがいっぱいになるまでビールを足して客に出すのだ。この方法を「分注法」と言う。二回目についだビールが一回目にできた泡の下にすべり込んで新しい泡を形成するため、新しくできた泡は古い泡に覆われ外気にさらされず、炭酸ガスが外気へ拡散しにくくなる。こうなると最上層は堅くなって、お好みならそこにバーテンダーがシロツメクサ〔アイルランドの国章〕の花を彫刻することだってできる。

ビールが冷えていれば泡の蓋は長持ちするし、高い位置から注げば大気中の窒素を取り込んでさらに安定する。ビールの泡問題に対する解決策として、これはなんとも凡庸に思える。正直に言うと、バムフォースもことの単純さに若干落胆しているようだ。誰にでもできる、そう思うかもしれない。でも、現実は違う。「さて、いまいましい泡をやっつけよう」。そう言うとバムフォースはグラスを引き寄せビールを片付けた。泡立ちもない、レーシングもないグラスを見つめて、少し悲しそうにバムフォースは続けた。「きちんと洗えてないだけなんですよ。でなければ料理皿といっしょにグラスを洗ったんだ。まあ、本当のところはわかりませんけど、洗い方が十分でないのは確かです。なにしろ、このビールにも醸造されたときには泡立つ力が存分にあったわけですから。泡の問題の九五、いや九八パーセントはビールと無関係です。問題なのはすべて、おぞましい注ぎ方なんです」

古代の酒を再現する

パトリック・マクガヴァンが賈湖《ジアフー》の陶器の破片をビニール袋に入れて本棚に戻すと、僕たちは昼食とビールがとれる店を探しに出た。マクガヴァンの言う「ミダス・タッチ」を置いているはずの二ブロック先のレストランまで歩いた。ミダス・タッチというのは、デラウェア州にあるすばらしいクラフトビール醸造所のドッグフィッシュ・ヘッドが、マクガヴァンが二七〇〇年前の古墳から出土した遺物に見つけた成分(52)をもとに造ったビールだ。ドッグフィッシュ・ヘッドはマクガヴァンの研究をヒントに原料を決め、多くのビールを造っている。たとえば、エジプトのレシピを使うものでは、エジプトのナツメヤシ農場で野生酵母を採取することまでやった。(53)

そのレストランには、マクガヴァンが開発に関わったドッグフィッシュのビールはどれも置いてないことがわかった。隣の店にもなかった。僕は街角に立って、マクガヴァンの記憶では置いてあるはずの飲み屋二軒に電話する。シュルキル川に舫《もや》ったボートの上の洒落た店にも電話した。どこにも置いていないらしい。結局、僕たちはタクシーに乗り込んでマクガヴァンの馴染みの店へ向かうことにした。「16番街スプルース通りの『モンク・カフェ』へ」と、マクガヴァンはドライバーに伝えた。

モンク・カフェは細長いベルギー風のパブで、近くのフィラデルフィアの中心街にある高級店を先取りしたものだ。マクガヴァンは、ぎっしりと詰め込まれたテーブルのあいだを縫うように通り抜け、カウンターの後ろのダイニングへと向かう。バーテンダーはマクガヴァンに向って心を込めて挨拶する。「ここは生まれて初めてワインを思わせるビールを飲んだところだよ」。マクガヴァンは席に着くや言った。「あれはシメイ〔ベルギーのシメイ修道院製のビール〕だったな。クラシックなベルギーエールだよ」

この店にもミダス・タッチはなかった（勘弁してくれ！）。が、テオブローマという別のドッグフィッシュ・ヘッドのビールがあるとバーテンダーは言う。それなら問題ないと、マクガヴァンはひと瓶注文した。「これは、ホンジュラス産の非常に古いタイプのチョコレートを分析した、われわれの研究成果をもとに開発されたんだよ」。彼は真っ黒なビールの上に泡が落ち着くのを見とどけて言った。「ホンジュラスには、もともと果実をつけるカカオの木があってね。その果実から豆を取り出すには、一五パーセントの糖を含む果肉が発酵しなければいけないんだが、その過程で七、八パーセントのアルコール飲料ができる。われわれの考えでは、みんなが夢中になってカカオの木を栽培化したのは、この極上の飲み物ができるからだ」

ひと口含んでみる。チョコレート・エッグ・クリーム〔ミルクと炭酸水とチョコレートシロップを混合した飲料〕そのものの味だ。続いて喉の奥がカッと熱くなる。マクガヴァンはごくりと飲み込んで付け足した。「アンチョ・チリ〔メキシコ原産のトウガラシ、ポブラノを乾燥したもの〕も入っているよ」

マクガヴァンとドッグフィッシュ・ヘッドの創設者サム・カラジオーネは、後期のマヤ人やアステカ人が造ったチョコレート飲料をモデルにしてテオブローマをつくった。とはいえマクガヴァンは、そうした人々がアルコールを飛ばしてからこれを飲んだかもしれないことは認める。しかし歴史を見れば、蒸留するのならまだしも、アルコールを単に飛ばしたという人間はただのひとりもいない。「こういう飲み物を再現する上で問題なのは、でき上がったものがどのくらい実際のものに近いのかがわからないことなんだ」。マクガヴァンは蒸したムール貝に伸ばす手を休めず続ける。「われわれはただ飲めるものをつくろうとしただけだよ。私はもっとカカオを入れるように言い続けてるんだけれど、サムはあまりそうしたがらなくて」。マクガヴァンにとってさらに悔やまれるのは、アメリカの規定によってドッグフィッシュ・ヘッドのビールはどれも大麦が入っていることだ。中国での発見をもとにつくったジアフーというビールも例外ではない。中国にはどんなに早くても紀元前三〇〇〇年までは大麦がなかったというのに。

とはいえ、マクガヴァンとドッグフィッシュ・ヘッドの関係はうまくいっている。シャトー・ジアフーやテオブローマ、それにエジプトをヒントにしたタ・ヘンケットも好評だし、ドッグフィッシュ・ヘッドの実験志向や見方によってはゲテモノ志向ともいえる同社の傾向ともぴったり合っている。いずれにせよ、考古学的な証拠と現代的な醸造に対するカラジオーネの直感とのせめぎ合いは、マクガヴァンが「実験考古学[54]」と呼ぶ彼の研究スタイルと相性がいい。マクガヴァンは人工遺物と残留物から発酵についてかなりのことを知ることができるが、それだけだ。こうやってできたビールはエジプト人やミノア人やマヤ人が飲んだビールの完全な再現ではないだろう。けれど、賈湖の壺に初めて何かを注いだ古代の醸造者と心を通わせたければ、マクガヴァンもまた醸造家になる必要があったのだ。

4 蒸留

——Distillation

今、都会のバーの棚にはたいてい一ダースばかりのシングルモルトウイスキーが置いてあるし、ちょっとした酒屋では上等なものが一〇〇ドルほどで売られている。シングルモルトウイスキーが稀少品だったなんて嘘のようだ。一九八〇年代、スコッチウイスキーメーカーは各蒸留所が生産した特徴のあるウイスキー――本来の「シングルモルト」――を集め、混ぜ合わせてブレンド品を造っていた。大儲けしたジョニーウォーカーやシーバスリーガル、カティーサークは今でもそのように造られる。かつてアメリカで目にすることができたシングルモルトは、グレンリベットとグレンフィディックだけだった。

気まぐれな流行と大手飲料メーカーの賢いマーケティングによって変化が訪れ、シングルモルトウイスキーは高級品に変わった。シングルモルトの需要は、それ以来ずっと増え続けている。グレンリベットもまた、この上げ潮に乗った。二〇〇一年に複合企業体のペルノ・リカールがグレンリベットを買収したとき、この蒸留所は年間二七万五〇〇〇ケースを生産して世界中に販売していた。これはおよそ二五〇〇キロリットルで、その一〇年後には、販売量は約六四〇〇キロリットルへと膨れ上がった。四秒に一本、地球上の誰かがグレンリベットを買っている計算だ。

しかし、グレンリベットをいかに大量に販売しようと（これがまたじつに大量なのだが）、すべてグレンリベットの味がしていなければならない。小瓶の場合や、通好みの高級品など例外はいくらかあるものの、蒸留酒ファンはいつもと違う味を望んだりしないものだ。異なるワイナリーはもとより、同じワイナリー内でも等級や収穫年によって味が変わってくるワインと違って、蒸留酒は味が安定していると見なされる。ブレンデッドウイスキーなら、これは難しい問題ではない。ふつう、ブレンデッドウイスキーのメーカーは風味を欠いた特徴のないグレーンスピリッツ〔穀類を原料とする蒸留酒〕――つまり、ウォッカ――から始めて、手持ちのシングルモルトのなかから相応しいものを選び、基準サンプルに適合するように混ぜ合わせる。基準となるサンプルは実際に存在する場合もあれば、甘酸っぱい大昔の記憶を頼りにする場合もある。合わせるシングルモルトに変化があることもあるだろうが、職人のブレンダーは配合量を調節して同じ味を出すことができる。というより、そうでなければならない。次に飲むデュワーズ〔バカルディ社のスコッチウイスキー〕の味が以前のボトルの味と違っていたら、もう買ってはもらえないだろう。クアーズからコカコーラまで、大手ブランドの飲料にはこれと同じことが言える。

しかし、シングルモルトはどうだろう。もちろん、ボトルによってそんな違いがあってはならない。さもないとファンが手を引いてしまう。この類いの品質管理をするために、グレンリベット（あるいはジムビームや、君の贔屓のシングルモルトでもいい）のような巨大蒸留所では、トヨタやマイクロソフトと同じ原則を採用している。すなわち、反復と標準化である。蒸留所は工場であり、穀類を発酵し、それを蒸留してウイスキーにする工業レベルの加工施設なのだ。

二〇〇九年、グレンリベット蒸留所は増大する需要に対応すべく、豪奢な蒸留棟を新設した。航空機の格納庫なみの大きさで、巨大な窓から注ぐ陽の光が磨き上げた銅製の蒸留器《スチル》に反射し、金属の垂木は気分が明るくなるような黄色に塗り上げられ、結婚披露宴でも開けそうな雰囲気が漂う。スチルの形と大きさは、一八八七年に建造された隣の蒸留棟にある古いものと同じだが、今は石炭火力の代わりに蒸気で加温している。この蒸留所では一九六五年以来、モルティングした大麦を搬入し続けており、専門の供給者から入手した酵母を使って発酵を行う。

だが、新しい設備にはトラブルがつきものだ。スチルメーカーは顧客の仕様をファイルにして保管している。それは、スチルが正確に同じ形状をしていてはじめて、その蒸留酒特有のフレーバーがつくられるからだ。しかし、新しいスチルが古いスチルと似た形をしていても同じ製品ができるとは限らない。一九九〇年にウィリアム・グラント&サンズ社が、キニンヴィーという小さな蒸留所をもっと大きく名の通った同社のバルヴェニー蒸留所から少し行ったところに建造した。同社は高まる需要に応えようと、バルヴェニーをシングルモルトとして売りつつ、同時にバルヴェニー風味のブレンデッドも出し続けようと考えた。キニンヴィーでは、バルヴェニーと同じ大麦、同じ水を使い、同じ仕様でスチルを作らせた[1]。ところが、新しくできた蒸留酒はバルヴェニーのものとは似ても似つかない代物で、ついに二〇一〇年、キニンヴィーは閉鎖に至る。どうして味が違ったのだろう？ 新しい蒸留所は気候が局所的に違っていたのだろうか？ もろみ《マッシュ》の発酵中に浮遊している微生物が混入したのだろうか？ それがわかっていたら、バルヴェニー風の味を出せたはずなのだが。

グレンリベット社の新しい蒸留には抜かりがない。伝統的なタマネギ型のスチルに、ちょっとした先進技術の詰まった青色の箱が備え付けられている。箱の中には温度と気圧を遠隔で計測・収集するセンサーが入っていて、箱どうしは互いにワイヤーでつながり、ワイヤーは曲線を描いて受付カウンターほどもあるワークステーションに接続されている。そこにはさらに三台の液晶モニターがつながれ、作業の進行を映し出す。「昔ながらの絵になる風景、とはいきません」。いっしょにモニターを見つめていたブランド・アンバサダーのイアン・ローガンが言った。「でも今、白紙から設計したらこうなりますよ」

六基のスチルにはすべてデスクの方向に小さな窓が開けられているが、実際は誰もそれを必要としていない。知りたいことはモニターの画面を見ればすべてわかるのだ。「このシステムによって、二棟ある蒸留棟を両方とも操業させられるだけじゃなく、穀類棟の方も操業できます」とローガンは言う。昔ながらの蒸留所にくらべると、圧倒的に少ない人数ですべてを回している。「これは皆さんが見たいと思うようなロマンあふれる光景ではないでしょう。しかしこれこそが現実です。ブランドを成功させる唯一の方法は、一貫性を保つことです」

いったんセンサーに気づいてみると、そこら中にそれがあることがわかる。モルトとお湯とが混ぜられる糖化槽《マッシュタン》や、発酵が起こる発酵槽《ウォッシュバック》にも取り付けられている。蒸留棟には旧式の蒸留酒の金庫《スピリットセーフ》がある。スピリットセーフは銅製の箱で、そこへ澄みきった出来立ての蒸留酒がじゃばじゃばと泡を立てて入ってきて、その後スチールの保管タンクへと流れ出ていく。かつてスコットランドでは、スピリットセーフに鍵をかけるのがふつうで、女王陛下の密造酒取締税務官だけがその鍵を持っていた。それは、温度計とアルコールの量を測る比重計が中にあり、アルコールの量に応じて課税されたためだ。一般的なスピリットセーフの最上部には、留液の出る蛇口を操作する大きなレバーが付いていて、スチルから出てくる製品の良し悪しによって蛇口の向きを切り替えることができる。実際にウイスキーを製造していて、金槌ほどの大きさの金属棒の向きをゴツンと叩いて変えるのは、すばらしくメカニカルでアナログなやり方だ。

しかし、グレンリベットのスピリットセーフにはレバーがない。スイッチが自動化されているのだ。その後ろ側の、見学者から見えないところに不釣り合いな装置が付けてあって、ガラス管に水銀を詰めた旧式の機器の代わりにこれで温度と気圧と比重を測定している。本当のところ、スピリットセーフ自体、ただの展示用だ。見学者は必ずスピリットセーフに触りたがるので、蒸留所で働く人たちにとっては厄介者でしかない。「こいつを磨くのはうんざりする仕事ですよ」とローガンはため息交じりだ。

「ほかの蒸留所でもこういった装置を使っているのですか」と聞いてみる。

ローガンは自重する。よその会社のことをあまり話したくないらしい。「社を代表していますからね。嘘はつけません」とローガン。だが、シーバス社は使っている。これは彼も認めるはずだ。

従業員《スチルマン》の一人で、グレンリベットの緑色のポロシャツを身に着け、デスクの前に腰掛けたフラン
フランキーは、人生の半分ばかりを旧式の蒸留所で働いてきたが、たいへんな労働をロボットが肩代わりするこの職場へ来られてハッピーだと言う。必要な留液とそうでない留液との切り替えをきわめて厳密に行わなければ、スチルの中身がすべてダメになってしまう。「これを手動で行う現場でずっと働いてきたんだけれど」フランキーは言う。「切り替えの失敗はときどきやってしまうんだ」。

四秒に一本売っているのに、切り替えの失敗はいただけない。

こうしたテクノロジーがこの部屋をがらりと変えてしまった。もはや蒸留所らしいにおいはしない。パンの芳香もなければ、除光液のにおいも、バニラの香りもない。オフィスのにおいがするだけだ。

蒸留酒業者、ことにウイスキー業者は熟練の技や伝統について語る。この何百年も続いた慣習は文化になっている。しかし、蒸留酒ビジネスは途方もなく巨大な生産装置を稼動する大手メーカーに牛耳られ、くる年もくる年も、複雑で高価な化学的な混ぜものが生産されている。これは必ずし

も非難されるべきことではない。というのも、ジャックダニエルが化学工場で造られた化学品だからといって、すばらしい味がすることには変わりないのだから。

じつは、このような化学品の製造は二〇〇〇年にわたる人間の歴史と結びついている。だから比喩にさえ説得力がある。僕たちは冗漫でつかみどころのないものの要点を抽出《ディスティル》［「distill（蒸留する）」の別の意味］して明瞭なものにする。知識からエッセンスを抽出《ディスティル》する僕らのやり方は、果実酒をブランデーに、ビールをウイスキーに、発酵したサトウキビの搾汁をラム酒にする際の蒸留《ディスティル》のやり方と同じなのだ。作家プリーモ・レーヴィは、蒸留工程に組み込まれた一連の相変化――液体から気体、気体から液体への変化――のことを、生命の根源的な霊魂《スピリット》の追求における魔術的変質と呼んだ[2]。蒸留は、多くを持たなくとも、あるものを強力なものに変えられると教えてくれる。これは濃縮であり、集中なのだ。

発酵は自然のプロセスだ。僕のような科学的な考え方をするタイプの人間がずっと認めてきたように、発酵はほとんど奇跡とも言える。人類は長い歴史のなかで、発酵を利用し、改良することを学んだ。それを可能とする微生物を家畜化し、微生物に合せた容器をデザインし、微生物を使うビジネスを創り上げた。しかし、発酵をワインメーカーのおかげとするのは、蜂蜜を養蜂家の功績にするのと同じだ。地球上に人類がいようといまいと発酵は起こったわけで、もし森の中でイチジクが自然に発酵したなら、サルにだってそれがわかる（そしてイチジクを食べ、酔っ払っただろう）。だが、蒸留はテクノロジーだ。これは人類が発明した。人はその方法を考え出し、装置を作った。

蒸留するためには、液体を煮立たせて気化したものを確実に集める能力が要る。単純なことのように聞こえるが、これにはまずたくさんの技術を身につけなければならない。火を制御し、金属を加工し、物を加熱・冷却し、気密性のある加圧容器を作らなければならない。これには、大脳皮質にしわの寄った大きな脳みそが必要で、それにほかの指と向かい合わせになった親指も必須だったかもしれない。だが何にもまして必要なのは、現状に満足しないで自分の環境を変えようとする願望だ。蒸留には知性と意思を要する。文字どおりにしろ喩えにしろ、世界を変えられるのだと信じる不遜さが必要なのだ。

古代エジプトの女性科学者

文明とは蒸留だという、ウィリアム・フォークナーの言を信じるとしたら、フォークナーの文明はいつ始まったのだろう？　当代の報告によれば、蒸留器のようなものが紀元前三〇〇〇年ごろの中国にあったというが、[3] 歴史家H・T・ホアンは自身の信じがたいほど長編の著書『中国の科学と文明』の中で、中国の蒸留酒について語られたもののうち、もっとも古い記録は紀元九八〇年ごろにさかのぼると述べた。たとえば、蘇東坡《そとうば》の『物類相関志』には「ワインに火がついたら、青い布切れを覆って消す」と書かれている。ホアンは、火がつくほどアルコール濃度の高いワインは蒸留したものに違いないと、的確に指摘する。[4] 発酵だけではアルコールはけっして一五パーセント以上にならない。

だが、蒸留の始まりはさらにさかのぼるかもしれない。言い伝えでは、ギリシャが生んだ天才アリストテレス（紀元前三二二年没）は、著書『気象論』の中で、船乗りたちが海水を蓋のある容器で煮立たせ、蓋の内側にできた凝縮液を集めて飲めるようにしたと書いた。これは原始的な蒸留〔distilling〕であり、そしてラテン語のdestillareには「したたる」とか「落ちる」とかいう意味がある。もしアリストテレスが本当にこれを書いたとしたら、蒸留の起源は古代ギリシャにまでさかのぼることになる。しかし『気象論』は現存しておらず、およそ六〇〇年あとに書かれた注釈[5]をとおしてその内容を知ることができるにすぎない。紀元七九年に死んだ大プリニウスが蒸留器のように恐ろしい大音響のするものについて記述しているので、ローマ時代にあったとするのは妥当なようだ[6]。

もう一つ、曖昧だが別の可能性を探りに、今日パキスタンと呼ばれるところを訪ねてみよう。一九五一年、ジョン・マーシャル卿という名の考古学者が陶磁製の器《うつわ》を発見し、それはお湯を沸かしたり煮詰めたりするのに使われたと考えた。しかし、その数十年後、英国の考古学者、レイモンド・オールチンが、マーシャルは実際には蒸留器を発見したのだと示唆する。マーシャルの発見の数年後に、シャイハン・デリーという遺跡で作業していた考古学者たちが、蒸留器と飲用のための器、蒸留酒を入れていたとおぼしき痕跡のある容器を発見し、それらすべてを紀元前一五〇年から紀元四〇〇年までのものだと判定していた。オールチンは、古代インドの文献はアルコールと象の鼻のイメージを関連づける遠回しな記述にあふれていること、また後世のインドで実際に使われていた蒸留器が象のように見えることを指摘した。象の頭のように大きな壺に象の鼻のように突き出した注ぎ口が付いているのだ。これらをもとにして、オールチンは次のように記した。「現時点での証拠に鑑みると、インドが飲むことを目的としたアルコール蒸留が広く普及した最初の文化圏だったようである(7)」

今のところ、オールチンの説は史実として認められていない。実際は、蒸留器考案の功績は「ユダヤ婦人マリア(8)」としてよく知られる古代エジプトのマリア・ヘブレアに帰せられている。彼女は科学者で、一世紀から三世紀のあいだの時代に学術都市アレクサンドリアで誕生した。こういうことは……ありえた。その歴史は完全には明らかになっていないが、アレクサンドリアというところは、ユダヤ人の女性研究者が史上もっとも重要な実験装置を発明できる都市だったのだ。

紀元前三三一年にアレクサンドロス大王によって構想・建設されたアレクサンドリアは、研究と教育の中心都市になった。アレクサンドロスはアリストテレスに教えを受け、そのアリストテレスはプラトンに、プラトンはソクラテスその人から薫陶を受けている。アリストテレスはアテネ時代〔アレクサンドロスの師になる以前〕に、史上初の図書館と博物館を建設している(9)。そしてアレクサンドロスは、ペルシャの王、ダレイオス三世から奪った黄金の箱に納められていた書『イーリアス(10)』を携えて遠征に行くことまでした。そこで、アレクサンドリアの最初の二人の指導者、プトレマイオス一世ソテルとプトレマイオス二世フィラデルフォスは、アレクサンドロスの死後、彼の学究的傾向に立ち戻ることで自らの権力を固めた。

アレクサンドリアはいくつかの国際交易路上にあったため、世界中から何十万巻もの書物を収集したり書写したりすることができた。この有名な図書館の正確な位置はわかっていないが、アレクサンドリアでは世界で初めて碁盤目状に道路が配置されていたことは知られており、この大まかな設計は初期の近代的な都市のモデルになった。南北に走る大通りを東西に走る道路が横切り、風が通り抜けて涼を得やすくなっていたのである。[11]

その後、数世紀にわたって、多くの知の巨人がアレクサンドリアへやって来て、教え学んだ。エウクレイデス、アルキメデス、ガレノスなどがそうだった。二〇〇〇年前のアレクサンドリアの研究者たちは、血液が体内を循環し、地球が太陽のまわりを回っていることを知っており、宇宙を構成する分割不可能な最小の粒子を「原子」と名づけた。[12] 歴史家ジャスティン・ポラードとハワード・リードが書いているように、アレクサンドリアは「地上でこの世のすべての知が集まる唯一の場所だった。あらゆる優れた演劇と詩、あらゆる物理学と哲学の書物、あらゆるものを……理解するための鍵が集まっていた。西洋文明の最初の一〇〇〇年についての知識の大部分は失われているが、それはアレクサンドリアの図書館に所蔵された書物に記されていた[13]」。

アレクサンドリアの四分の一を占める南西部の丘の上に、セラペイオンと呼ばれる神殿があった。都市そのものがそうであるように、この神殿はエジプトとギリシャの宗教の要素をあわせ持った独自の新興宗教の総本山だった。神殿の二重列柱に囲われた部屋——または秘密の地下室——はアレクサンドリアの図書館の「姉妹館」として書物の保管庫になっていた。ユリウス・カエサルが愛人クレオパトラの敵対者との戦いで港に火を放ったとき、四〇万巻の書物が焼失し、[14] セラペイオンは次第にアレクサンドリアの学問の本拠地として重要になっていった。[15] また、セラペイオンにはセラピス神の巨像が建造され、一年のうちの特定の日に陽光が神像の唇にぴたりと当たり、まるで太陽の接吻を受けているように見えた。[16] 神殿には磁石で動かす機械式の「日の出」もあった。アレクサンドリアの人々はこの種の洒落た自動装置を好み、神殿や遊歩道に設置してふだんの装飾や宗教の神秘を永続させるのに用いた。

もっとも有名な装置職人はヘーローンという人物である。ヘーローンが設計した熱・気圧・重力・磁力で動く自動装置[17]には、正面で灯りをつけたときにだけ開く神殿の扉や、嘆願者がコインを入れると流れ出る聖水の泉、自動の太陽系儀、ラッパを吹くロボット[18]、実際に歌を歌うカラクリ仕掛けの鳥、それに舞台装置、役者、カーテン、特殊効果のすべてが自動化している劇場などがあった。ヘーローンはまた、アイオロスの球という装置も発明した。[19] この装置は密閉容器とその上の球体が二本の銅製の管でつながった構造をしている。球体には吹き出し口が二つ付いていて、下の密閉容器の中に入れた水を沸騰させると、蒸気が噴き出し口から噴出して球体が回転する。アイオロスの球は、これで何ができるのか誰もわからなかった時代にできた蒸気機関だったのだ。

要するに、アレクサンドリアの人々は銅のハンダ付けのやり方や、蒸気や熱で遊ぶ方法を知っていたのである。アレクサンドリアは科学者と哲学者だけの都市ではなく、エンジニアの都市でもあった。[20] 蒸留器が発明されたとしてもまったく不思議はなかったのだ。

マリアに話を戻すと、彼女について歴史家はパノポリス人のゾシモスの書いた文書から間接的にしか、情報を得られていない。ゾシモスは紀元三〇〇年ごろの人で、錬金術についての現存する最初期の文書を著している。マリアはゾシモスが頻繁に引用している二人の錬金術師のうちの一人だ。おそらくゾシモスはアレクサンドリアに住んでいたが、マリアがどこに（そして、いつ）住んでいたかについてはまったく語っていない。また、マリアの外見のことや、図書館で彼女が講師だったのか研究者だったのかについても書いていない。ゾシモスが言ったことは、彼女が初期の古代ギリシャ人だったということだけだ。このことと、マリアが自身の蒸留器について書いた本『炉と装置について』が「古代ギリシャ人」によって書かれたとゾシモスが記していることから、歴史家ラファエル・パタイは、マリアは少なくともゾシモスの二世代前に生きていたと結論づけている。[21] とすると……二〇〇年代初期ということだろうか？

ありえなくはない。女性研究者がアレクサンドリアで仕事をしていたのは、おそらくメソポタミアから持ち込まれた伝統だろう。メソポタミアでは女性化学者がさまざまな化粧品を開発していたのだ。[22] そして彼女はユダヤ人だったかもしれない。というのも、アレクサンドリアに住むギリシャ化したユダヤ人は旧約聖書の初のギリシャ語訳を編んでいたし、この都市には多数のシナゴーグがあったからだ。[23] パタイの『ユダヤの錬金術師』によれば、（ゾシモス経由の）マリアが記した文書には明らかにユダヤ的傾向があった。彼女はユダヤ人を選民と呼び、読者には「賢者の石」に素手で触れないように警告し、その理由を「あなたはアブラハムの血統ではない」からとした。[24] 賢者の石とは、錬金術師がつねに追い求めていた神秘的なマクガフィン〔それ自体は重要ではないが、小説や映画の筋を展開するきっかけとなるもの。ヒッチコックの造語〕だ。また、彼女は全著作を通じて「神」を単数形で呼んでいる。ギリシャ人やプトレマイオス朝のエジプト人だったら汎神論的な言い方をするだろう。

ことによると、マリアはゾシモスがでっちあげた人物かもしれない。あるいはマリアは実在したが、彼女はアレクサンドリアの誰か別の科学者か古代エジプトの書物から学んだことを書いただけなのかもしれない。アレクサンドリア起源説に有利なことに、インド、中国、ロシアなど古くから蒸留が行われていた証拠のあるところはすべてこの都市から出る交易路上にある。そして蒸留は、物理的・化学的な基本特質を利用して物質の見かけをがらりと変える技術だ。となれば、錬金術師たちが蒸留を研究していたと十分に考えられるのである。それ以外のことは謎に包まれたままだ。

とはいえ、ゾシモスの言を額面どおりに受け取ってみよう。マリアの神秘主義と哲学に関するゾシモスの記述には説得力があったため、初期のキリスト教徒はマリアを預言者と信じ、(25) カール・ユングもマリアについて書き残した。さらに重要なのは、ゾシモスがマリアをみずから研究装置を作った実験主義者だと祭り上げたことだ。よく知られた事実として、マリアは今でも彼女の名を冠する装置を発明した。「バルネウム・マリエ」という二重鍋で、ドイツ語では「マリエンバート」、フランス語では「バン・マリー」と言う。物質を熱してそのエキスを抽出することは、錬金術師の基本戦略の一つで、彼らは母なる地球で起こることを模して「卑金属」を高貴な金属である金に、最後には賢者の石に変えているのだと思っていた。「バン・マリー」によって、こうしたプロセスをより厳密に制御できるようになった。歴史家によっては、この装置はマリアよりも何世紀も前から使われていたもので、マリアがこれを発明したことになったのは幸運と歴史上の事故によるとする人もいる。しかし、たとえそうだとしても、この装置は十八世紀のあいだ「バン・マリー」と呼ばれ続けてきた。この広告効果たるや絶大なものだ。

二つめの装置「ケロタキス」は、マリアが蒸留するために持っていたものだ。金属を熱し、色素と混合する装置で、要するに卑金属を高貴な金属に変える術の一部を担っていた。これはカップとその上方に付けられた皿からなり、カップには化学物質を入れて熱し、皿には錬金術師が変化させようとする物を載せた。マリアはこれを気密性の高い容器に入れ、カップから出てくる蒸気を液化させて皿に載せた目標物の上へ滴らせた。ほとんど蒸留と同じだ。

しかし、今の僕たちにとって何より重要なのは「トリビコス」だ。これはストーブの煙突のようなものがついた丸い容器で、煙突の最上部には下向きのパイプが三本付いており、それぞれ先端はガラスフラスコにつながっていた。容器の底を熱すると内容物が気化して最上部まで上がり、パイプ表面に凝結する。これを使ってマリアはいつも硫黄を作っていたらしい。マリアは、管は材料に銅を用いてハンダづけで作製すること、また管とガラスフラスコの接続部は小麦粉の糊を使って密封することを推奨した。最上部で凝結している成分は「アランビック」と呼ばれた。これは英語の「アレンビック（蒸留器）」の語源であり、今でもある特別な蒸留器を指すのに用いられている[26]（現代の英語で「アル（al-）」で始まる単語は語源がアラビア語だと考えて間違いない。例には「アルジェブラ（代数）」などがあるが、本書にぴったりなのは、後代のエジプト人がマリアの装置を使って作っていた化粧品やその他の粉末で、「アル・コール（al-kohl）」と呼ばれていた。ここから「アルコール」という言葉ができた）。

マリアが発明したものは錬金術の主要プロジェクトにぴったりとはまった。蒸留は分離不能だと思えるものを分離する技術であったし、今でもそうだ。哲学面では、宇宙は四つの物質要素（土、空気、火、水）と、彼女がテトラソミアと呼ぶ四つの金属（銅、鉄、鉛、亜鉛）、そして四つの基本色素（白、黒、黄、赤）からなると、マリアは考えた。どれもこれもみんな間違っていたが、ここには還元主義的な思考の芽生えが見て取れる。還元主義は現代の科学的手法の原動力であり、僕たちは基本的な構成要素を理解するために物質を分離する。これはまさにマリアがやろうとしたことである。蒸留は濾過や重力と並ぶ強力な分離の手段だとわかった。しかし分離しようとするものの大きさや重さに依存するこれら二つとは違って、蒸留は揮発性、すなわち固体や液体から気体へと気化する物質の傾向を利用する。これは宇宙に対する新規な考え方だった。

もしこの説が正ければ、マリアの装置デザインはアレクサンドリアの交易路を通ってインドへ、中国へ、中東へと広がって行っただろう——洗練され、転用されながら。そしてこれは幸運だった。というのも、装置の発祥地アレクサンドリアをアレクサンドリアたらしめていた学術と革新という文化はその後、死に絶えてしまうからだ。紀元二九八年、ローマ皇帝ディオクレティアヌスがアレクサンドリアで起こったローマに対する反乱を鎮圧し、セラペイオンの中に勝利を記念する巨大な円柱を立てた。ディオクレティアヌスは四年後にふたたび戻ると、今度は図書館に所蔵されたキリスト教関係の書物を焼き払った。このときエジプトの化学書も焼失した[27]。それから九〇年後、東ローマ帝国はセラペイオンを含む国内にある異教徒の神殿をすべて破壊。大司教テオフィルス（皮肉にもギリシャ語で「思索を愛する人」という意味）はセラペイオンを教会に変えたのである[28]。

今ではアレクサンドリアの水辺に新しい図書館が建っている。この都市は超保守的なイスラム原理主義者の中枢だ。市の中心にある低い丘の上に、コリント式の柱頭を頂く幅の広い高さ二七メートルの赤い花崗岩の円柱がある――ディオクレティアヌスが建てたものだ。ここがセラペイオンのあった場所だ。マリアの都市で残ったものはこれだけだった。

蒸留酒造りに精を出した医師

アレクサンドリアの錬金術師たちは、発明した蒸留器を使って酒を造ったりはしなかったようだ。とはいえ、誰一人やろうとしなかったとは考えにくい。紀元一世紀のフランス南東部では、ローマの退役軍人たちによるワインの生産が頂点に達し、帝国中に輸出されていた。このワインを運んだアンフォラがエジプトでも見つかっており、アレクサンドリアで蒸留を行っていた者がフランス産のワインを入手していてもおかしくないのである[29]。もし蒸留器を発明した研究室で働いていたなら、仕事のあとにちょっとワインを蒸留して、となるのではないか。やったらどうなるだろうか、と。

しかし、プトレマイオス朝にブランデーがあった証拠を見つけた考古学者はまだいない。実際、酒を目的とした蒸留の痕跡は、紀元九五〇年から一一〇〇年のあたりまで見られない。場所はと言うと、もちろんロシアに決まっている。ウォッカだ。「パンで造ったワイン」[30]と言われるように、ウォッカはパンやほかの安価な糖質を含むものから造った「クワス」と呼ばれるロシア伝統の発酵飲料を蒸留して造られていたようだ。一一三〇年から一一六〇年のあいだのある時点で、サレルヌスという名の医師が薬としてのアルコールの生産に蒸留器を使用することについて述べ[31]、哲学者・聖職者であり、魔術師でもあったアルベルトゥス・マグヌス——先ほど見た暗黒時代の大物錬金術師——は、一二〇〇年代の書物『女性の秘密』[32]の中で、飲むことのできる蒸留液のレシピを二つ記し、この液を「アクア・アルデンス（燃える水）」と呼んだ。語源的には、同じ発想が南米産ラム酒のアルコール度が高く低熟成の特殊なタイプの酒にも見られる。モヒートやカイピリーニャなどのカクテルに使われるカシャーサなどがそうで、こういう蒸留酒は「アグワルデンテ」あるいは「アグワルディエンテ」と呼ばれる[33]。これは「火酒」を意味し、その名にふさわしい味がする。

しかし大きな進展は、一八二〇年代半ばにタデッロ・アルデロッティというボローニャの医師が『医術の助言』という本を出版したときまで待たなければならない。アルデロッティは、彼が「アクア・ヴィータ（生命の水）」と呼んだ蒸留液の製法をこの書に書き写し、この言葉が浸透していった。この液が何であれ、病気を治し、痛みを和らげ、口臭を抑え、悪くなったワインを浄化し、肉を保存し、植物のエキスを引き出すように思われた。[34]

蒸留技術の進歩でもっとも優れたところはアルデロッティによるものだった。食物史家のC・アン・ウィルソンによると、アルデロッティは蒸留器の頭部に蛇のように長い排出管を付け、これを冷水に浸けて凝結させた。[35] おかげで生産スピードは上がり、収量は増加した。このボローニャの医師は酒を造っていたのだ。

彼らは知らず知らずのうちに、物理の原理を利用していた。水のような液体の分子はつねに運動している。たまたま液体分子の一つが、液体表面に縛り付けている張力から自由になれるだけのエネルギーを獲得すると、液体の上の空気中へ飛び出す。液体に熱という形でエネルギーを加えると、液体分子はより頻繁にこの脱出速度に達する。つまり、液体を熱すると気化するということだ。

さて、次は真空の密閉容器を想像してみよう。液体から離れた蒸気は、あらゆる気体と同じように容器の壁を押す。この力は蒸気圧と呼ばれ、温度に応じて高くなったり低くなったりする。言い換えると、気体を熱すると膨張するということだ。

液体に十分なエネルギーを注入すると、蒸気圧は周囲の気圧と等しくなる。これが沸点であり、このとき物質は液相から気相へと転移する[36]（記憶に新しいように、第2章で見たシャンパンやビールの泡は炭酸ガスだ。一方、沸騰液中の泡は液体が気体になったもの）。だから、山頂のような気圧の低い高所では調理の指示が変わるのだ。またこれは、宇宙の高度な真空にさらされても体が破裂しない理由でもある。宇宙空間では、体があっという間に凍りつき、口の中や目の表面にある液体くらいしか蒸発しないからだ。
たとえば、沸点が一〇〇℃の水の蒸気圧は、七八・三℃で沸騰するエタノールよりも低く、水はエタノールよりも蒸発しにくい。これが酒を蒸留する上で要となる。目的とする物質が蒸発して出てくる一方で、水はあとに残るのだ。

エタノールは温度にかかわらず水よりも揮発性が高いので、蒸留をくりかえすと最後には溶液から全エタノールを引き出せるはずだが、限界がある。アルコール濃度が九五・五七パーセントのとき、蒸気と液体とでエタノール濃度が同じになるので、これ以上搾り出すことはできない。これは共沸限界と呼ばれ、いかに強い蒸留酒といえども超えられない上限だ[37]。つまり一九一・一四プルーフだ（「プルーフ」というのは、アルコール濃度を表す古い言葉で、アメリカではアルコール容量パーセントのきっかり二倍である。「八〇プルーフ」は四〇容量パーセントという具合だ。英国では計算が若干異なり、一〇〇プルーフは五七・一五容量パーセントになる。英国海軍が水兵にラム酒を支給していた時代の定義で、水兵たちはラム酒に火薬を混ぜ[38]、火をつけて燃えると飲用に適したアルコール濃度の証拠《プルーフ》としていた）。

蒸留器を扱うのに、こうしたことを知っている必要はない。中世の錬金術師たちも知らないで、金属やその他の物質で実験を続けてルネッサンスに至ったのだ。医師たちもそうだったが、一二〇〇年代の時点で彼らはワインやハーブから得たさまざまな蒸留液を治療に用いていた（こうした飲み物の複製品が今でも手に入る。シャルトリューズとベネディクティンの二つは僕のお気に入りだ)。何を蒸留するのであれ、揮発性の成分にはすべて固有の蒸気圧があって、それらが無秩序に混ざり合っている。これらコンジナーと呼ばれる、酒の中のエタノールと水以外のすべての成分が、蒸留物に風味を付ける(ウォッカは別で、コンジナーをすべて取り除き、水とエタノール以外に何も残さないことがウォッカ造りの要となる)[39]。

蒸留技術は少数の医学校や薬屋から飛び出し、ヨーロッパ諸国、イングランド、スコットランドの修道院へと普及したが、それは人々ができたものを好んで飲んだことと、経済的に見て意味があったからにほかならなかった。農民は穀物や果物を残らず収穫して蒸留し、運搬の容易な樽酒へと濃縮した。そうしてできた液体はけっして腐敗せず、市場では原料よりも高値で取引された。蒸留は文字どおり変化を与える技術だったのである。

黒死病がヨーロッパに蔓延した一三四七年から一三五〇年のあいだ、医師には「生命の水」以外、患者の気分を楽にさせるものはなかった。生命の水は、フランスでは「オー・ド・ヴィ」と訳され、オランダでは「ブランデウェイン(燃やしたワイン)」と呼ばれた。イングランドへ輸出されると「ブランデーワイン」と訛り、しまいにはただの「ブランデー」になった。スコットランドでは、穀類を原料にみずから蒸留酒造りを始め、ゲール語で「ウスケボー(生命の水)」と呼んでいたものが訛り、最後に「ウイスキー」となった[40]。一四〇〇年代初めまでに、人々はすっかりエタノールづけになり、蒸留酒は世界の隅々まで広まっていった[41]。

二度と同じウイスキーは造れない

マリア時代の錬金術師やアルデロッティ時代の医師たちが現代の蒸留所を見てそれと認識できるとしても、せいぜいかろうじてわかるというところだろう。スコッチウイスキーは今でも非連続的なバッチプロセスで造られ、ひと釜分の発酵もろみ《マッシュ》がすべて蒸留され、その後また最初の工程から始める。蒸留器の形はマリアの卓上「トリビコス」にやや似ているが、桁違いに巨大だ。また、違うタイプの蒸留酒が開発されるにつれ、設備も変わっていった。アイルランドではウイスキー造りに単式蒸留器《ポットスチル》が三基用いられ、スコットランドでは二基使われる。プエルトリコのホワイトラムやゴールドラムには連続式蒸留器が、よりヘビーなダークラムには二基か三基のポットスチルが連続して使われる。(42) フランスのブランデーはというと、アルマニャックが銅製のポットスチルで一回だけ蒸留して造られる一方で、コニャックでは蒸留が二回行われる。オー・ド・ヴィは銅製のポットスチルで二回蒸留され、アクアヴィット〔ヒメウイキョウで香りをつけた北欧の蒸留酒〕は連続式蒸留器で造られる。(43)

しかし、アメリカの蒸留酒業界の中心であるケンタッキーのようなところでは、メーカーはさらに工業化されたシステムを使っており、そのせいでそれなりの問題を抱えている。

一九九六年に九二歳で他界したジョージ・シャピラは、ケンタッキー州バーズタウンにある六二年の歴史を持つヘヴン・ヒル蒸留所を設立した四兄弟の末弟だった。その年、ヘヴン・ヒル蒸留所は火災を被る。強風により、蒸留酒を熟成していた貯蔵庫が延焼。オーク材の樽が次々に爆発し、空中に勢いよく飛び出してはナパーム弾のごとく火のついたウイスキーをまき散らした。川となって燃えさかるウイスキーが近くの道路を越えて広がり、蒸留用の水を採取していた小川を三キロにわたって覆う事態となった。[44] 鎮火したときには、蒸留所のほか、樽を積み上げた貯蔵庫七棟、トラック三台分の穀物、そして二九〇〇万リットルのウイスキーが焼失していた。

三年後の一九九九年、バーズタウンの北六〇キロほどにあるルイビルにほど近いバーンハイム蒸留所を、チャーリー・ダウンズとクレイグ・ビームが訪ねた。ダウンズはヘヴン・ヒル蒸留所のマネジャーだった抜け目のない男で、ビームは、三九年以上ヘヴン・ヒルの蒸留所責任者《マスターディスティラー》を務めてきた父パーカー・ビームを手伝っていた（パーカーの父アールはヘヴン・ヒルの初代マスターディスティラーで、その前は同族会社のジムビームで兄カールの助手を務めていた）。ルイビル近辺には一九世紀の終わりから続く蒸留所がほかにあったが、ビーム親子はダウンズの協力を得て、そこでもう一度事業を立て直そうと考えたのだ。

設備はまだ残っていた――穀物用サイロに発酵槽、六階建ての高さの塔式蒸留器《カラムスチル》二基。しかし、バーンハイム蒸留所ではヘヴン・ヒル特有のトウモロコシ、ライ麦、小麦、大麦を使うレシピで稼働させたことは一度もなかった（スコッチウイスキーは大麦だけを使用するが、アメリカのウイスキーではおもにトウモロコシとライ麦などの新世界の穀物も混ぜる）。ヘヴン・ヒルでは多種多様な蒸留酒を造っており、レシピによって異なるポンプやパイプが働いて各製品が生み出される。混合液が蒸留器を通り抜けるときに何が起きているかを知るには、ヘヴン・ヒルの人間にとってもただできたものを飲んでみるしか方法はないだろう。

塔式のカラムスチルには、ポットスチルにくらべ、はかり知れない利点がある。ポットスチルでは、ひと釜つくるごとに蒸留器を洗浄してから改めて蒸留を行う。対してカラムスチルは連続的に稼働させられ、これは生産規模を拡大しようとするなら大変な利点になる。一八一三年、ジャン・バティスト・セリエ・ブルーメンサールという名のフランスの研究者が、蒸留器の長い首に小さなでっぱりを付けると、蒸気が流れ出るまでの蒸発と凝結のサイクル数を増やせることを見つけた。ほかの数名の研究者による発見も加味してブルーメンサールが考案したのは、カラム（円柱型の容器）を使って連続して蒸留をすることだった。[45]これは分留（ときには精留）と呼ばれるようになり、[46]この手法を使えば、材料と蒸気が供給されるかぎり、四六時中でも蒸留器を稼働させられる。旧式のバッチプロセスでは、出てくる時間によって蒸留成分を前留、中留、後留に分け、前留は捨てて、中留を確保するか再蒸留にまわし、後留は場合によって次のバッチへと戻された。一方、連続的なカラムスチルでは時間ではなく位置で分離する。カラムの上部に来る物質（前留）は軽く蒸発しやすい分子で、底に来るもの（後留）はより濃縮していて蒸発しにくい。これは原油をガソリン、灯油、軽油などに分ける技術とだいたい同じものだ。[47]

連続式蒸留のシステムは、イーニアス・コフィーというアイルランドの発明家により一八三〇年に完成した。コフィーはダブリンにあったドック蒸留所で働きながら、実用的なカラム式の連続蒸留器を作り上げ、これが今日まで連続式蒸留器の原型になっている。カラムの中は穴の開いた金属板（棚）がいくつも設置されて区切られている。まず発酵したマッシュが最上部へ送られ、容器の最上階の棚の上へと流れ落ちる。何段もある棚同士はつながっていてマッシュは下の棚へ移動できるようになっている。棚に開いた穴によって容器の底から入ってきた蒸気が上へと昇るようにできており、蒸気が移動するさいにマッシュの中のアルコールをいっしょに引っぱり上げていく(48)。エステルやアルデヒドはエタノールよりも揮発しやすいので最初に蒸留されてくるが、このいちばん軽い部分は味がよくない。また、飲めるものが出る前の前留にはメタノールも含まれている。粗製酒を飲んで命を落としたり失明したりするのはこのせいだ。有機酸やフェノール化合物（ウイスキーのピート風味のもと）はエタノールよりも揮発しにくく、最後に蒸留器から出てくる。こちらは無害だが、金属のようなにおいがある(49)（赤ブドウの赤色のもとであるアントシアニンのような色素は不揮発性なため蒸留されずに残る。これが蒸留器から出てきたばかりの蒸留液が透明な理由だ。これを「ホワイトドッグ〔ニューポットとも〕」と言い、かつてアメリカの密造者は「ムーンシャイン（月明かり）」と呼んだ）。

稼働中のルーブ・ゴールドバーグ風の装置〔アメリカの漫画家ルーブ・ゴールドバーグが描いた、簡単にできることをわざわざ複雑に行う手の込んだ機械〕を、張りめぐらされた配管が優雅に見せる――アメリカの大手バーボン蒸留所にある主力の蒸留器(50)は太く高く、大昔から生えているセコイアの木ほどもあるだろうか。内部には金属板が何ダースも取り付けられているのだろう。これは蒸留プロセスの始まりにすぎず、カラムから出てきた蒸留液は副蒸留器へと向かう。[51] カラムはいくつも連結でき、ラム酒の蒸留所によっては五基ものカラムをつなげているところもあり、一連の工程を経るなかでそれぞれが異なる留分を取り出せるように設計されている。

初めに出てくる前留と最後に出てくる後留とのあいだの中留には、エタノールと「フーゼル油」が含まれる。フーゼル油とは、アミルアルコールやブチルアルコールなどエタノールよりも炭素数の多いアルコールの総称で、「高級アルコール」とも呼ばれる。エタノールの濃度にもよるが、フーゼル油はだいたい揮発性で、[52] 飲用に使われる中留のフーゼル油を適切な量に収めるのが蒸留技師の腕の見せ所だ。蒸留技師が切り替えるポイントは聖域だ。切り換えには、ポットスチルなら出てくる留液の時間を測り、カラムスチルなら最適な条件で切り替わるように配管を調節する。蒸留器の形以外では、これがもっとも酒の風味に影響を与える。[53]

一九九九年、ダウンズとビーム親子がヘヴン・ヒルのマッシュをバーンハイムのカラムスチルで沸かしたとき、蒸留器が詰まり、全システムの停止を余儀なくされた。「蒸留器の中へ入って、ビールを正常に流すための穴をいくつか開けなきゃならなかったんです。大混乱ですよ」。そうダウンズが言った。ビームは当時を思い出して首を横に振るばかりだ。彼らは人が通れるほどの穴を開けると、六人の作業員を中に入れて、「洗ったりこすったりさせなければならなかったんです。まる一日分の生産を棒に振ったわけですから、完璧に修理してしまう必要がありました」。

やっとのことで蒸留器を動かし、最初のホワイトドッグができた。味はいまいちだったそうだ。長い長いパイプを経て蛇口から噴き出したものは少し野菜や硫黄のにおいがした。だが、ダウンズには解決法がわかっていた——銅が足りてないのだ。

スコットランドでは、もっぱらフォーサイス社製の蒸留器が使われており、ディアジオの所有するアバクロンビー社がフォーサイスの唯一の競合相手だ。一方アメリカでは、小さな蒸留所がドイツのメーカーにハイエンドの蒸留器を注文したことがあるが、それ以外はほぼすべて、ヘヴン・ヒルから数キロのところにあるヴェンドーム・カッパー＆ブラス・ワークス社の製品を使用している。

ヴェンドームの本社社屋は、四六〇〇平米の倉庫を併設した粗末な機械工場におまけのようにくっつく、十九世紀の小さなホテルを改装して造ってある。だが、この会社の足跡はどうしてなかなか立派なものだ。蒸留器やマッシュ製造機、発酵槽《ウォッシュバック》、タンク、配管などを、バッファロートレースからメーカーズマーク、フォアローゼズまでアメリカのあらゆる大手ウイスキーメーカーに向けて作ってきたほか、アーチャー・ダニエルズ・ミッドランドやミッドウエスト・グレインへ燃料エタノールの蒸留器も納める（トウモロコシを発酵、蒸留してエタノールにするプロセスは、実質的にはウイスキー造りと同じだ——高エタノール耐性の酵母を使い、当然ながら味をまったく考慮しないという違いはあるが）。

ヴェンドームの副社長、ロブ・シャーマンは蒸留器を作り続けてきた家系の四代目だ。僕が訪問した日、彼はいささか気が立っていた。奥さんが町へ出かけていたので子供たちを学校へ迎えに行かなければならないのに、アメリカン・ディスティリング・インスティテュートの会議に参加した見学者たちが一日中ぞろぞろと仕事場を歩きまわっていたからだ。それでも僕は見学させてくれるようにねだった。作業場はアメリカの超有名蒸留酒メーカーと進めるプロジェクトであふれかえっている。ジムビーム用のハンドメイドの蒸留器、ジャックダニエル発注のブルドーザーサイズの酵母タンク、アイオワのR&Dへ納めることになっている、直径二〇センチ、高さ六メートルのフルートのようなカラムなど、めぼしいメーカーの名はみんな見つかる。

シャーマンは、木工職人が高品質の木材を語るように銅について話す。「これは焼きなましできるんです。冷やしたり、真っ赤になるまで焼いたりね」。シャーマンは続ける。「じつに柔らかくなります。でも、金属疲労することはめったにありません。銅はステンレスの四倍長持ちするので」。熱（熱エネルギー）は実際には機械的な運動で、銅のように原子間にばねがあるような弾性のある固体では、そのエネルギーによって生み出されたフォノン〔音響量子〕という微小な渦巻きが、音波が空中を移動するように媒体中を伝わる。金や銀や銅のような金属が熱の良導体だと言うとき、実際にはそれはフォノンを伝えやすいという意味だ。さらに、銅は膨大な数の原子がきれいに整列した結晶構造を持っているので変形加工に向く。冶金《やきん》学的に言うと、銅は結晶の表面がほかの金属よりもなめらかなため、結晶同士が滑るように動くのである。

熱伝導性があって加工できる金属では、銅がいちばん安い。だがそれだけでなく、銅には蒸留酒のフレーバーに影響する重要な特質があることもわかった。酵母の代謝では多量の硫黄化合物がつくられるが、そのほとんどは酵母の細胞内に留まる。たいていのワイン造りやビール造りでやっているように、酵母の死骸を捨てれば問題はない。しかし、蒸留酒メーカーがよくやるように酵母をマッシュの中に入れたままにしておくと、酵母の細胞が壊れて硫黄化合物がマッシュへ漏れ出す。こうなると腐った卵のにおいのする硫化水素と、腐った野菜の味がする三硫化ジメチルができるのがおちだ。[54]

ところが、銅は水素よりはるかによく硫黄と結合する。こうした特徴を持つ元素はほかにもある。たとえば、銀もまた硫黄に対する親和性が高く、石炭を燃やしたときに大気に放出される硫黄としっかりとくっつくため銀はすぐにくすむ。アルミニウムは酸素に対して同じようにふるまい、必ずと言っていいほど酸化物の形で採掘されたので、純粋なアルミニウムは金よりも高価だった。キッチンの必需品であるアルミフォイルを造るには、高エネルギー型の電気分解法の発達が必要だった。

つまり、自然は硫化水素よりも硫化銅を好む。銅製の蒸留器内では、硫化水素から硫黄が引き剝がされて銅と結合し、ある種の錆である緑青《ろくしょう》を形成する。たとえなめらかでつやつやに磨かれたきれいな新品の銅でも、実際には表面に微小な凹凸があって、この表面はすべてエステルやその他の芳香性の分子が別の合成物に変化するための反応の場になる。

蒸留した米の酒を白酒《パイチュウ》〔中国の蒸留酒〕、焼酎、焼酒《ソジュ》〔韓国の蒸留酒〕など、お国の言葉でなんと呼ぼうが、米には硫黄があまり含まれないため、米から造った酒を蒸留するのにはステンレス製の蒸留器が使える。しかし、ウイスキーなどのブラウンリカーを造るには銅が欠かせない。さて、ここで御立会い。ついに二〇一一年、スコッチウイスキー研究所（第6章に詳述）の研究者たちが目からウロコの実験を行った。彼らはまず、フォーサイスの銅器職人に銅製の蒸留器とステンレス製の蒸留器を実験室サイズの大きさで作らせた（第三の蒸留器として、六個の部品をステンレス製のものと交換できる銅製の蒸留器も作り、どの部品がより重要かを見極められるようにもした）。その後、同じ材料を使って両方の蒸留器それぞれでウイスキーを造り、鑑定人とガスクロマトグラフィーによってできたものを評価した。鑑定人の評価では、銅製の蒸留器で造ったほうは「澄んで」いて「刺激的」で「穀物風味」があり、一方のステンレス製のものは「硫黄臭」「肉の風味」がした。そしてたしかに、ステンレス製の蒸留器で造った酒には高濃度の三硫化ジメチルとそのほかの硫黄化合物が含まれていた[55]。

これで問題解決だ。ただし、蒸留器の銅が硫化銅になるという問題は残された。これが黒くなって剥がれ、最も厚い部分でおよそ一・三センチある壁がどんどん薄くなるので、スコットランドでは、蒸留器の寿命は二五年かそこらしかない。フォーサイスの職人は、自分たちの作った蒸留器を毎年保守点検し[56]、傷んだ部分を新しいものと取り替えて新品に買い換えるまで持たせる。そして買い替えのときには、へこみや叩いたときの音にいたるまで構造的な特性をすべて再現する。というのも、背が低くずんぐりした蒸留器は、背が高く優雅なものよりも重くて揮発しにくい分子を通過させやすいし、さらに職人たちは、ポットスチルの首のねじれでさえ、特定の風味をつけられるかどうかを左右すると考えているからだ。

ケンタッキーでは、ヴェンドーム社が唯一の蒸留器メーカーと言っていい。だからヘヴン・ヒル社は、ホワイトドッグの大失敗のあとシャーマンの部下を呼んで助言を求めた。ヴェンドームは大量の銅を使ってバーンハイムの蒸留器を作っていたが、さらに銅を追加するために、蒸留器《ダブラー》にぴったり合うコーヒーフィルター状の巨大な銅製のスクリーンを取り付けるように勧めた。硫黄の影響が大きいため、毎年このスクリーンを取り替える必要があるという。

今ではヘヴン・ヒルも同社のほかの製品も購入でき、どれも旨い。しかし、ダウンズもビームも、自分たちがたどり着いたものにまだ納得がいってない。「バーズタウンではもっと銅を使っていた」とビームは言う。かつてのホワイトドッグではない。「かなり近い。でもどこか違うんだ」「そうですか?」。僕は聞いてみた。先ほどまで上の階で、蒸留器から出てきたばかりのホワイトドッグをすすっていたところだが、とても美味しかった。「どう違うんですか?」

ダウンズがあわてて遮る。「もしホワイトドッグを二つならべても、違いはわからないだろうよ」「ふつうの人にはわからないと思うよ」とビームも同意する(その場では僕は明らかに「ふつうの人」だ)。そう言う彼の思いが変化していくのがわかった。ビームの態度や顔つきから、あきらめがひしひしと伝わる。「じいさんがいつも言ってたんだ。たとえレシピが同じでも、蒸留所が違えば違うウイスキーができるとね」。ルイビルへ移ったことで、三世代にわたるビーム家の家業を守ることができた。ヘヴン・ヒルは今でもヘヴン・ヒルだ。しかし銅の結晶構造が違うせいか、あるいはそれぞれの環境にいる微生物群が違うせいか、さらにはもっと理解の及ばぬ何ものかのせいで、ヘヴン・ヒルは二度とヘヴン・ヒルになれないのだ。

進化する蒸留酒

セントジョージ・スピリッツの陽光さし込む巨大な空間に、スペアミントとアニスの香りが充満する——少なくとも今日は。カリフォルニア州アラメダ、飛行機の格納庫を本社社屋に転用したこの蒸留所は、三週間にわたるアブサン蒸留の真っ最中だ。かつての格納庫の真ん中では、二階ほどの高さのピカピカに輝く銅製蒸留器から澄みきったハーブの蒸留酒が流れ出ている。フィアット500ほどの巨大な桶や、丸窓が縦に並んだ背の高いカラム群と相まって、居並ぶ蒸留器はスチームパンク〔十九世紀の蒸気機関社会をテーマにしたSFのジャンル〕に出てくる都市のようだ。ひょっとしたらジュール・ベルヌがハイスクールでノートに描いていたかも、と思わせる光景が広がる。

セントジョージ社は、ボローニャの医師が用いただろう技術にきわめて近代的な改良を加えている。ここはヘヴン・ヒルなどと比較すると小さなメーカーだが、クラフト蒸留のムーブメントの旗振り役を務める。今、アメリカの蒸留酒では、ちょっとしたルネッサンスが進行中だ。これは七〇年代と八〇年代に小規模ブルワリーで起きたことと似ていて、そのときはサンフランシスコのアンカー・ブルーイング社で、フリッツ・メイタグが高級製品を造ってクアーズのような大量生産のラガーに対抗した。ただ蒸留酒メーカーは、クラフトビールの草分けたちとは少しばかり違う状況に置かれている。まず、アメリカの大手蒸留酒メーカーの製品はあまり不満を持たれていないことが挙げられる。ワイルドターキーは毎年大海のごときウイスキーを生産するが、それは美味なる海原なのだ。それに加え、事業を始めようと自宅で蒸留酒造りを学ぶことは法律で禁じられている。クラフトビールだったら、地下室やガレージを散らかしながら手仕事を身につけられる。しかし、八〇年前に自家製の蒸留酒を売りたかったら、蒸留が得意でなくてはならず、脇道に潜む捜査官をあっという間に引き離すドライビングテクニックも必要だったはずだ。

先の状況の二つめには変化が訪れている。蒸留業者が事業許可を得て、製品を販売しやすくなるよう、業界団体が活発にロビー活動を展開している。また現在アメリカでは、国立大学レベルの蒸留関連プログラムまで進行している。禁酒法以前のアメリカには一万を超す蒸留所があったが、二〇一二年にはクラフト規模のもので二五〇ほどになった。だが、その二〇年前にはたったの四か所しかなかったのだ[57]。

西海岸に好んで集まるクラフト蒸留所は特徴的な製品をラインナップに持つ。たとえば、カリフォルニアのジャーマンロバンはブランデーで有名で、オレゴンのクリアクリークはオー・ド・ヴィで知られる。セントジョージはいまだにハンガーワンのラベルで販売されているウォッカ製品で注目された。しかし、セントジョージのマスターディスティラー、ランス・ウィンターズは中世の技術をまだ見ぬ未来の技術へと革新しようとしており、蒸留職人の世界では抜きん出た存在だ。セントジョージは人気のジンやラム、テキーラの製品ラインを持つほか、もちろん先ほどのアブサンも販売している。一方で、ウィンターズは小規模な実験を行っており、これが酒マニアのあいだで伝説的な存在になっているのだ。アプリコットや昆布、カニ、フォアグラ、マリファナ、その他いろいろな材料からオー・ド・ヴィを造っている（海藻を飲むなど、海に顔を叩かれるようなものだし、アプリコットは観念的な味がする。冗談ではなく、彼の造ったアプリコットのオー・ド・ヴィはアプリコットの哲学的クオリア〔主観的な経験に伴う質感〕を備える）。

ウィンターズが味を見るために筒状のガラス器具を樽に差し込んでいるあいだ（これは優雅に「ワイン泥棒」と呼ばれる）、僕はセントジョージのさまざまな瓶や樽を見てまわり、ウィンターズが過去に行った突拍子もない実験の残骸を追いかけた——真鍮《しんちゅう》製の長い管を四本伸ばすのはパイプオルガンか、はたまた燭台型電話機か？　これはすばらしい午後の過ごし方だった（ところで、味見の際は残ったものを床に捨てる慣わしだが、僕はそのたびにいつも胸が痛くなる）。

クラフト蒸留所にとっては、ヘヴン・ヒルにあるような巨大なカラムは費用がかさむし扱いが難しく手にあまる。だからセントジョージではハイブリッド型の蒸留器を使っている。ポットスチルと内部に金属板を備えたカラムとが結合していて、カラムを使うか使わないかはボタン一つで切り替えられる。また、ジンを造るときに使う植物性の材料を入れておく容器も併設されている。正しく弁を回せば、ポットスチルとしても、カラムスチルとしても、あるいはそれらの組み合わせとしても作動する。

アブサンが蒸留されているあいだ、蒸留技師のデイヴ・スミスは、高さ二メートル、容量三〇リットルの銅とスチールで作られた「研究用蒸留器」のお守りをしていた。これはメインの製造室とは切り離された、別の部屋の片隅、タイル張りされた区画に設置されている。隣には棚が並んで壁を作り、棚の中にはガラス製の水差しが整列している。水差しには透明な液体が半分ずつ入っていて、その首には産業革命以前の薬屋を思わせる手書きの札が結び付けられている——シナモン、カリフォルニアローレル、オレンジピールなど。今は新しい実験の真っ最中で、蒸留器の腹の中で煮えたぎっているのは芋焼酎だ。これはふつう塊茎や大麦から造られる日本の熟成させないタイプの蒸留酒だ（今造ろうとしているものは正確には焼酎にはならないだろう。ウィンターズは、デンプンを糖に変えるのに伝統的な麹カビの代わりに瓶入りの酵素を使ったのだから）。

頭を剃り上げた、小柄ながらたくましいスミスは、手の甲を蒸留器の釜《ポット》に当てる。ポットはほとんど触れられないほど熱いが、そこから出ている上下にうねるステンレスパイプや、パイプがつながる丸窓の並んだ銅製のカラムはまだ冷たい。装置全体には十分エネルギーが行きわたってないのだ。セントジョージには、グレンリベットにあるようなセンサーの類いや、ケンタッキーの巨大バーボン蒸留所で見るような汚水処理施設のコントロール室を思わせる部屋はない。ウィンターズとスミスにあるのは、みずからの両手と舌だけだ。

スミスは、熱と蒸気がそばのパイプや弁の中をひっそりと通り抜けるあいだ、もうすぐ子供が生まれそうな父親みたいにやきもきする。小さな丸窓を覗き込み、弁を触って調べ、メモを書き留める。「すべてうまく行っていれば、誰にだってできるさ。経験からしか学べないのはうまく行かないときの対処の仕方だよ」とスミスは言う。「そして、万事うまく行くなんてことはないのさ」

スミスはもう一度蒸留器を触る。今や、火傷のおそれありだ。ステンレスのパイプでさえ、触ると熱い。ポットのそばにある液化装置《コンデンサー》の底に付いた栓から、透明な液体が流れ出ている。コンデンサーには留液のエタノール濃度を測るための比重計が内蔵されていて、今、八〇パーセント（一六〇プルーフ）をわずかに下回る値を示している。スミスは指を入れるとその香りをさっと嗅いだ（八〇パーセントのアルコールを含むなら、指を入れてもどんな微生物の汚染も起こりようがない）。「酢酸も酢酸エチルもまったくないね」とスミス。これはいい徴候だ。酢や除光液のようなにおいは、発酵に何かまずいことがあったというしるしだ。僕もそれにならってみた。ココアパウダーとケーキ用バターのような香り。加えて、油のようにどろっとしている。

スミスはポットの先端の、ステンレスパイプが伸びているところに、水滴が一つ付いているのに気づいた。それを布で拭き取ると、また出てきた。漏れだ。「爆発させずにこれを修理できる確率は、どれくらいだろうね？」と、スミスが顔をしかめる。僕に答えられる質問ではないので、おそるおそる無言で後ずさりするほかなかった。スミスはげらげらと笑って、レンチを取りに行った。
二、三分たつと、蛇口から出てくるものは劇的に変わり、僕には強烈な芋の味がした。一方のアルコールは、急激に濃度が下がっている。スミスがカラム内の水の量を上げるために弁を回すと、エタノール濃度は留液のレベルまで回復した。「マシになった」とスミスが言う。「良いと思ったのは、まだココアが感じられるところかな」。だが、じきにいやなにおいが出てくる——後留だ。

実験の進行具合を見に、ウィンターズが入ってきた。スミスと同じスキンヘッドだが、大男のウィンターズは二五セント硬貨の棒金ほどの、火のついていない真っ黒な葉巻を噛みながら歩き回る。船長が甲板を歩くようにセントジョージの蒸留所内を行き来するウィンターズを見ても、さほど驚きはない。なんといってもウィンターズは、航空母艦エンタープライズの原子炉を相手に慎重を要する複雑な配管作業を行うことから、その経歴を開始しているからだ。

スミスが最新の情報を報告する。「芋の香りが少し、ココアの香りが少し。マシュマロも少しある。後留はそこまでひどくない」

ウィンターズはひと口飲んでみる。「これは間違いようがない。芋の量を少なくとも二倍にして、もう一回やるんだな」。スミスは留液を八〇〇ミリリットルの三角フラスコに排出して、日付とともに「サツマイモ」と書いたラベルを貼り付け、フラスコの口に栓を押し込んだ。スミスの疑問は、しばらくこのままにしておいて何か変化が起こるだろうか、というもの。しかしウィンターズは懐疑的だ。「どんな酸が入っていているかも、それがエステル化するかも、わからんからな」。そうスミスに言うと、ウィンターズはフラスコをじゃばじゃばと振り回し、栓を外してにおいを嗅いだ。

「まったくこいつは、わが家で造った蒸留ビールを思い出させるなあ」

「俺はピスコかと思ったよ」とスミス（ピスコとは南米で造られる熟成させないブランデーだ）。

結局、彼らはサツマイモの量を二倍にしてアルコール量を増やし、同時にポットの温度も上げて、もう一度やり直すことにした。「そうすれば、酵母内部の脂肪酸と反応するアルコールが増えて、その結果、エステルが増える可能性も上がる。という寸法さ」

そう言うと、ウィンターズは革張りの実験ノートに万年筆で二、三、メモを書き留めた。その革新性ゆえに好評を博する小さな蒸留所、セントジョージは、一貫性に縛られたりしない。研究用蒸留器があるのもそのため。すべて実験精神《スピリット》のなせる業なのだ。スミスはちょっと肩をすくめ、大きな三角フラスコを持ち上げて棚にしまい込んだ。

5 熟成
——Aging

蒸留所の貯蔵庫周辺には、マンサクやスパイスの香りが漂っている。それに、砂糖煮の果物やバニラのにおいも少々——ほんわか温かく、甘く、少しピリッとしていて、気取ったカクテルパーティーからキッチンへ逃げ出したときに嗅いだ、出来立てクッキーが冷めていくときの香りを彷彿とさせる。ジェイムズ・スコットは、カナダのオンタリオ州レイクショアという町で一〇年前に初めてこのにおいに出会った。デトロイトから川ひとつ越えたレイクショアでは、どっしりした窓のない貯蔵庫内に積まれたカナディアンクラブ・ウイスキーが樽の中で熟成している。スコットはそのころ、トロント大学で真菌学の博士論文を仕上げ、スポロメトリクスという会社を立ち上げたばかりだった（とはいえ、実体は彼と数人の従業員、それにホームページがあっただけなのだが）。スコットが自宅をそっくり提供したこの会社は、真菌ミステリーに悩まされている企業の相談に乗る探偵のようなものだ――生産ラインが汚染された理由を明らかにしたり、屋内のカビが危険なものかどうかを判断したりする。開業して最初に受けた電話は、デイヴィッド・ドイルというハイラム・ウォーカー蒸留所の開発ディレクターからだった。

ドイルは問題を抱えていた。レイクショアの貯蔵庫近辺の住民が、正体不明の黒いカビに自分たちの家が覆われていると訴え、そのにおいから原因はウイスキーだと言っていたのだ。ドイルはこのカビが何なのか、そしてこの事態の責任が会社にあるのかどうかを知りたかった。「最初にドイルから説明を聞いたときには、この黒いカビは住宅の内部で増殖していて、蒸留所との関係は心理的なものでしかないように思えました」とスコットは言う。時間をかけるだけの価値はないように思った。しかし、ドイルが応分の負担をするといったので、スコットはちょっと見てみようとトロントをあとにした。

スコットが貯蔵庫に着いて最初に気づいたこと（「熟成中のカナディアンウイスキーの甘く芳醇なすばらしい香り」の次に、と彼は断っている）は、その黒いものだった。それは建物の壁、金網フェンス、金属製の道路標識などあらゆるところにあり、あたかもディケンズ風の煙突掃除夫の大群が町中を突っ走ったかのようだった。「地所の裏手には古いステンレス製の発酵タンクがありました」とスコット。「それが横倒しになって、全体にその真菌が繁殖していたのです。ステンレスですよ！」。ステンレスの特長といえば、そんなものが生えないということなのに。

ドイルは真っ黒になったフェンスのそばに立って、蒸留所は一〇年以上ものあいだこの謎を解こうとしてきたのだと説明した。ウィンザー大学の真菌学者たちでさえ、途方に暮れた。一方、スコッチウイスキー研究所の一団は、採取したサンプルからこれはアスペルギルスやエクソフィアラといった環境常在真菌が厚く層をなしただけだと結論づけた。つまり、これはどこにでもいるものであって、そしておそらくもっとも重要なことに、この黒カビの繁殖は蒸留所の責任ではないということだった。

スコットは首を横に振ると言った。「デイヴィッドさん、そうじゃない。これはまったく違うものですよ」

スコットはサンプルを少しひっつかんで、スポロメトリクスの業務で使っているラボへ持ち帰った（ラボというのは、ゲスト用の寝室にあるテーブルと二台の顕微鏡のことだ）。拡大してみると、その黒いものは真菌が混ざったもののように見えたが、大部分は細胞壁が厚く表面が粗くて、こんなものはそれまで一度も見たことがなかったという。乱雑に叩き切った樽が数珠つなぎにつながっているような形をしていた。ドイルの依頼した研究者たちがどこで誤ったかがわかった。「連中は採ったサンプルをシャーレの培地にこすり付けたんでしょう」。スコットは続ける。「増殖してきたものは、そこにたまたまあった胞子だったのだと思います」。換言すれば、ふつうの真菌が謎のものの上に着地していて、培養するとそちらのほうが速く増殖したということ。数週間後にシャーレいっぱいに増えたものはありふれた種の菌で、壁についていた黒いすすのようなものではなかったというわけだ。

スコットには別の策があった。彼はサンプル全体をすり潰してシャーレに播《ま》いた。だがそこでスコットは、シャーレを顕微鏡下に置き、信じられないほどの細い針を使って細胞表面が粗い真菌だけを取り出し、別のシャーレへ移したのだ。顕微鏡で見た像は実際とは逆になって見えるので、この作業は簡単ではなかったという。

スコットはこの一件の全貌を発表した論文で、〇〇《ゼロゼロ》番の虫ピンを使って真菌を移植したと書いている。〇〇番のピンというのは虫を解剖したり展示したりする際の固定に使う〇・三ミリ径の針だ。というのは冗談で、その程度の細さのピンで真菌細胞を扱えるはずがない。本当はタングステンのワイヤーから自前の針を作ったのだ。この芸当は一九二〇年代に考案されたもので、スコットはシカゴで鑑識科学の顕微鏡を専門としている友人から教わった（亜硝酸ナトリウムの粉末を試験管に入れ、炎にかけて融かしてから、ヘラを差し込んで冷却する。固まったところで試験管を割ると、亜硝酸ナトリウムのアイスキャンディーができる。その片側を火にかざして柔らかくなるまで熱し、その上で赤く灼熱した一ミリ径のタングステン針を引きずる。するとタングステンの針は弾けて燃え上がり、融けたタングステンがそこらじゅうに飛び散り、径の細いワイヤーが得られる。もしやりたいなら、手袋をはめ、作業台に耐火性素材のものを敷くこと。ただし自宅ではやらないように）。「エッチングすれば、針の先端を一ミクロンまで細くできます」とスコットは言う。「しかも超強靭です」

最終的にスコットは、謎の真菌の胞子とそのかけらを五、六〇枚のシャーレに個別に移植した。そしてこれを一週間ごとにチェックしたが、ほとんど何も見つからなかった。顕微鏡を覗いても、サンプルはまったく同じ黒くでこぼこした樽のまま。一か月たっても、コロニーは目に見えないくらい小さいままだった。この真菌が何であれ、蒸留所にあったときのようには増殖しなかった。

「それでピンときたんです。もっと簡単な方法があったじゃないかって」

真菌の増殖培地を作るということは、真菌が欲しがる食べ物を用意してやるということ。そこでスコットは、家を飛び出してカナディアンクラブをひと瓶買ってきた。「一リットルの寒天培地にワンショットほどのウイスキーを入れて、それをシャーレに注いだんです。そしたらどえらい速さで増えましたよ」。スコットは胸を張る。明らかにこの真菌は酒を強く好んだ。だが、スコットはいまだに明確なつながりをつかめていない。でも、今やこの謎の虜になっている。

美容師のママと掘削機乗りのパパとのあいだに生まれた一人息子のスコットは、エリー湖に近い小さな町で育った。彼は一族のなかで初めて大学まで進んだが、大して意欲は持ち合せていなかった。実際、初めて真菌学の講義に出席したときには、以降の講義はサボるつもりで、誰か講義録を貸してくれる者を見つけようと考えていたくらいだったのだ。

教授は桃のタネに生えるカビの話をした。この真菌がどうやってタネからタネへ移るのかは知られていない、と教授は言った。「放棄された果樹園へ行き、木の下で一週間ばかり腹ばいになって、何の昆虫が桃にとまって、また次の桃へと移動しているのかを観察すれば」、ここでスコットは記憶にある教授の抑揚をまねた。「君は世界中の誰よりもこのカビのことに詳しくなれるんだよ」

「これは私にだってできることでした。右も左もわからない学部生の私にもね。出かけていって、それを探せばいいんです」とスコットは言う。仲間内では、そのときスコットはもう真菌学者になっていた。大学時代、君は常識にとらわれない人間だったって？　だったら、背が高くて、ゲイで、バンジョー弾きで、寮の自室に顕微鏡を置き、壁に自分で描いた真菌類の系統樹を貼り付けた真菌学専攻の学生になってみたらいい。

これが真菌学の道を歩む人間なのだ。もっと魅力的な分野、たとえば哺乳類の研究者は、カリスマ性のある大型動物のほぼすべてを発見し、その生態を間近で調べ上げてしまった。植物学者は植物を相手に同じことをもうやっている。一方、這いまわる気味の悪い虫を研究している人たちは、いまだに野外で泥臭く戦っている。甲虫類はどうか？　未発見の甲虫類が何種いるかさえ誰にもわからない。では真菌はどうだろう？　誰の説を信じるかによって違うが、真菌の種の数は一五〇〇万とも五〇〇万とも言われる。国際植物命名規約の（わかりにくく、古臭い）規則によれば、このうち一〇万種だけが命名され、特徴が記述されている。世界有数の遺伝子データの保管機関ジェンバンクに遺伝子配列が登録されているのは、そのうちわずか五分の一である。完全に遺伝子配列が決定しているのはたった数百種で、そのほとんどは酵母だ――それは単に商業的に有用だからだ。

真菌を顕微鏡で拡大すると、一九三〇年代のお下劣なSF雑誌に出てくる異星植物か、ピクサー・アニメーション・スタジオがCGで描き起こしたドクター・スースのイラストのように見える。

気味の悪い眺めで、万人向けではない。カリフォルニア大学バークレー校の真菌学者、ジョン・テイラーは言う。「もし新種の鹿を発見したら、ネイチャー誌の表紙を飾るでしょう。真菌の場合、新種を発見したらマイコタキソンという学術誌の真ん中あたりのページに載るんです。でも僕らはそれを口惜しいなんて思っていませんよ」

真菌学者は、何百年ものあいだ旧式なやり方で名前をつけてきた。試料を顕微鏡下に置いて、各部位の形や、繁殖の仕方や、胞子の構造を記載してきたのだ。それには類型学にもとづくのがルールで、研究者は「タイプ標本」と呼ばれる標本の現物をどこかの標本室《ハーバリウム》に保管していなければならず、時には顕微鏡レベルの構造を描いた図も作成、保管しなければならないこともあった。加えて、ラテン語による記載も必要になる。だが、こうした状況も変わりつつある。ゲノム研究者が、何千もの遺伝子サンプルをかき集めて一挙に配列を決めるという、議論のかまびすしい手法を用いて、真菌学者のあとを引き継ごうとしているのだ。だがスコットは真菌分類学の古い学派から教育を受けた。彼らは一見してすぐに真菌の身元を当てることができるが、こういう人のほとんどは現役を退いてしまっている。

一方、酒に関しては、スコットはオフィスに置いてある（寝室にもあったが）何本かのウイスキーのこと以外は何も知らなかった。だから、ワインメーカーが何世紀も前からワインを木樽の中に保存していたのに、蒸留酒メーカーが一七〇〇年代の終わりになるまで熟成した酒の販売を体系化しなかったことを、スコットは知らなかった。しかし、熟成という新たな段階が製造工程に組み込まれると、蒸留酒ビジネスは様変わりした。今や蒸留酒メーカーは、樽を保管する不動産が欠かせず、さらに何年ものあいだ販売しない製品の製造に投資できる強固な信用経済を必要とした。それには、密造酒より洗練された飲み物に大金を支払ってくれる有閑階級が出現しなければならなかった。

換言すると、熟成酒を取り巻く経済圏の誕生は、初期の産業革命におけるきわめて重要な出来事であり、文明化した世界へつながる道の一里塚のひとつになったのだ。そしてどういうわけか、レイクショアの町の壁を黒く染めたカビは文明化へ向かう旅の土産のひとつだった。

フェニキア人の壺、ローマ人の樽

ヘロドトスは著書『歴史』の第一巻で、紀元前五世紀のアルメニアのワイン商人は、獣の皮と柳の木枠で作った小舟に乗ってチグリス川とユーフラテス川を下り、バビロンまで二五トン近くのワインを運ぶことができたと記した。たいていのワイン史が教えるところでは、ヘロドトスが「ヤシノキで作った樽」でワインが運ばれたと書き、これがワインを木の樽に貯蔵した史上初の例だとしている。(1)

しかしパトリック・マクガヴァンによれば、これは誤訳だ。人工的なアルコール発酵の最古の証拠を発見した考古学者のマクガヴァンは次のように書いている。「もしアルメニアの商人がワインを入れるのに樽を使ったのなら、樽は南カフカースで作られたにちがいない。しかし、そこではナツメヤシは育たない」(2)。アルメニアには樽を作れるような木材はなかったというわけだ。ヘロドトスはワインを入れる容器を表すのに「ビコス・フォイニケイオウ」という言葉を使っており、さらにマクガヴァンによると「フォイニケイオウ」はおそらく「フェニキアの」の意味であることから、「ビコス・フォイニケイオウ」はフェニキア式アンフォラだと思われる。

そうすると、木の容器で酒を熟成すると味が良くなるのを見つけたのは誰だろう？　今日では、ビールやワイン、熟成蒸留酒《ブラウンリカー》——ウイスキーや一部のラム、熟成テキーラなど——は樽の中で熟成すると、はっきりとオークの風味がつくことが知られている。この風味は複雑な特徴を持ち、こうした特徴によってそれぞれの熟成酒の違いがさらに際立つ。だがマクガヴァンが正しければ、いつ樽詰めが始まったのか明言できる人間は誰もいない。

しかし、樽詰めを始めたのをローマ人だとするのは、何も突飛なことではない。ローマ人のワイン文化は非常に進んでいて、「ハウストレス」と呼ばれるソムリエまで存在していた。また、ワインを「ウィヌム」と言い、いくつかのカテゴリーに分類した（甘いドゥルケ、軽いモッレ、白いアルブム、暗赤色のサングイネウムというように）。白ワインのひとつ、ファレルニアンは少なくとも一年間、熟成させてから飲まれ、年を重ねるとより美味しくなると考えられていたようだ。二〇年から三〇年たつと琥珀色が増した。ペトロニウス（紀元二二年から六六年ごろ）は著書『サテュリコン』の中で、ある晩餐の様子について、まず蜂蜜入りのワインが供され、続いて一〇〇年物のオピミアン・ファレルニアンがふるまわれた、と記述している。もっとも、酒の化学成分は時がたてば木がなくても変化するし、ローマ人は当初ワインを陶器のアンフォラに入れて封をし、加熱した上で熟成したことが、証拠から示唆されている[3]。これは古代版パスツーリゼーションであり、ローマ人は食品そのものを傷めずに、食品を腐敗させる微生物を殺していたのだ。

ローマとオスティアの町でホッレアと呼ばれる貯蔵庫が発掘され、それが穀物やそのほかの乾燥物資の貯蔵庫とは明らかに異なっていたことから、ローマ人は自分たちのワインを大量に保存する専用の貯蔵庫を建てていたと考えられる。しかし典型的な保存の仕方では、アンフォラより大きくてもっと丸いドリウムという陶器の壺[4]が使用されていたようで、これを首まで土に埋めて、割れを防ぎ、温度を一定に保ったらしい。

ただ、ローマ人は木製の樽も持っており、それをワインの貯蔵に使っていたとも考えられる[5]。一部の歴史家はこの習慣がガリア人（ケルト人）から伝えられたと主張し、マクガヴァンは青銅器時代にガリア人がクレタ島のミノア人にこの知識を伝えたと考えている。トルコで見つかったワインのサンプルの中に、マクガヴァンは樹脂の痕跡を発見し、さらに共同研究者の一人がラクトンという化学物質を同定した（樹脂はおそらく保存料であり、これがイエスの誕生に際して東方の三博士が献上した乳香や没薬《もつやく》という樹脂が重宝された理由だ）。マクガヴァンによれば、このラクトンはまずまちがいなくβ－メチル－γ－オクタラクトンで、オークの木材や樹脂に由来する物質によく見られるものだという。これは業界では、「ウイスキーラクトン」〔またはオークラクトン、クエルクスラクトン〕として知られる、木材の中で熟成しているあいだに現れる化学物質で、赤ワインやスコッチウイスキー、コニャックなどにココナッツの風味と円熟した口あたりを与える。樽職人が樽を作るときに木材をトーストする（焙《あぶ》る）と、この物質の濃度が上がる。

ミノア人はワインにオークの切りくずを入れて風味をつけるか、木製の容器の中で熟成させるかしたのだろうか？　ミノアの遺跡から樽を発掘した者はいないが、マクガヴァンが指摘するように、ミノア人は船の造り方を知っていた。木材を曲げ、水が浸み込まないような形状にする方法を知っていれば(6)、中に入れた液体が漏れないような形に木材を曲げる技術があったはずなのだ。

ラクトンは、樽の中に貯蔵したアルコール性の液体に起きることのほんの始まりにすぎない。樽の中で生じる化学変化――木や空気、時間による変化――は、発酵や蒸留のあいだに起こる変化に負けず劣らず重要である。

熟成の発見？

一二〇〇年代になって蒸留がいよいよヨーロッパに浸透しだしたころ、おそらく最初に蒸留酒造りを試したアイルランドの修道士が酒を木製の樽に保存したのだろう。つまり売られるまでのあいだ、酒が木に滲《し》み込んだのだ。バーボンの歴史に関する記述の多くでは、輸送に使われた樽に「オールド・バーボン・ウイスキー」と刻印されていたことを証拠として、アメリカのウイスキーが一七八〇年代後半までには熟成されるようになったとしている。人々はその味が気に入り、それが樽の中で時間をかけて寝かせたおかげだと考えた。しかし、「オールド・バーボン」というのはそれが造られたケンタッキー州の郡か、人気が出たニューオーリンズの通りのことであって（ただし、歴史家は異議を唱えている）、製造プロセスとは関係がない。(7) いずれにせよ、これら初期のバーボンは熟成したものと同じくらい「若い」未熟成の状態でも売られていたようだ。歴史家、チャールズ・カウドリーによれば、オークの樽で熟成するのが習慣化するのはさらに数十年先のことである。

一方で、フランス・コニャック地方産のブランデーは樽の中で一、二年寝かせる場合が多かった。一七〇〇年代の終わりから一八〇〇年代初めのアメリカ人は大変なフランス贔屓《びいき》で、この寝かせることとブランデーの品質とを結びつけて考えた。カウドリーの研究によれば、一七九三年にアメリカの一部のウイスキーは「オールド」であることを宣伝し、一八一四年までに少数の蒸留酒メーカーが熟成年を謳うようになった。(8) しかし、ほとんどのウイスキーはまだふつうの無色透明なホワイトドッグに水を混ぜてアルコール濃度を下げたものだった（それも運がよければの話で、当時は非常に劣悪な材料を混ぜることがよくあった。食品の純粋法など遠い未来の話だ）。

一方で、使用済みの樽の内側を焼けば〔この工程を「チャー」と言う〕、樽に残った味や香りのするものをすべて取り除けることは知られていた。しかしバーボンの製造に関するルールには、新品の樽はチャーをして使うことが定められている。このルールの由来についてはカウドリーにもわからない。「使用済みの樽にチャーをしてウイスキーを貯蔵することはずいぶんと一般的になっていただろうし、その利点もよく知られていたと思われる。そのため、ウイスキー貯蔵用の新品の樽にもチャーをすることが習慣化したのだろう」と、カウドリーは書いている。「こうした習慣について根本的な変化が起こった記録が見つかっていないという事実から、どのような変化があったにせよ、それはおそらく進化のようにゆっくり起こったことを示している(9)」

一八四〇年代までに、この進化は完了する。バーボンはチャーをした新品のオーク樽で時を経なければならないことが法律により定められたのだ。英国でも同様の法律が存在していて、スコッチウイスキーと名乗るにはこの法律を遵守する必要があった。ただし、樽は新品でなくてもよかった(シングルモルトのメーカーは、シェリー酒やバーボンに使われた樽で熟成することが多いし、時にはマデイラワインやラム酒といったエキゾチックな酒を入れていた樽で「仕上げる」こともある。このおかげで、グラス一杯でこうした酒の風味も楽しめるのだ)。

木製の樽は媒体《メディア》から内容物《メッセージ》へと変わった。ビールやワインや蒸留酒を運ぶ容器にすぎなかったものが、必要不可欠な製造工程のひとつになった。木の中の何か、時間と結びついた何かが、軽くて酸っぱい低アルコールのブドウジュースと円熟したワインとの違いを生み、密造酒《ムーンシャイン》とバーボンとの違いやテキーラブランコ〔未熟成テキーラ〕とテキーラアニェホ〔熟成テキーラ〕との違いを生んだのだ。

具体的に何がこの違いを生み出しているのか、研究者たちが調べ始めたのは、たかだかここ三〇年かそこらのことだ。樽作りの工程が木材を変え、木材の成分が貯蔵液の中へ染み出す。そして、樽の中で長いあいだ過ごすと味が変わる。でも……どのようにして、そうなるのだろう?

樽にワザあり

サンタローザの小さな飛行場の裏手にあるオフィスパーク。そこのベージュ色の建物内で行われているのは事務仕事なんかじゃないが、外観からはそんな気配はちっとも感じない――ただ、金属製の巨大な煙突二本を除いて。ここはトネリー・ラドー社の北カリフォルニア本部だ。一九四七年にフランスのワインメーカーのために樽の製造を始めたラドーは、その五〇年後の一九九五年にサンフランシスコから北へ一時間の北カリフォルニア・ワイン地帯に支社を開き、樽事業の展開を図った。

マスタークーパー（樽工場長）のフランシス・デュランはまさしくフランス人という風貌の持ち主だ。僕が会ったとき、デュランはグレーの縁なし帽をかぶり、黒のタートルネック風のものの上に裏地にフリースの付いたワークベストを着用し、白くなり始めたヤギ髭をこぎれいに刈りそろえていた。そしてアクセントはフランス訛りだ。

デュランは僕を連れて、ガラス張りの玄関の向かいにある重い扉を開け、工場階へ入った。高さ九メートルの天井の下では、新品のワイン樽がレールの上を転がり、仕上げに磨きをかけられている。デュランが右手にある倉庫へと僕を連れて行くと、そこには六段に積み重ねられた四五〇〇本の樽がそびえ立ち、冷えた空気には新鮮で芳しい鋸《このぎり》くずの香りが漂っていた。

フランスにいたころ、デュランは羊飼いをしていた。しかし父親がコニャックを造っていた関係で木工技術に少し覚えがあったため、一九八九年、農場を出てラドーに職を得た。そして一九九四年にカリフォルニアへと渡り、アメリカで事業の立ち上げに着手する。「英語をひと言もしゃべれなかった上に、木のことも、機械のことも、樽のことも、ワインのことも、何も知らない人たちと仕事をしなければならなかった」。今では、年間一万から一万二〇〇〇本の樽――最高に乗っているときは日に五五本の樽――を作る工場を動かしている。とはいえ、デュランは今も職人のままだ。「樽を作るのはそれほど難しいことじゃないが、じつにたくさんの工程があるんだ」。そうデュランは言う。「もし一つでも失敗したら、出来上がるのは樽じゃない。箱だよ。それも運がよければの話さ」

樽はすべてオークから作られるが、実際には細かい違いがある。(10) たとえばフランスに話を戻すと、デュランの言う「親会社」の樽職人たちは、成長が早く多量の水が必要なリムーザン(イングリッシュオーク)と呼ばれるクエルクス・ロブールか、乾燥に強く成長が遅いクエルクス・ペトラエアを使う。北米では、だいたい現地産のホワイトオーク、すなわちクエルクス・アルバが用いられる。「ホワイトオークでなきゃダメだ。しかも、真っ直ぐ背が高くなくちゃいけない。カリフォルニア産の曲がった木じゃダメだね」。デュランは首を振った。

ラドーはミネソタ州やミズーリ州のほか、ウエストバージニア州のアパラチア山脈にある森からオークを伐採している。最後に挙げた場所は、これから蒸留酒ファンには馴染みの場所になるだろう。というのは、トウモロコシを主原料とする蒸留酒をバーボンと称するには、アメリカンホワイトオークで作られた新樽で熟成しなければならず、しかもその木材のほとんどがアパラチア地方産だからだ。ラドーはワインと高級蒸留酒用の樽を作っている。しかし、デュランは蒸留酒メーカーの木に対する考え方をちょっと軽蔑しているのだという。「ウイスキー樽は、箱とまでは言わないが、ワイン樽のようには洗練されていないんだ。木は熟成していないし、焙り《トースト》はお粗末なもんさ」

ほかにも違いはあって、バーボンと、もちろんバーボン樽を再利用するスコッチにはふつう窯でよけいな水分を乾燥させた木から作った樽が使われるが、ワインには戸外で自然乾燥させた木で作られた樽が使われる。[11] 自然乾燥の際、木を極端な気温の変化と天然の真菌にさらすことで、木が分解され加工しやすくなる。

木は水密性の容器を作るのに最良の材料というわけではない。封水剤や接着剤がなければ、つまりタールやニスやパラフィンや釘がなければ、使おうとさえ思われない。そう考えると、樽というものはなかなか大した木工品だ。樽は側板《がわいた》と呼ばれる樽材を円形に並べて作られる。[12] 側板は両端より中央部を幅広にしてあり、側板を曲げて帯鉄《おびてつ》を巻いたときに中の液体が木に開いた小さな穴や側板のつなぎ目から漏れないように、板の長軸方向の斜角を正確に計算してある。

木材の構造的な部分はほぼ三種類のポリマー（高分子）でできている。リグニンとセルロースとヘミセルロースで、地球上の生物でこれらのポリマーをそのまま分解できるのは、シロアリの腸内にすむ細菌や一部の真菌などほんのわずかしかいない。また、この三種類のポリマーはいずれもエタノールと水にまったく溶けない[13]。しかし、木材のおよそ五パーセントから一二パーセントはほかの物質でできている。また、ヘミセルロースは単糖に分解され、その後フラン化合物に変換され、リグニンは最終的にフェノール類にまで変わる[14]。オークの心材には八種類のエラジタンニン類が含まれ、これらがワインに滲み出すと、渋みと同時に豊かで肉のような風味が生まれる[15]。

このタンニン類は、オークの成長に伴って形成される年輪として目に見える跡を残す。デュランは積み重なった側板の山から一枚取り出してその端を見せ、その木目をボールペンで指し示した。「白いのは春に成長したところで、柔らかくてタンニンは少ない。反対に、黒っぽいところは夏に成長したところで、緻密でタンニンが多い」。オークのタンニン[16]（ブドウのタンニンとは種類が異なる）は、構造をつくるポリマーとは違って水に溶ける。「年輪のサイズで選ぶのがコツなんだ」とデュランは言う。樽職人たちはかつて目で見て直感的にタンニンの多い側板を選んでいたが、今日、ラドーでは赤外線分光器を使う。

デュランは、以前は手作業で側板を切り出してそれらを合わせていたが、今では機械を使って組み立て、金属の仮輪で絞る。仮絞りされた樽は巨大な木製の花か、ラムチョップの骨にかぶせられた紙の持ち手のようだ。続いて職人は樽の内側に炎を直接当てておよそ九〇℃まで熱する。そのあいだ側板の外側を水で濡らしておくため、火がつくことはない。木には熱可塑性があり、熱を加えると曲げることができる[17]。このとき、外側が伸びるのであって内側が縮まるわけではない。また側板は冷えても、もとの形に戻らない――曲がった板は曲がったまましっかりその形を保つのだ。

樽作りは重労働でありながら、作業の進行には驚くほどの精密さが求められる。壁の上のほうに赤い字で番号がふられたデジタル時計が三つあって、それぞれの樽に火を当てた時間を表示している。作業台の上には、英語とスペイン語で書かれた全工程の指示マニュアルがページごとにクリアファイルに入れられ貼り付けられている。ここの生産ラインで働く職人の多くはラテンアメリカ系の人たちだ。「最終段階を担当するのはいつも同じ男だ」。デュランは言う。「やつには温度計なんかまずいらないね。触ればわかるのさ」

デュランは火から引き上げたばかりの樽へと僕を連れて行き、その中へ頭を突っ込んでにおいを嗅ぐよう勧めた。驚いた。松林の中のパン工房のような香りだ。

このあと、樽の両端の内側にアリ溝を彫り、そこに鏡板をはめて小麦粉と水とおがくずで作った糊で固定する。「蝋《ろう》を使ってもいい。だけど小麦粉を使うのはフランスの昔ながらの伝統さ。それにとても安いしね。自然だし、においもないし、しかも木と同じように反応するんだ」

金属の仮輪は、亜鉛メッキしたぴかぴかの帯鉄と交換される。帯鉄はあらかじめ大きな機械で切断されてカーブがつけられ、リベットを打つ穴が開けられている。最後に樽は、レールの上を転がりながら上から研磨ベルトで磨かれ、その後、水を入れて圧力をかけ、漏れがないかをテストする。完成するころには、家具ショップのイケアに売っていてもおかしくないような外観になる――なめらかで明るい木に光り輝く金属、それらが優美な曲線を描いている。いちばん大きな樽は僕より重いというのに、どういうわけかみんな軽そうに見える。「接着剤や釘は、いっさい使ってない」。そう言いながら仕上がった樽の接合部に指を走らせるデュランのしぐさには、愛情があふれていた。

「天使の分け前」のおこぼれ

スコットはカナダの謎の真菌にほとほと手を焼いていた。こいつが大変な呑べえだということはわかったが、どうやってくだんの酒場へやって来たのかがわからなかった。二〇〇一年の十一月、ひと息入れていたスコットは、懇意にしているワイン輸入業者で見習いソムリエの男に、あの真っ黒になった貯蔵庫のことを話した。その男はすぐにピンときて、「そいつは『天使の分け前』だよ」と言った。

初めて耳にする言葉だった。だがこれは、もしスコットがふつうの蒸留所見学の説明を受けていたなら聞いていたはずの言葉だ。蒸留酒は熟成するあいだに蒸発する。樽の木を通り抜けて蒸発するほか、ひょっとしたら側板の接合部やダボ穴からも抜けていくこともあるだろう。ウイスキーメーカーは一年に全容量の二パーセントが消えると想定している。ただし消える量は気候条件やアルコール濃度によってさまざまに変わる。この損失を、ウイスキーを造る人々は「天使の分け前」と詩的に表現する。奇跡への感謝としてその一部を天に捧げているのだと。ただ、この捧げ物の量は半端ではない。五〇年物のバルヴェニーのシングルモルトなど、当初樽詰めされたときの量のじつに七七パーセントが消失したという（もちろん、天使の分け前の蒸発によって、樽に残るものはすべて濃縮される。ある鑑定人の記述によれば、そのバルヴェニーは「時間をかけて悠々と」できた「とびっきりの酒」だという。僕も五〇年物のスコッチを一度か二度飲んだことがあるが、香りと味はもっと若くてふつうのものよりも浅く感じた。たとえば、ピートの香りで有名なアイラ島のウイスキーにはほとんどピートのアロマが残っていなかった。しかし、味わいはじつに奥深く濃密だった）。

年輪が密な成長の遅い材木には、蒸留酒に滲み出すことのできるエキスが高濃度で含まれる。しかし、少なくともウイスキーメーカーはこのことをまったく顧慮してこなかった。彼らはむしろ気温や湿度といった貯蔵条件に何よりも気を使う。たとえばジムビームでは、伝説の蒸留技師、ブッカー・ノーが九階建ての細長い熟成用の貯蔵庫（ケンタッキー州ではリックハウスと呼ばれる）を南北方向に沿わせて建て、昼間の陽光の当たる時間を長くして貯蔵庫が速く暖まるようにした。また、気圧も熟成に影響する。有名な樽コンサルタントのジム・スワンは、「フレーバーはセルロースの鎖に沿って気圧の高いほうから低いほうへと動く」と言う。「アルコールもセルロース鎖に沿って動くし、水も同じです。最上級のスコッチのうちいくつかは、樽の中の水分量が増えるような土地で生産されています」。たとえばスコットランドの西海岸で四年間熟成すると、実際に水が五リットルほど増える。ひんやりとした地下のワイン貯蔵庫や、寒冷多湿なスコットランドにある背の低い一階建ての貯蔵庫では、樽からエタノールが失われやすい。一方、より温暖なアメリカ南部では水が失われる傾向が強く、金属壁のリックハウスではこれが顕著になる。さらに、ハウスのなかでも上の階はより暑い。だから、「少量生産品《スモールバッチ》」や「シングルバレル」のバーボンがかくも人の気を引くのだ。こうした選抜された樽は、まわりのほかの樽よりも偶然味が良かったというわけだ。

ざっくり言えば、貯蔵庫で熟成されている蒸留酒からはエタノールの蒸気が出ているのである。今やスコットには、貯蔵庫から外に漏れ出したにおいが真菌を蒸留所へ呼び寄せる化学物質の勾配をなしていたのだと理解できた。そこで、「セラーファンガス（地下室の真菌）」と呼ばれるザスミディウムがまず疑われた。ザスミディウムは地下のワイン熟成庫の壁面に生えて茂みをつくり、それがほかの微生物のすみかとなる（ワイナリーのなかには、滲み出したバイオフィルムが細菌の雫となって樽の上へポタポタしたたり落ちているところがあり、いささか不快な眺めだ）。エタノールの蒸気を食べて生きる真菌はどのくらいいるのだろう？　スコットは、貯蔵庫がザスミディウムの巨大なコロニーのすみかになっていると考えた。「生育環境が似ていることと、入手できたわずかな外見に関する記述から、これにちがいないと思ったのです」

オランダ・ユトレヒトにある微生物保存機関（CBSという略称のほうがより知られている）は、真菌の菌体サンプルとゲノムを保管する世界でもっとも重要な保存機関だ。ここにザスミディウムの培養株があったので、スコットはそれを発注して顕微鏡のステージに載せてみた。しかし、貯蔵庫を真っ黒にした真菌とは似ても似つかない。その上、ザスミディウムは地下室内の涼しくて気候の安定したところでしか増殖しないのに、例の謎の真菌は屋外の温度が大きく変動する環境で増殖していた。

スコットは途方に暮れた。彼に残されていたのは、この謎の真菌は「すす病菌」と呼ばれるグループに属するのではないかという、経験にもとづく推測だけだった。世界でも一流のすす病菌専門家であるスタン・ヒューズという八〇代の研究者が、オタワにある北米最大の真菌標本を収蔵するカナダ国立植物標本館から廊下をちょっと行ったところのカナダ農務・農産食品省にたまたま勤務していた。そこでスコットは、オタワ行きの飛行機を予約した。

ヒューズはスコットの訪問を両手を広げて歓迎してくれた。ほとんど退職したも同然のヒューズだったが、一九三〇年代の小学校のような建物の二階に今もオフィスを構えている。建物のまわりを緑地が取り囲み、そこにはオタワの政府の南部拠点をなす、ずんぐりした標準的な政府系研究施設がいくつか建っている。書籍を人にやってしまったせいで、オフィスは奇妙なくらいがらんとしている。机の代わりに作業台が置かれ、その上を論文のコピーが埋め尽くす。部屋の隅にある背の高い緑色のメタルキャビネットはカレンダーから切り抜いた数枚のネコの写真で飾られ、電話帳を山と重ねて作った二つの台に板が渡され、その上に顕微鏡が載せてある。ずっと前からそこに置いたままになっていたようで、年のせいで背中が少し曲がったヒューズは、今や顕微鏡を覗くのに爪先立ちをしなければならない。白髪の束と首から銀の鎖でぶら下げた拡大鏡のおかげで、ヒューズはどこからどう見ても真菌のガンダルフ〔『指輪物語』に登場する魔法使い〕だ。まさにスコットが必要としている人物だった。ヒューズは喜んで調査に手を貸してくれた。「おかげで標本集《ハーバリウム》を利用した真菌学について宣伝できる」。ヒューズは言う。「化学的なやり方に対抗するものとしてね」。遺伝学者の出る幕はないというわけだ。

スコットは蒸留所から持ってきたサンプルをヒューズに見せ、二人は数日かけて標本室《ハーバリウム》の中を探しまわった。部屋にはレールの上に所狭しと連なる背の高い金属のファイルキャビネットがあり、その棚には手書きのラベルが貼られた手作りの封筒と、カビやきのこの詰まったマッチ箱がぎっしりと積み上げられている。ヒューズには心当たりがあった。以前、黒い真菌で覆われた一九五〇年代のデンマーク製のアスベスト瓦の欠片を誰かが送ってくれていたのだ——そして、見つかったこの真菌は顕微鏡で見ても肉眼で見ても、スコットがレイクショアで見たものと同じものだった。

だが、このサンプルには問題があった。これは「コニャック由来のトルラ」という意味のトルラ・コンプニアセンシスと呼ばれる代物のようだったのだ。トルラというのは、どこへもうまく分類できない真菌を放り込む引き出しのような属で、まるで役に立たない。おかげで真菌学者は、でたらめに継ぎ接《は》ぎされた水道管を前にした配管工みたいに、眉間にしわ寄せて首を横に振ることになる。

トルラを顕微鏡で覗くだけでは埒《らち》が明かないことが、スコットにはわかっていた。文献を事の始まりまでたどって調べる必要があった。そしてスコットの発見したものの来歴は複雑に入り組んでいた。時は一八七二年。コニャック農業工業化学研究所の管理職にあったアントナン・ボドワンという薬剤師が、地域の蒸留所の塀を黒く覆うカビについての小冊子を発行した。ボドワンは、それをまだ命名されていないノストック属という藻類の一種だと誤って考え、種名をつけようとしなかった。

　その後、フランス植物学会に所属する真菌学者、シャルル・エドワール・リションがボドワンの研究の噂を耳にする。リションと共著者は一八八一年の論文で、ボドワンが重大な間違いを犯しているとくどくどと言い立て、この真菌をトルラ・コンプニアセンシスとして分類しなおした。一方、リションからこの真菌を譲り受けた同僚のカジミール・ルムゲルは、著名な真菌学者のピエール・アンドレア・サッカルドが命名した真菌に似ていると考えた。ところが、サッカルドもまた名前を間違ってつけており、さらにルムゲルはこの名前を影響力の大きい乾燥標本集に不正確に書き写した。この標本集は真菌オタクたちが学名を安定させるために配布している収集家用の真菌サンプルセットで、たちまちこのコニャック産の真菌のサンプルは間違ったラベルが貼られたまま世間に出まわってしまった。

　スコットとヒューズは一連の誤りを追跡し、その根っこを突き止めた。スコットは言う。「オタワのハーバリウムには、たまたまルムゲルの乾燥標本があったんです。だから私とスタンはハーバリウムからそれを引っぱり出して、ボドワンが採取した実物の標本を見ることができました」

　顕微鏡を覗くと、リションがトルラ・コンプニアセンシスと呼んだものはレイクショア由来のサンプルとまったく同じに見えた。しかし現代のより厳密な定義では、このサンプルはトルラではなく、さらにハーバリウムでの作業が進むと、これは既知のいかなる属のものでもないことがわかった。スコットは真菌の系統樹の新たな枝に名前をつけることになったのだ。だが守らなければならないルールがあった。「増殖させられる生きた培養株が必要でした」とスコットは言う。彼らには、エピタイプという採取しなおした新しいサンプルが必要だったが、それはオリジナルのサンプルと同じ場所で採取しなければならない。つまり、フランスである。

そのとき、まったく偶然に、スコットの同僚のリチャード・サマーベルが学会に出席するためにパリへ行っていた。向う見ずなサマーベルはコニャックへ足を延ばしただけでなく、レミーマルタン社で大当たりを引き当てた。「見学ツアーが終わって、みんな土産物売り場でレミーマルタンXOのディスカウントボトルを買ったんだ。僕はスコットのためにもう一本買ったよ。そのあと前庭で解散になった」。サマーベルは振り返る。「そしたら黒いものに覆われたきれいな薮があるじゃないか。そこで、僕らはそれぞれ枯れ枝を一束折ったというわけ」

新種の真菌が見つかっても大した騒ぎにはならないだろう。けれど、新しい属（系統樹で種の一つ上の分類カテゴリー）の発見はなかなかクールだ。スコットたちはまったく新しい名前をつけるにあたって気を揉んだ。スコットは自分の名前にちなんで命名するなんてできなかった。これはおそろしく下品なことなのだ。一方、ヒューズはすでに何ダースもの種や属に自分の名前をつけていた（が、いずれにせよ、大酒飲みの真菌にヒューズのような禁酒家の名前をつけるのはどうも適切と思えなかった）。そこで、二人は最初にこの真菌に学者たちの注意を向けさせた人物に敬意を表することにし、属名をボドワニア、種名はそのままコンプニアセンシスとした。「コニャック産のボドワンの真菌」という意味だ。

樽の中の秘密

酒を満載した樽は化学的に見れば刺激にあふれている。木の構造を形づくっているセルロースとヘミセルロースはブドウ糖分子の繰り返しによる巨大な分子鎖で、樽を作るときの加熱によってブドウ糖やヘキソース、ペントースなどの糖に分解する。しかし三つめの主要な構成要素であるリグニンは違う。こちらも巨大分子には変わりないが、基本単位のくりかえしでできているわけではない。およそ半分はバニラの風味のもととなるバニリンで、残りはバーベキュー風味のグアイアシル、クローブの風味のオイゲノール、それにシリングアルデヒドである[18]。高温では、リグニンに含まれるスパイシーな香りのアルデヒドがメイラード反応を起こし、焼いた肉と同じ風味ができる[19]。木材の表面が熱せられると、木に微細な穴が開いて、そこに液体とともにタンニンや、リグニンの分解によって生じたほかの分子が吸い込まれる。そしてエタノールはこれらの化学物質すべてを互いに反応させ、アルデヒドは酸と結合してフルーティで酸味のあるエステルを形成する。

一方で蒸発して出ていったもの、つまり天使の分け前は、外部の大気に吸い込まれる。硫黄化合物のうち、蒸留の際に銅によって取り除かれなかったものは、このタイミングで蒸発するか化学反応であまり不快でない物質に変わることができる――もっとも、これには何年もかかるが。また、中に入ってくる酸素によって、エタノールは酸化してアセトアルデヒドや酢酸になる[20]。これらは古くなったビールがかくも怪しげな味になる理由でもある。ビールには脂質がたくさん含まれ、これが酸化すると、ノネナールというダンボールのような味のする分子になる[21]〔加齢臭の原因とも言われる〕。

樽の中の液体分子にも変化が起きる。エタノール分子は水に接すると、集まってクラスターをつくり、時間がたつにつれ、このクラスターの数は増える。そして最終製品にクラスターがあると、エタノールが感じられにくくなってしまう。また、エタノールのクラスターは揮発性の分子にくっつくこともあり、すると揮発性が抑えられ、蒸留酒のアロマとして出てくる揮発性の成分が減る。[22]「口あたりが良い」と言うとき、僕たちはこうした変化を味わっているのかもしれない。[23]

木が分解してできる物質は、オークの種によって異なる。どの種のオークがいちばん良い分解物をつくるのかを調べるため、ジム・スワンは実験をすることにした。木の専門家であるスワンは樽の世界ではちょっとした伝説で、僕のみたところ目ぼしい人間はほぼすべて彼に相談を持ちかけている。その一つが、アメリカの蒸留酒メーカーを顧客に持つ樽会社インディペンデント・ステイヴだ。スワンはドライフライ社の蒸留技師とともに、一回分のホワイトドッグをインディペンデント・ステイヴの四種類の樽――アメリカンオーク、フレンチオーク、アメリカンとフレンチのハイブリッド、ヨーロピアンオークの樽――で熟成を行った。

二〇一二年、ケンタッキー州で開催されたアメリカン・ディスティリング・インスティテュートの総会で、スワンは初期の研究結果をいくつか発表した。六つの主要なラウンドテーブル・セッションでは、集まった聴衆が種類の異なる樽で熟成されたウイスキーをそれぞれ半オンス〔約一五ミリリットル〕ずつ味見した。違いはかすかだが、注意を引くには十分だった。アメリカンオークで熟成したウイスキーは香りが強く、フレンチオークで熟成したものはバニラとバタースコッチの風味が立っていた。五種類（一つはバーボンの樽で通常どおりに熟成した対照）のうち、僕が好きなのはアメリカンオークの側板とフレンチオークの鏡板で作ったハイブリッドのものだ（側板にくらべて鏡板は表面積が大きく、鏡板の木に液体がより多くさらされる）。

スワンはこの実験にはもっと時間が必要だと感じていた。スワンは聴衆に訴えた。「フレンチオークとヨーロピアンオークは、アメリカンオークよりもさらに多孔質です」。「実験にはもっと時間がかかります。それに、今のところ酸化については検討できていません」。酸化を促進したくても、外気やボンベの酸素を樽の中に入れてブクブクとやっても意味がない、とスワンは言う。そういう酸素は原子が二つくっついたO_2であって、熟成中の酒を酸化したいのであれば、必要なのは原子の酸素、何の飾りもついていないただのO〔ラジカル酸素〕で、結合相手を探している反応性の原子なのだ。

一年後、僕はインディペンデント・ステイヴの研究開発ディレクターであるデイヴィッド・ロドラと話をするチャンスがあった。このときまでに、かなりの結果が出ていたようだ。アメリカンオークの樽では、バニリンの量が急上昇し、グアヤコールのようないわゆる燻煙《くんえん》由来のフェノール類は板を通り抜けて減少していた。ロドラにしてみれば、こうした結果は熟成の速度論が必要なことの証拠だ。速度論とは、ワインや蒸留酒が木に滲み込んでいくとき、時間の経過とともに起きることを予測するのに使えるモデルだ。「だから二回目の樽では味が違うんです」。ロドラは言う。「一回目の酒によって表面が洗われてしまっているので、二回目の酒は木へ深く入り込みます。一回目とは違う割合で物質が出てくるんです」

もっとおもしろい話があるかって？　酒造りに関しては、その答えはいつもイエスだ。原産地名にこだわらないようなら、つまり「バーボン」とか「スコッチウイスキー」とか呼べなくても気にしないのなら、オークの木を切り倒すのをやめて、もっと斬新なやり方を探してもいい。ミネソタ州を拠点にする樽メーカーのブラックスワンは、伝統的な木を使わずに樽と、蜂の巣状の穴を開けて表面積を増やした内張り材を作っている。

アメリカン・ディスティリング・インスティテュートの総会の展示フロアでは、ブラックスワンは自社のブースに小さなメイソンジャー〔広口でねじ蓋式のガラス瓶〕を四つ置いた。それぞれ五九％アルコールのホワイトドッグと、長さ三インチの蜂の巣状の木片が入っている。みな一か月のあいだ寝かされており、バーボンのような茶色に染まっている。瓶に入っている木は、それぞれ種類が違う――ホワイトオーク、サクラ、イエローバーチ、ヒッコリーの四種類。バーチの瓶は妙なまるさがあったが、ヒッコリーは傑出していた。バーベキューから煙だけを除いたような風味がした。この手法がビールにぴったりだと思ったのは僕一人ではなかったらしく、ブラックスワンはカエデで作った内張り材を、ニューヨークにあるベルギー式エールのブルワリー、オメガングの二万ガロンの熟成タンクに使ったばかりだという。

タイムマシンを探せ！

時間を大幅に短縮できるものなら、蒸留酒メーカーもワインメーカーもこの熟成法をぜひ使いたいだろう。ワインメーカーはオークのフレーバーのついた白ワインを（時には行きすぎなくらい）愛してやまないし、円熟した最高の赤ワインを敬愛してはいるが、若いワインを売ることもできる。蒸留酒メーカーもお望みなら、未熟成のジンやオー・ド・ヴィやホワイトラムといった、造るそばから売れる酒に専念してもいい。しかしブラウンリカーは、良かれ悪しかれ、蒸留によって到達できる頂点だとみなされている。

今や巨大資本となったレミーマルタンやグレンリベット、ジムビームなどの主要な蒸留酒メーカーは、二〇一二年と二〇一三年にウイスキーが品薄になるまでは、いずれもかなり古くからの商品在庫を保有していた。以前は、造ったものを三年、八年、一五年、あるいはそれ以上のあいだ寝かせておくことができた。それは、三年、八年、一五年前に同じことをしており、今売ることができる製品があったからにほかならない。ところがウイスキーの人気が世界的に高まり、これらのメーカーからウイスキーを搾れるだけ搾りとってしまった。その結果、取引の場でも公言されているように、メーカーは次第に熟成を謳わないウイスキーへと切り替えるようになってきている。何年物だとか言わないのは、彼らのマーケティング活動では熟成年数と品質が等価であるのに、ほかに売るものがないために、日の浅い樽から出した酒を瓶に詰めているからだ。まさに、ラム酒研究家のラファエル・アロヨが一九四五年に書いたとおりだ。「増加し続ける取引の需要、適切な運転資金の欠如、短期のリターンへの傾倒、公正を欠く過当競合、そのほかビジネスに及ぼす影響が、生産者たちに可能なかぎり短時間で製品を市場へ出すように強いる」[24]

だから規模の大小を問わず、蒸留酒メーカーは同じ夢を見る。熟成せずにオールドの味のするものを造りたいという夢を。

たとえば一八一七年には早くも、『キャビネット・オブ・アーツ』という産業便覧の「醸造と蒸留」の章に、高級なフレンチブランデーのフレーバーにとって何より大切な要素は時間であると書かれている[25]。そして、著者たちはそのフレーバーをすっかり模造することを提案する。できるかぎり純粋で風味のない原酒を蒸留し、そこに「ワインの油（ワインの濃縮物）」と色づけ用の糖蜜かキャラメルを加える。すると電光石火！ ブランデーに待ち時間は要らない。また、黄金時代のバーテンダー、ウィリアム・ブーズビーは一八九一年の著書『アメリカン・バーテンダー』の中で、熟成の足りないビールのために同じように怪しげな対処法を推奨した。「刻んだキュウリのピクルスとダイダイを二、三つかみ加える」。ブーズビーは「酒販業者のための秘訣」の章で続ける。「こうすると、ビールは実際よりも半年長く熟成したようになる」[26]（これとまったく同じ文言がこの一六年前に出版された『知識箱――あるいは古き秘訣と新しき発見』という本に見つかる[27]。彼はかなりいいかげんな人物だったようだ）。

一八〇〇年代の終わりごろ、スコットランドのウイスキーメーカーは、濃縮したシェリー酒である色の濃い甘いパクサレットを使って樽を「味つけ」するという、スペインのシェリー酒メーカーのやり方を拝借して熟成するようになった。パクサレットを圧力をかけて樽の内側に吹き付けたあと、中のパクサレットを捨てた。[28] 一方、コニャックメーカーはオー・ド・ヴィ〔ブランデーのフランス語〕を容器に入れて密封し、六〇℃から九六℃までゆっくりと加熱した。このやり方はトランシャージと呼ばれ、天使の分け前を取られずに酸化を加速することできたが、出来上がったブランデーは妙な味がした。[29] これは今では法律で禁止されている。

アロヨはラム酒の研究を進めるなかで、ラム酒を人工熟成させる方法や技術を集め、何ページにもわたる長いリストにまとめた。なかには読者諸君の思いつきそうなものも二、三あり、たとえば果物のエキスの添加だ。エキスは「スコットランドのプルーンワイン」など、アルコール発酵したものや、単に古くなっただけのものもあった。クローブやカッシア、バニラ、ビターアーモンドなどから得た油脂はどれも熟成期間を短くし、カエデや蜂蜜やブドウ糖など、さまざまな糖にもまったく同じ効果があった。さらに独創的なラム酒メーカーは熱を加えたり、加熱と冷却を交互にくりかえしたりした。また、酸素や過酸化水素やオゾンといった酸化剤を気泡にして蒸留酒に通すこともあった。アロヨによると、試みはどんどんエスカレートして、電気分解や紫外線の照射を試す者もいたようである。[30]

一方で、オークの側板、チップ、オークくずを詰めた「ティーバッグ」を販売する会社がたくさんある。ワイン業者や蒸留酒業者は熟成で生じる化学物質を再現するべく、これらをスチールタンクに漬けるのだ。実際、一九九〇年から行われている人工熟成の技術[31]に関する論文によると、スペインのグラナダ大学食品栄養学部のアルコール飲料グループは、熟成に関わる一八種類の物質を同定し、それらのほとんどが添加したオークチップにも含まれていることを見出した。

　だからといって、これで探求が終わったわけではない。カヴァランという台湾のウイスキーは、たった二年しか熟成していないのに、コンクールではクラシックなシングルモルトウイスキーに勝ち続けている（ちなみにカヴァランを造っている蒸留所の立ち上げには、ジム・スワンが手を貸した）。メーカーはこの熟成感を高温多湿な台湾の気候のおかげだとしている[32]。なるほど、理論的には頷《うなず》ける。高温では新造の蒸留酒は木の中へ入り込みやすくなり、あらゆる化学反応が促進され、多湿だとエタノールが天使の分け前として外に引っぱり出されるはずだ。インドやオーストラリア、南アフリカなど、南半球の蒸留所はみなこの方法を採用し始めている。

　手元に在庫がなく、製品を早く出荷したい小さな蒸留所は、もっとシンプルに小さな樽を使うことが多い。一般的なウイスキー用の五二ガロン〔約一九七リットル〕の樽にくらべて、かなり小さい二ガロン〔約七・六リットル〕や三ガロン〔約一一・四リットル〕の樽を使うのである。樽が小型になると費用はかさむが、容積に対する表面積の割合が増えてオークからの抽出が早まる。何年もかかるところを、三か月から五か月ですませられるのだ。これをやっているのがニューヨークにあるタットヒルタウン・スピリッツで、だからハドソンウイスキーのラベルの貼られた三七五ミリリットルの五種類の気取った小瓶に大変な値段がつけられている。ラルフ・エレンゾとブライアン・リーとがタットヒルタウンで蒸留を始めたとき、初めのあいだだけ小さい樽を使い、会社が成長していくにつれ徐々に樽のサイズを一般的なものに近づけていくつもりだった。しかし、「五、一〇、一五ガロンと大きめの樽にしていくと、それでもずいぶん小さいんですが、フレーバーの特徴が違ってきたことに気がつきました」と、ラルフの息子で経営者の一人であるゲイブル・エレンゾは言う。

一八年物のシングルモルトこそがウイスキーだと教え込まれている人たちは、小型の樽で熟成してできる樹脂っぽく松くさい雰囲気を嫌う傾向がある。この若いウイスキーには、一〇年かかってオークから抽出されるものはみんな入っているが、一方で、エステル化や酸化、液体分子間の構造変化はほとんど起こっていない。未熟でトゲトゲしく、まろやかさがない。この酒は褐色をしているが味は青いのだ。ミシガン州立大学のクリス・バーグランドは、アメリカでただ一人、蒸留の学術研究を進めている。バーグランドは、キャンパスから離れたところにある大きなラボを小型の樽とその温度管理のために捧げた。「小型の樽を使うと、まずいことが数多く発生することがわかりました。小型の樽はそれほど優れたアイデアではない、というのが私たちの結論です」。バーグランドは続ける。「天使の分け前を減らした報いはかなり大きいのです」

今、タットヒルタウンは二つの世界にとっての最善策を探そうとしている。大型の樽で熟成させるのに十分な量の原酒を造り、その後、小型の樽の中身と大型の樽の中身を合わせる。これに対し、ウイスキーメーカーは次のように異論を唱えるだろう――スコットランド産のクラシックウイスキーとそっくりな味を出そうとするのなら小型の樽では無理だ、と。しかし違う味を出そうとしているのなら、おもしろい。いや、もしかしたらかえって良いこともあるのではないか？　ダメだって、なぜ言える？

　タットヒルタウンはもう一つ、別の試みも行っている。ゲイブルの父ラルフは、液体と木の接触が増えるのは良いことだろうと考え――またスコットランドでは貯蔵庫の管理人が樽を転がしたり、棚の上段に置いた樽を下へと移し、棚のいろいろな位置の環境に交替でさらしていることを思い出し――、低音の利いた音楽を樽に聴かせて中身をかき回すというアイデアを思いついた。かつて製粉所だった一七八八年建造の貯蔵庫にみんなでスピーカーを運び入れ、ア・トライブ・コールド・クエスト〔アメリカのヒップホップグループ〕やダブステップを夜な夜な流した。「本当に、深いフレーバーとアロマを感じるようになったんだ。私たちはこれを音波熟成プロセスと呼んでるよ」。そうエレンゾは言う。

　そしてある日、蒸留所見学ツアーに参加した音響技術者が、スピーカーの存在に気づいて何をやっているんだと尋ねた。この試みに大いに興味を引かれた技術者は、数日後にノートパソコンとメジャーを持ってやって来て、樽や貯蔵庫、スピーカーについて計算をやり始めた。その後この技術者は曲目のリストを組みなおし、すべての樽に特定の低周波の音波が当たるようにした。「昔のような楽しさはないよ。毎晩やってたどんちゃん騒ぎはなくなったからね。でも樽はみなそれぞれに合った音を浴びているんだ」。エレンゾはいささか残念そうだ。でも、こんなことで違いが生まれるだろうか？　エレンゾによると、大きさの違う樽の中身をガスクロマトグラフィーにかけてどれに何が含まれているかを調べたらしいが、音波をかけた樽と沈思黙考させた樽との比較はやらなかったという。

これは、ほかの試みとくらべて特別クレイジーなわけではない。業界のうわさでは、ディアジオ社は樽をプラスチックのシートで包んで天使の分け前を閉じ込め、中身の量が減らないようにしたことがあるらしい。ディアジオは結果をけっして公表しなかったが、おそらくうまくいかなかったのではないだろうか。また、バーボンメーカーのバッファロートレースは実験用のリックハウスを所有している[33]――彼らはこれを貯蔵庫Xと呼ぶ。貯蔵庫Xは一五〇樽分ほどの広さしかないが、中は小部屋に仕切られていて（外気にさらしている部屋も含め）、湿度や自然光や気温などの条件を変えられるようになっている。それから次のような例もある。ジェファーソンズ・オーシャンというバーボンはボートの上でおよそ四年熟成される。水の上でだ。波に揺られて樽の中身がより多く、よりすばやく木にさらされ、さらに天使の分け前として失った分は潮の香りのついた空気で置き替わるというアイデアだ。このバーボンは好評を得ている。

でも、もっとも伝統的な方法であっても、ウルトラCはある。カリフォルニア州サンタクルーズを見下ろす丘の上で、ダン・ファーバーはオソカリスという評判のブランデーとアップルブランデーを造っている。カリフォルニアワインを使って（しかも南仏でもない土地で）オー・ド・ヴィを造っているが、コニャックやカルヴァドスの名称統制のルールにはファーバーは従っている。このルールでは、故国フランスでも熟成フレーバーを添加することが完全に認められているのだ。

地球物理学の教育を受けたファーバーは、驚いたことに分析技術よりも自分の鼻や舌を重視する。「科学的な観点からではなく、芸術的な観点から取り組むことに決めたんだ」。そう、ファーバーは言う。屋根に草を生やした、ショットクリート〔コンクリートやモルタルを高圧で吹き付けたもの〕と藁《わら》の俵でできた大きな納屋の蒸留所には、優雅なアームの伸びる背の低い丸いシャラント型のポットスチルがある。これがこの蒸留所ただ一つの最先端の機械だ。むかし、蒸留技師たちはよくこの蒸留器を台車に載せてフランスの果樹園やブドウ園のそばまで運び、農民たちはそれで収穫物を加工した。カルヴァドスとコニャックとアルマニャックで鍛錬を積んだファーバーは、この慣例を熟知している。「田舎の小さな生産者を訪ねたとき、恋に落ちたんだ」。ファーバーは言う。「コニャックでは、みんなオー・ド・ヴィを大きなお屋敷に売って収入を得ているんだけど、とびっきり上等のものは自分の小さな家に確保しているんだ」

そこでファーバーは、小さな谷間にそんな蒸留所を建てようと考えた。大通り（と言ってもカーブがすこし少ないだけ）からはほとんど見えない曲がりくねった道路を下り、木の橋を一本渡ると、泥と放し飼いのニワトリに囲まれて、その蒸留所はあった。ここでは、コニャックで使われているのと同じ九〇ガロン〔約三四〇リットル〕のフレンチオークの樽を使っている。表面積対容積の割合が最適なのだとファーバーは言う。樽によってフレーバーに影響するものもしないものもあるが、ファーバーは樽から樽へと移し替え、すくなくとも四年はかけて一種類のオー・ド・ヴィに新たな風味をまとわせる。そしてブレンドし、味を見て、さらに熟成する。納屋はほこりまみれで蜘蛛の巣が張り、黒い真菌が群生する――おそらくジェイムズ・スコットのボドワニアだ。「味のある納屋にしてくれるこういう菌や植物を、みんなほしがってるよ」と、ファーバーは教えてくれた。

二回蒸留のコニャックや、それより少し粗雑な一回蒸留のアルマニャックに言えるのは、熟成期間がバーボンとは対極にあるということだ。常識では一般にアメリカのウイスキーは数年以上樽の中に入れておいても得るものは何もない。ところが、フランスのブランデーは三、四〇年たったところで、ようやく本当に良いものになり始める。「こうなると、ブランデーは何ものにも影響されなくなる。それもひとりでにね」。ファーバーは言う。「いろいろと年月を重ねていくが、これがブランデーのすばらしいところさ。ブランデーは、みずからブランデーになる」

しかし、フランス人はこのブランデーの自己実現をひと押しする。ファーバーは、コニャックを訪れるようになったころ、友人の蒸留所を訪ね、そこでバットに入っている褐色のとろっとした液体を見つけた。「それは何だ」。そう尋ねた。

「じいさんのボワゼさ。九五年物だよ」。友人は答えた。

ボワゼとはオークのエキスで、オークの鉋《かんな》くずで作った強烈なお茶だと思っていい。これと砂糖水を煮詰めたキャラメルは、コニャックに添加してもいいことになっている。ファーバーによると、「においはすばらしかった」が、味はきわめて渋いらしい。年代物のコニャックに加えると、ボワゼとシロップはファーバーの言う「繊細さ《フィネス》」を付け加える。すなわち、コクと長い余韻をもたらす。

「職人のところではシロップでさえ二五年物だ」。ファーバーは続ける。「小型の樽でオークの風味をつけるよりも、このほうがずっといい」。ファーバーに言わせると、賢いブレンダーなら、こういうことすべてに気をつけているという——年代物のシロップに、比較的若いブランデー、ボワゼ、そして何よりもおそらく、何十年にも及ぶ樽の中の結婚生活に。

オソカリスの抜群にすばらしいXOブランデーは、二〇年より若い原酒をブレンドすることはないし、一本の値段が一〇〇ドルを下ることもない。もし遊んでいる金があるなら、これを買って損はない。しかしこのことは、ファーバーに厳しいビジネスモデルを強いる。「一三年間、一本も売らなかった。できなかったのさ。すでにすごい連中がいたからね」。ファーバーは西海岸のオー・ド・ヴィやブランデーのメーカーのジャーメイン・ロビンやクリアクリーク、セントジョージのことを言っている。さらに最近では、新しい世代の小さな蒸留所が、保守的なファーバーを別の意味で追いつめている。「今は、目新しい製品が市場でとっても人気があるんだ。もし誰かに『やあ、私たちの三年物のクラフトブランデーは六〇ドルだよ』なんて言われたら、ほんとにガックリくる。僕らの長年の苦労はなんなんだってね」

大規模な蒸留所でさえ、こうした長年の苦労を飛び越える早道を喉から手が出るほどほしがっているはずだ。これがテレセンシアという会社が始めていることだ。サウスカロライナ州チャールストンに本部を置くテレセンシアは、自社で開発した秘密の精製技術を使って、蒸留酒の熟成をあっという間に模倣する。ガマの油売りかと耳を疑うが、ちゃんと信奉者もいるし、僕の味覚からしても効果があるように思える。この会社のＣＥＯ、アール・ヒューレットは言う。「当社は蒸留所としての営業許可を持っていますが、何も蒸留していません。『精製』という言葉の使用は、当社の取締役が認めていません。私どもは『洗浄』と言っています。ただ何となくそう言うようになっただけですが」

この技術の開発者の一人、Ｏ・Ｚ・タイラーによれば、ここでは側板を加えて人気のエキスとの接触をさらに増やし、その後、原酒の中に酸素ガスの泡を通して酸化を促す。また、超音波を使ってコンジナーを取り除きもするが、必要なものはなぜか残しておけるらしい。タイラーはウイスキーを人工的に熟成させる方法を見つけるために研究を始めたが、今ではテキーラやジンなど、ほかの酒類にも手を広げている。

「この業界では、エタノールの風味を良くするのにわずか三つの技術に専念しています。一つは濾過、いま一つは複数回の蒸留、三つめは樽による熟成です」。ヒューレットは言う。「私どもの技術がこれらの技術に勝っていることころは、コンジナーの除去にあります。ガスクロマトグラフィーを行ったところ、私どもの技術では微量の不要なアルコール類および遊離基《フリーラジカル》が先ほどの三つの技術を使った場合よりも著しく減少していることがわかりました。一方、フレーバーは、テキーラのサボテン風味だろうと、ラム酒のサトウキビ風味だろうと、バーボンやスコッチの穀類風味だろうと、より際立ちます」。ヒューレットによれば、八時間で新造のバーボンがリックハウスで六年間過ごしたような味になるという。もちろん特許もしっかり取ってある。「世界中のプロの鑑定人たちが認めたメダルを九〇個以上獲得しています。世の中にある最高品質のライバルたちを負かしてね」。タイラーはそう胸を張る。

ヒューレットはサンプルをいくつか送ってくれると言ってくれた。なかには世界的巨大メーカーのウッドフォードリザーブやノブクリークをブラインドテイスティングで打ち負かした六か月物のバーボンもあるという。ありがたくこの申し出を受けると、二週間後に「ワレモノ」と書かれたダンボールの箱がフェデックス便で届いた。中にはテープで封のされた小さなガラスのサンプル瓶が七本入っている。ジン、テキーラ、シトラスウォッカ、ラム酒、ブランデーが一本ずつとバーボンが二本。順番に開けていく。

ジンとテキーラはいたってふつうだ。これらがプレミアム品だと聞かされたら、そのとおり信じただろうが、感心するようなところは何もない。一方、ストレートで飲んだバーボンは、ヒューレットが請け合ったようにとてもすばらしい。この六か月物のバーボンは、僕が飲んだことのある小規模蒸留所が小型の樽で熟成したさまざまなバーボンに匹敵するものだった。具体的には、一九九〇年代のカリフォルニア・シャルドネの強烈なオーク風味がする反面、酸化時間の不十分なブラウンリカー特有の若々しい低分子タンニンがわずかに感じられた。とはいえ、伝統的な熟成プロセスを経ていないものとしては目を見張るばかりだ（もちろん、僕は「処理前」のサンプルの味見はしていない）。

オソカリス社のファーバーのような人間にとって、テレセンシアのやり方は選択肢にない。大手の蒸留所と同様、ファーバーのマーケティングには伝統が欠かせないのがその理由の一つだ。しかし、フランスの田舎の職人技に対するファーバーの強いあこがれがもっと深いレベルで結びついているのは楽しさであり、コロンバール種のブドウで造ったおもしろい花の香りのオー・ド・ヴィが樽の中で八年間過ごしたときに起きる熟成なのだ。正しい味がするかどうかではない。単に複雑なものになって出てくるだけだって？　それで十分クールではないか。「これは平衡現象じゃない。時間が介入する。そこには、反応速度論がからんでくるんだ」とファーバーは言う。結局、ファーバーはまだ科学者だ――とはいえ、彼は分子の背後の魔法に目を向けるスピリチュアルな科学者だ。「ここでは時間も一つの変数だよ。私たちには待つ覚悟がある。ブラウンスピリッツと真剣勝負しているのさ。忍耐力のない奴には、おすすめできない勝負だよ」

深まるカビの謎

最後に、スコットが追っていた貯蔵庫を黒く染める真菌の命名から、何が言えるのだろうか？　残念ながら、何もない。スコットはこの真菌をより幅の広い分類法からもっとふさわしい場所に位置づけた。だが……、それがどうしたというのだ？　遺伝子解析によれば、ボドワニアとワインセラーの真菌は、両者とも天使の分け前を食べているとしても、単に遠いつながりがあるにすぎなかった。スコットは今もなお、この真菌がどうやって天使の分け前を利用しているのかを研究している――天使の分け前は、どうもボドワニアの熱ショックタンパク質の産生の引き金になっているらしい。このタンパク質は極端な温度から真菌を守る働きがあり、これによってコニャックからカナダ、ケンタッキーまでの広い温度域で生存できることが説明できるかもしれない。

この真菌が名前を得たからといって、ハイラム・ウォーカー蒸留所の人々が近所の壁から真菌を駆除する方法を手に入れたことにはならない。スコットは塩水を使用することを勧めた。今では多国籍複合企業、ペルノ・リカールの傘下に入ったこの蒸留所は、とうとうこれ以上の調査に関心を示さなくなった。同社は水圧洗浄の費用を負担する基金を設立し、おかげで環境省お気に入りの立場を維持しているようだ。スコッチウイスキー協会の公式見解では、もっと平凡な真菌が原因だとスポークスマンが伝えた(スポークスマンはさらなる原因の究明にデータを収集することも、研究者を割り当てることもないとしている)。家がすすみたいなものに覆われた、ケンタッキーのリックハウス周辺に住む住民のグループは告訴に踏み切った。

おかげで、次のような本当に重要な疑問がなおざりにされた――ホモ・サピエンスよりも古い、少なくとも一億三五〇〇万年前からいる真菌が、人類がたかだか二世紀ほどやっている蒸留酒の熟成の過程に、どうやってほぼ完璧な生態的地位を見出したのか?「この真菌は都会の極限環境微生物です」とスコットは言う。ふつう僕らは都市に特別極端な環境が存在するとは考えない。しかし、極限環境はどこか遠くの異世界でなくたっていい。なにしろ地球上には、屋根の上ほど熱いところはほとんどないのだし、部屋の隅っこほど乾燥したところもほとんどないのだ。しかし真菌はそのどちらにもいる。想像するに、世界のどこかで自然発生したボドワニアが天然発酵していた果物の近くにいたのだろう。あるいは、エタノールのにおいが漂ってくるまで、怠け者の負け犬としてほとんど休眠状態でそこら中にいるのかもしれない。進化には、動物や植物がきわめて特殊な生態学的地位に適応する物語が山ほどある。あたかも自然には、前もって何らか仕様書が備わっていたかのようだ。おそらくボドワニアは、ジェット燃料のタンク内やマイクロチップのエッチング液の中で増殖するような風変わりなハイテクマニアの真菌と同様、人類が登場するまでは一介の端役にすぎなかったのだろう。その後、僕たちが現れておあつらえの小さな楽園を作ってやったというわけだ。

今、スポロメトリクス社は、かつてトロントの工業地帯だった地区に新興メディアや建築用アトリエなどとともにオフィスを構え、その奥の小さくて小ぎれいなラボで相変わらずボドワニアの実験を続けている。スコットは、この真菌の繁茂には露が関係しているのではないかと考えている。エタノールは空気よりも水に二一〇〇倍溶けやすい。だからひょっとしたら、天使の分け前が溶け込める露がない時間帯に貯蔵庫の開閉を行うようにしたら、真菌の繁茂を抑制できるかもしれない。「わかりません。誰にもわからないのではないでしょうか？　ただ、僕たちは何かをつかんでいるのかもしれません」。そう、スコットは言った。

スコットはほかにもプロジェクトを抱えている。ボドワニアの研究により終身在職権を獲得したトロント大学で教鞭を執るほか、黒字経営のスポロメトリクスでは、地方の毒物相談電話サービスを行い、きのこを食べて具合が悪くなった患者に胃洗浄でいいのか、肝臓移植が必要なのか判断を下している。それに、身近な微生物が小児喘息にいかに関与しているかも調べている。だが、スコットはそうしたことに飽き飽きしている。スコットが望んでいるのは、ボドワニアの働きの解明だ。

じつはある雪の日、スコットと僕はトロントから北へ一六〇キロほど行ったところ、ヒューロン湖のジョージア湾南端にあるコリングウッドへ車を走らせた。そこにはボドワニアを追い出そうとしている別の蒸留所がある。カナディアンミスト蒸留所の壁という壁を覆う黒い物体をグーグルアースで見たスコットは、そのサンプルを採取したかったのだ。

レイクショアとまったく同じように、コリングウッドの空気には天使の分け前の良い香りが漂っていた。壁も道路標識も木々もカビで覆われ、場所によっては三ミリもの層をなしていた。ワイアード誌でスコットとボドワニアについて書いたとき、スコットが落葉した木から真菌で覆われた枝をちょん切ってトヨタのSUVの後部座席に放り込んだと書いた。しかし本当は、剪定ばさみを渡された僕がサンプルを拝借しようと積雪の上をくるぶしまで沈めながら飛び跳ねているあいだ、スコットはひたすら車を走らせていた。僕たちはカナディアンミストから立ち入りの許可をもらっていなかったので、スコットは逃げ出す準備をしていたというわけ。僕は枝を後部座席に置き、トロントへの帰路ずっと、このカビがスコット家の内装に侵入しやしないかと心配で仕方なかった。

スポロメトリクスへ戻って顕微鏡を覗いたところ、サンプルはどこから見てもボドワニアには見

「なんてこった」。顕微鏡に接続した液晶モニターを見ながらスコットは言った。「これはいったい何だ？」。黒褐色の真菌の塊に点在する小さな白い胞子を指さす。ボドワニアはいるが、今回は連れもいるのだ。「丸くてがさがさしたもの、それになめらかな菌糸」。スコットはしばらく椅子の上であぐらをかき、手を顎に当てていた。どうも……あっけにとられているようだ。それからすっくと立ち上がると、「いや、こいつはすごいぞ。ことによると、もっととんでもないことになる」と笑みをこぼしながらつぶやいた。今夜は徹夜になりそうだ。何が生えてくるかを見極めるために、寒天培地を作らなければならないのだから。

6 香味 ——Smell & Taste

二〇年ばかり前に、プリンストン大学の経済学者たちがワインのテイスティングクラブを結成した。彼らは若干のルールを決め、何がなんでも毎月第一月曜日に集まること、そして出席できない場合は代理人を立てなければならないことにした。試飲したワインが美味すぎて吐き出しかねる場合を考慮して、彼らは帰りの車まで頼んでいた。全部で八人の集まりで、ボトルを八本試すことにしていたし、彼らにとって「試す」というのは「飲む」ということだったからだ。

だがもっとも重要なルールは、試飲はブラインドテストで行うということだった。つまり、グラスの中身は会の終わりまで誰にも知らされない。だから、判定が洒落たラベルに左右されることはなかった。

プリンストンの先生方は赤ワインがめっぽう好きで、なかでもフランスのボルドー産がお気に入りだった。しかしクラブのメンバーはみな学者だったため、本当に好きだったのはデータのほうだ。試飲したワインの味を語るだけでは飽き足らず、良いワインと悪いワインとが区別できる、何らかの再現性のある結論をはっきりと出せるかどうかを知りたかった。だからクラブの創設者の一人リチャード・クワントは、メンバーの意見の一致や相関関係など彼らの評価について統計的検定を正しく行うコンピュータープログラムを書いた。すでに退職しているクワントには、略歴によればミクロ経済学の教科書の執筆経験が何冊かある（それに競馬必勝法の本と犬がどう考えているかという本も書いている）。クワントはロシア訛りの残るアクセントで悪態をついてばかりいる。「試飲をするたびにプログラムを動かし、コメントをつけてウェブに投稿したよ。ワインの評価についての仮説を検証したいって輩がいたって、それがなんだ。私らは今までに一〇三〇種類ものワインを試してきたんだ。その上、毎月八つずつ、その数を増やしているんだよ」

このコンピュータープログラムとグループ――どちらも流動資産《リキッドアセット》というあだ名で呼ばれる――の影響力は大きくなっていった。彼らはこの研究をアメリカワイン経済学会として公的なものにし、ジャーナルの発行も始めた。そして同会の活動は、莫大な金を動かすワインのテイスティングと論評の世界に対して疑問を投じることに、暴走列車のごとく一直線に傾倒していった。誰もこの列車の行く手には立ちたくはないだろう。

「ジャンシス・ロビンソンやロバート・パーカーといったプロのワインテイスターは試飲して意見

を言っているだけだ」。クワントは言う。「われわれの多くは熟練した統計学者で、大学レベルの計量経済学を専門としている。ワインについて意見がたまたま一致することはあるだろうから、統計的有意性を立証することは絶対に必要なのだ。そうしないと、まったくの無駄ってもんだ。だけどこの業界には、統計的有意性をまともに取り合っている奴は誰もいないがね」。クワントが語っているのは、有名なワイン評論家――それにクワント自身のような経験を積んだテイスター――がワインに下した評点の妥当性を数学的に立証する方法を見つけようということだ。言い換えれば、クワントはワインの特色に対する好みを議論の余地のない化学へと結びつけたいと考えている。ワインに含まれるものがわかれば、そのワインの良し悪しがわかって当然だ――客観的にはそう言える。だが、それはできない。やり方が誰にもわからないのだ。一杯のグラスの中のワイン（ビールやジンや、ほかの何であれ）、その成分すべて、分子すべてを確実に特定できる者などいない。酒がなぜそんな味がするのか、どうしてみんな酒が好きなのかを誰も正確に知らないし、どのようにして人類が物を味わっているのかも、誰も正確にわかっていない。

公平を期して言うと、クワントは実際には、たとえ専門家であってもワインの品質、産地、製法、味について客観的な評価を下せる者はいないと考えている。なぜなら、データが彼にそう言っているからだ。「われわれ八人は経験も十分あり、二〇年間ともに試飲を続けているのに、それでも統計解析をしてみると、評価の不一致たるやとんでもない量に上る」。クワントは続ける。「みなの効用関数がまったく同じなどということはなく、みなそれぞれワインの持つ別の特性を評価している。

その結果、ある人にとってすばらしいワインが別の人には粗悪品となるのだ。ある意味、これは絶望的だよ」

このリキッドアセットのメンバーは時とともにお互いやワインのことを学習したのではないか、と思うかもしれない。もしそれが本当ならば、たとえ部外者の評価と一致しなくても、グループ内では評価の一致が増加したはずだ。だが、そうはならなかった。数字によると、現在の評価の不一致の数は二〇年前となんら変化していない。それに本当のところ、メンバーはそのことを誇りに思っている。

クワントのグループとプロのワイン評論家たちとの違いは、評論家たちが自分たちの主観性を隠そうとするところにある。ここでは引用をしておこう。ジャーナル・オブ・ワイン・エコノミクス誌に掲載されたこのテーマに関するクワントの論文は、「ワインのたわ言について」と呼ばれている。

ワインの記事を書く人は多数おり、その記事の対象には相当な重複が見られる(特にボルドー産ワインにこれが言える)。したがって、ライターのあいだで意見がかなり一致しているのは重要である。加えて、彼らの記事は実際に情報を伝達しており、そこにはたしかにたわ言はない。しかし残念なことに、ワインの評価となると、その両方の点で失敗している。(1)

ワインやそのほかの酒の評論家を弁護するると、どのような香りや味がするるかを表現するのは困難をきわめる。味と香りの組み合わせである風味《フレーバー》についての議論には、類推することしかできないという、いまいましい限界があるのだ。僕たちは「においー物質比喩」に頼った記述語を用いる。つまり、何のにおいがするかではなく、何のようなにおいがする、と言うのである。神経生物学者のドナルド・ウィルソンと心理学者のリチャード・スティーヴンソンは著書『「においオブジェクト」を学ぶ』で、「嗅覚を表す語彙は、ほとんどつねに、においと実際の発生源とを結びつける(2)」と書いている。ベンズアルデヒドはビターアーモンドとサクランボのような味がする。そして、サクランボはサクランボの、ビターアーモンドはビターアーモンドのような味がする。つまりベンズアルデヒドのような味だ。もし君がこのどちらも味わったことがなかったら、あるいはもっとありそうなことにサクランボの味の感じ方が僕と君とで違っていたら、先ほどの表現はまるで役に立たない。感じ方が同じだなんて、どうして言える？　僕たちの鼻や脳はそれぞれ違う。君にとってのサクランボが僕にとってのサクランボといっしょである必要はない。

では、僕たちはどうやって酒を語っているのだろう？　飲んでいるものの主観的な知覚を、成分や製法という客観的な知識とどうやって、僕たちは結びつけているのだろう？　驚くに当たらないかもしれないが、酒の研究者たちはこの問題の解決にあと一歩のところまで来ている。アルコールの味の研究によって……なんと、あらゆるものの味を本当に説明できるようになるのだ。ほかのどんな食品よりも、酒は定量化できる現実の世界と、僕らが脳内でこしらえたごちゃごちゃした世界とを結びつけてくれるのである。

みな赤ワインと白ワインの違いさえわからない

クワントによると、パーカーのようなプロ、あるいはレストランでワインリスト片手に派手に蘊《うん》蓄《ちく》を披露する君の友人のような手合いは、本質的には話をでっち上げているのだそうだ。または街角の霊媒師のように、実情は自分たちがペテンをやっていることに自覚がなく、自分の言っていることに筋が通っていると思い込んでいるとも考えられる。「複数の要素からなるワインの印象をとらえ、それを八つの要素に分解してそれぞれ別個に識別するなんて人間は、想像すらできないとわかったよ。タバコが少し、蜂蜜がちょっと、柑橘類が少々、湿った土と繁茂しているカビがわずか、という具合に識別するなんてね」とクワントは言う。一九三七年、ユーモア作家のジェイムズ・サーバーはニューヨーカー誌に掲載された漫画で、この種の勿体ぶった無意味な鑑識眼にクワントと同じ批判を浴びせた。漫画ではワインテイスターがグラス片手にこう言う。「これは素朴な国産の赤ワインです。かけ合せはしていません。まあ、こう想定するだけで、良い味がすると思いますよ」。また、「味」というロアルド・ダールの一九五一年のすばらしい短編小説では、ある饒舌《じょうぜつ》なワインの知ったかぶりを、同じように詐欺師やペテン師として描いている。

ワインの世界のひどいたわ言で誰かをとっちめてやりたいのなら、作家のパメラ・ヴァンダイク・プライスがうってつけだ。一九七五年発行の彼女の著書『ワインの味わい』は「率直な」「貧弱な」「水っぽい」「溌剌とした」[3]という、具体的で化学的な表現の対極にある記述語を世に広めた。それ以来、酒の評論家はこの本に続いたというわけだ。

プライスはおそらく知らず知らずのうちに、現実の問題を解こうとしていた。味やにおいを語ることは、たとえば色彩を語るようにはいかない。二〇一二年に、イスラエルの研究者たちが何ダースもの芳香を混合して、彼らの言う「嗅覚的な白色」を作った。これは含まれる三〇の成分のいかんにかかわらず、つねに同じにおいのする無害な混合物で、均一な白色雑音《ホワイトノイズ》や全波長が等しく混ざった白色光に相当するものだ。[4]しかし、「純粋な」芳香が混ざりあってより複雑な香りになるという芳香のスペクトルなど存在しない。異なる光の波長が異なる色として目に映るのとは話が違うのだ。たいていの人は、ある特定の波長域が「赤」であるということに同意し、「停止信号の色」だとか「血の色」などと、それ以上言う必要がない。君が色盲でないなら、もし君の感じる赤が僕の感じる赤と違ったとしても——もっとも、そんなことがどうしてわかるだろうか——、僕が赤だと言えば、君はチクタクと鳴る時限爆弾を解除できる。

しかし、においと味はこれとは別物だ。この二つの感覚を対象に、みなが認識し共有できる用語を見つけようとする研究が、哲学と科学の方面からさかんに行われている。それが見つかれば、僕らは互いの話していることがわかるようになる。

第一段階は、僕たちの感覚が実際にはどれほど限られているかを認めることだ。たとえば、ワインを口に含んだとき、一度に何種類の芳香を知覚できるかと自問してみるといい。一九九八年、オーストラリアの二人の研究者、アンドリュー・リヴァーモアとデイヴィッド・レインは、コーヒーや灯油のような複雑なもののにおいが瞬時にわかっても、これらのにおいに含まれる何百種類もの成分を一つとして特定できないだろうという仮説を立てた[5]。

リヴァーモアとレインは、一種類から八種類までの範囲で混合された気体をシュッと噴き出す、嗅覚測定器という装置を作った。各サンプルの濃度は窒素ガス中を通すことで慎重に制御した（嗅覚測定器はアップルⅡeで制御されていたが、指摘せずにいられないのは、これがこの研究時点ですでに一五年選手の初期型コンピューターだったことだ）。彼らが選んだにおいのリスト――燻製、イチゴ、ラベンダー、灯油、バラ、蜂蜜、チーズ、チョコレート――がコンピューターの画面に映し出された。二六人のボランティアは、ただ吹き出し口から出てくる空気のにおいを嗅いで、どのにおいがしたかを言うだけでいい。成分が一種類から四種類のときは、被験者は混ぜられたにおいのもとを自信を持ってすぐに言い当てた。しかし成分がそれ以上になると判断が遅れ……、そして精度はゼロに急落した。においが四種類を超えると、基本的に人間の脳はすべてをひとまとめにして、まとまった香りがその対象を認識するにおいとなるのだ。

その一〇年後、レインは別の研究者たちとともに、より大人数の被験者を対象に、三つの味（塩味、甘味、酸味）と、三つの香り（シナモン、草、除光液）を感知できるように訓練して実験を行い、先の研究と同じ結果を得た。被験者はこれらの味と香りを確実に認識できるようになると、一度に成分を五、六種類まで増やした複雑な組み合わせについて判定するように求められた。すると、被験者たちは味を識別することはできたが、香りについてはまったく見当がつかなかった[6]。

人間の知覚の限界について、クワントは本人が考えている以上に的を射ているのかもしれない。「においの色彩」[7]というあっさりした表題をつけられた論文を読めば、人の味を感じる能力に対する信念がぶち壊される。それは次のような次第だ。三人のフランス人研究者がボルドー産の二種類のワインを使って実験した。ワインは、セミヨンとソーヴィニョンのブドウで造った白と、カベルネ・ソーヴィニョンとメルローで造った赤である。

実験の前半、被験者のグループは白色光のもと透明なグラスに入った白ワインと赤ワインの両方を試飲し、それぞれのワインを表現していると思う言葉を書いた。この試験では、被験者がみな同じように知覚するかは問題ではなかった。被験者間の一貫性は研究を左右する因子ではなく、研究者はワインの色や味について、被験者たちの意見が一致するかどうかは気にしなかった。みんなが一貫して一方を「赤」、一方を「白」と呼んでくれれば、それでよかった。

次に、研究者はブドウの皮の抽出色素である無味無臭のアントシアニンを白ワインに落として赤く染めた。そして被験者を呼び戻し、二回目の試験として白ワインと色つきワインとを比較してもらった。くりかえしになるが、色つきワインは白ワインと同じで、ただ着色しただけである。その結果は味覚テストとして目も当てられないものだった。被験者のほとんど全員が、最初の試飲のときに白ワインに使ったのと同じ言葉を二回目の白ワインにも使い、最初の赤ワインに使ったのと同じ言葉を赤く着色した白ワインに使った。早い話が違いなどわからないのだ。色だけが――香りや味ではなく――何を予期すべきかを被験者に教え、被験者はまったくそのとおりに味わったのだ。

ソムリエの舌は凡人並み

しかし、専門家だったらどうだろう？　きちんとしたレストランでは、プロのソムリエがワインリストを隅から隅まで紹介し、それぞれどんな味がするか、どれがどの料理にふさわしいかを説明してくれる。たしかにプロのソムリエなら、高度に発達した味覚を持っているにちがいない。

マスターソムリエ役員会議によれば、マスターソムリエになるためには四段階の訓練を受ける必要があり、最後には三パートからなる過酷な最終試験が待ち構えている。最終試験には実技があり、六種類のワインについて、ブドウの品種、生産国、生産地域、生産年を二五分以内に正確に答えることが求められる(8)。毎年何千人もの人々が受験し、第二段階まで合格するが、この実技のある第四段階まで進むのはわずか数百人で、突破できるのは八人から一〇人ほどである。現在、「マスターソムリエ」は世界中でも、二〇〇人を少し上回る程度しかいない。

ティム・ガイザーはそのうちの一人だ。彼はもうレストランで働いておらず、最近はワイン販売会社を相手にコンサルタント業を営んでいる。僕はサンフランシスコのサンセット地区にあるガイザーの家を訪ねた。というのも、白状すると僕はブラウンリカーについては結構な舌を持っているがワインとなると「うん、美味いね」とか「いや、好きじゃない」以上のことは言えないからだ。生まれてこの方、そんな才能は一度も持ち合せたことがない。

ガイザーの家のダイニングでテーブルに腰を落ち着けると、意欲的なマスターソムリエのために同会が配布しているテイスティングのためのガイドラインのページを、ガイザーはひととおりめくって見せてくれた。ガイザーはワインのことを「共有された幻覚」と呼ぶ——これはSF作家、ウィリアム・ギブスンのサイバースペースの描き方と実際にはそれほど違わない。それでも、人々は自分たちと他者との知覚のあいだに、共通点を見出せるのだという。「ロワール産のカベルネは黒い実よりも赤い実をつけることが多いのを、私たちは知っています。赤系の花の香りや、フレッシュな草の茎の際立ったにおいに、タバコの葉も少し。チョーク感もあり、酸味が強いが渋みは控えめで、往々にしてとても辛口です」。ガイザーは言う。「こういうことを、みなさんご存知です。そのように聞かされてきたのですから。でも、そうした知識が十分な経験に裏打ちされ、さらにちゃんと記憶しておくことができれば、それは専門知識になるのです」

どのソムリエもそうだが、ガイザーにもワインのテイスティングに好みのやり方があり、彼は喜んでそれを披露してくれる。ガイザーはキッチンへ行くと、ロワール産のカベルネ・フランを一本持って戻ってきた。ガイザーによると、カベルネ・フランがその真価を発揮するには何か食べるものが必要らしいのだが、二人のグラスにカベルネ・フランを注ぎ、自分のグラスを持ち上げると、鼻から二センチ半のところで四五度に傾けた。わずかに口を開けて、息を吸い込む。「私のような人間がグラスの中へ鼻をつっこむと、とにかく一瞬のことです。私にはイメージが降りてくるのです」。そう言うと、ガイザーはワインをひとすすりして吐き出す。するとガイザーの心には、駅の天井からぶら下がる照明付きの時刻表にあるような格子が浮かび上がるという。格子は視線の下側から現れ、ガイザーが名づけたフレーバーや香りがすべて、関連するイメージとともに入ってくる。「ちょっとにおう納屋まわりの感じ」。ガイザーは続ける。「それからスミレ、っぽさ。赤系か紫系の花の感じです。チョークのような無機質っぽさに加え、埃っぽさ、カビっぽさ、土っぽさもあります」

同じことがワインを形づくる性質——酸味やタンニン類、後味など——についても起こるという。なかでも、ガイザーの酸味に関する尺度は特に視覚的だ。「私のイメージは、ここからここまでくらいの計算尺みたいなものです」。そう言ってガイザーは、目の前の空間を空手チョップで一二〇センチくらいに切り、見えない直線を示した。「この線には赤い印が付いていて、その印が動いていって止まるのを待つんですよ」。まるでガイザーは、きわめて特殊な共感覚者になるようみずからを訓練し、ある感覚入力を別の感覚へ意図的に変換しているかのようだ。

一方、カベルネ・フランを飲んで僕が思ったことは、うん、これはとても良いものらしい、だ。少し酸っぱくて薄味だと思ったが、ロワール産のワインにはいつもそう感じる。僕はウンブリア産のイタリアワインが好きなのだ（この件では、訴えてもらって別にかまわない）。

もちろんプリンストン大学のクワント率いるテイスティンググループが大切にしているルールな

ど、ガイザーはとっくに破っている。つまり、ガイザーは飲む前からボトルの中身を知っていた。これがもしブラインドテストだったら、ガイザーは感想を明言できただろうか？　それより何より、ワインの銘柄を言い当てられただろうか？「私の正答率はどのくらいかですって？　七〇パーセント強といったところでしょうか」。ガイザーは続ける。「もしサンプルが本当に良いもので、なおかつそれがクラシックワインだとしたらですが」

しかし、これはとんでもなく贅沢な仮定だろう。ワインの世界は、奇妙な（そしてしばしば愉快な）ラベルと組合せにあふれている。こういうものに、誰でも、マスターでさえ欺かれることを、ガイザーは認める。ガイザーのコツは、テイスティングから主観を排除するのではなく、主観を共有する方法を見つけることだという。「私のワインに対するいちばんの信念は、信念が正確ではないということです。経験を系統立てるために、私たちはできることは何でもします」

ガイザーは記憶や訓練された語彙をとおして経験を濾過していると言ったほうが当たっているだろう。二〇一一年に、イタリアのパドヴァ大学およびオーストラリアのマッコーリー大学の研究チームが、熟練ソムリエの識別能力を素人のワイン愛好家および見習いのソムリエと比較した。[9]テストの内容は過酷だ。被験者は五〇種類のにおいを嗅ぐことになっており、そのうち一〇種類は靴墨やニンニクなどの身近なもののにおいで、四〇種類がワインだった。そして被験者はそのなかから一〇種類のイタリアワイン（赤ワイン五種、白ワイン五種）を特定するよう求められた。残りの三〇種類のワインはひっかけ用で、その上、ワインを飲むのは禁止されていた。においを嗅ぐだけだ。

言ったとおり過酷だ。

この試験で、被験者たちは特定の香気物質を正確に表現する能力が試された。つまり、それらに対してふさわしい形容詞を使うことができたかどうかが試され、その評価は審判員が行った。さらにその後、各ワインが何であるかを特定するよう求められた。

ご推察のとおり、訓練をたくさん受けた人ほど記述語をたくさん思い浮かべることができ、嗅いだ香りを表現する語彙が豊富だった。ところが、研究者たちの言う「ワイン関連香気物質」をブラインドテストで特定する試験では、ソムリエが初心者に勝るわけではなかった。素人にくらべ、プロの鼻がより敏感だとか訓練されているということはなかったのだ。しかしこれまたご推察のとおり、プロや見習いのソムリエはワインの特定に素人よりも秀でており、これはひっかけのワインがあってもそうだった。素人はワインを飲んでいることはわかったが、それがどのワインなのかはわからなかった。

これは実際、ガイザーの経験談とも一致する。ガイザーも、ほかのソムリエも（おそらく、別種の飲み物で同様の判別ができる人々も）、新たな香りや味を、それと同じ種類の飲み物の味について蓄積された記憶と照合しているのだ。プロとアマの違いはクワントの言う「ワインのたわ言」をつくり上げる生まれつきの技能にあるのではなく、経験にあるのだ。

逸話ではあるが、確かな証拠もある。何年か前、僕は大手アメリカンウイスキーのマスターディスティラーの集まるディナーに同席した。レストランには抜群に良いシングルモルトのリストがあったため、デザートのとき隣に座っていたディスティラーが最高級のスコッチを五種類注文した。僕は以前にその五種類のスコッチをすべて飲んだことがあったので（熟成が浅く安いバージョンだっただろうが）、においだけでどれがどれかを当てる自信があった。数分後、ウエイターがトレイに同じグラスを五つ載せて戻ってきた。グラスにはそれぞれ黄金色の液体が二センチばかり入っていた。ウエイターが言葉を発する前に、そのディスティラーはトレイを一瞥して五種類のウイスキーを完璧に言い当てた。においも嗅がず味もみず、色で当てたのだ。

しかし、パドヴァ＝マッコーリーのソムリエに関する研究で本当に興味深いのは、プロと見習いのソムリエは素人より成績が良かったが、著しく良かったわけではないということだ。素人は一〇点満点中七・五点で、プロは八・六点だったにすぎない。「ワインについての表現技術が発達すると、みないくらか自信過剰気味になる、とひとまず提言しておく」と、研究者らは書いている。すなわち、ワインを表現する言葉をたくさん身につけると、実際よりも鑑定能力が上った気になるのを、彼らは見出したのだ。だから、次に高級レストランへ行ったときは、ワインリスト片手に強気で攻めるといい。なにしろ、ソムリエのワインの鑑定能力が君より格段に優れている可能性はあまりないのだから。

舌の上の化学反応

ワインを口に含んだとき、僕らはいろいろな味を感じる。舌は味細胞で覆われていて、味細胞は集まって味蕾《みらい》というタマネギ型の構造をつくっている。味細胞の先端には、鎖状のタンパク質からできた、細胞外の状況を感知する受容体分子がある。これが適切な分子を感知すると、味細胞は内部メカニズムを総動員して、神経伝達物質を近くの神経線維に向かって少量噴出し、こう訴える。
「おい、味を一つ捕まえたんだけど、脳に知らせてくれないか？」

ところでこの味蕾、舌の上できちっと組織立って並んではいない。もしかしたら、そのように習ったかもしれないが、じつは違うのだ。四つの基本味——酸味、塩味、甘味、苦味——は舌全体で感じられるのである。その上、第五の基本味である肉質のうま味を感知する味細胞もある。また、一部のフレーバー研究者はまだ特定されていない基本味があると考えており、その候補として脂肪性の風味であるこく味が挙がっている。

グラスに注いだワインの、一五パーセントくらいまでの分子はエタノールだ（樽出し原酒《カスクストレングス》のウイスキーなら五〇パーセントを超える）。エタノール[10]は味物質として見るとかなり突飛な物質だ。甘味と苦味の受容体を両方とも活性化するだけでなく、刺激物質としてまったく異なるメカニズムでも感知されるのである。口の中には多モード侵害受容器[11]と呼ばれる、さまざまに異なる刺激を感知する感覚器があり、痛み（あるいはより穏やかな痛みである痒《かゆ》み）や、極端な温度、化学刺激を感知する。これは味蕾ではなく、おもに三叉《さんさ》神経という、目のまわりと、上顎のあたり、下顎および舌へと伸びる神経を経由して知覚される。この経路によって、カプサイシンという化学物質を介して唐辛子の燃えるような辛さが感じられ、メントールを介してミントの冷たさが感じられるのである（この二つの感覚には痛みも少々混ざっている(12)）。

エタノールは比較的小さな分子で、脂質分子とくっつきやすい脂溶性の物質である。細胞膜の主成分は脂質であるため、エタノールは細胞膜をあっさりと通り抜けられる。一方、強力な酸は分子が大きすぎ、しかも荷電も強すぎるため脂質膜を通り抜けることができず、口の中の痛覚受容器を作動させないと考えられている。エタノールは、脂肪酸（チーズに鮮やかな味をもたらす）のように細胞膜をするりと通り抜ける。

もちろん、酒の成分はエタノールだけではない。酵母がつくったほかの分子（または酵母が手をつけなかった分子）や、蒸留器を通り抜けた分子のすべてがそこに含まれる。ワインやラムのようなきわめて複雑なものを、僕らはどうやって味わっているのだろう？　その答えは鼻にある。風味《フレーバー》は味と香りの組み合わさったものなのだ(13)。

花の香りや、ストーブの上の料理から立ち上るにおいは、「オルソネーザル嗅覚」を経由して感じている。これは芳香が鼻孔へ入って鼻の中を上って行く経路のことだ。しかし、噛んだり飲み込んだり呼吸したりといった食事中の動作によって、においの分子は喉の奥から鼻腔へ送られる。この経路で感じられるにおいを「レトロネーザル嗅覚」という。一部の研究者は、もし噛んだり飲んだりしないなら、知覚は制限されると考えている。だとすれば、ワインのテイスティングのように味物質を吐き出す試験[14]は、根底から覆されるかもしれない。プリンストン大学のワインクラブがやっていたのは、まさしく後者だった。

ともかく、揮発し湿気を含んだ香りは鼻腔へ入り込むと、ただちに嗅上皮という粘液に覆われた六平方センチほどの細かいひだ状の組織にぶつかる。粘液の下には神経終末があり、そこに香りを感知する受容体分子が埋め込まれている。この受容体はほかの受容体と同様、タンパク質でできた巨大な分子で、構成するアミノ酸が互いに引きつけたり反発したりして一定の形態を保持している。嗅覚受容体には不明な点がまだ残されており、具体的な構成アミノ酸はほとんどわかっていないが、細胞膜を行ったり来たりして七回貫通することは知られている[15]（これはコロンビア大学の科学者、リンダ・バックとリチャード・アクセルの一九九一年の研究で、二人はこの研究によりノーベル賞を受賞した）。

嗅覚受容体を持つニューロンは束になって嗅神経という太いケーブルになり、眼球の真後ろにある篩板《しばん》と呼ばれる骨に開いた、たくさんの穴を通り抜けていく（頭部にひどい損傷を受けた場合、頭骨がずれ篩板が横方向へ動いて嗅神経が切れてしまう。ナイフでスパゲッティを切るようにチョキンと。そうなるともう嗅覚は戻らない）。

嗅神経は篩板を抜けると、脳から出ている嗅球という二つの突起状の組織に接続する。嗅球には糸球体と呼ばれるニューロンの小さな塊が多数あり、その中で膨大な量の計算が行われている。マウスは鋭い嗅覚で知られているが、それでも糸球体の数は一八〇〇個程度にすぎない。しかし、嗅覚受容体をコードする遺伝子の数は一〇〇〇個に上り、おかげでマウスは多種多様なにおいを感知できる。人間は、受容分子の遺伝子は三七〇個と惨めなものだが、糸球体の数は嗅球あたり五五〇〇個にもなる。きわめて高い処理能力を持っているのだ。[16] これには、何か役割があるにちがいない。

脳の中でこうした情報をすべてまとめているところを嗅皮質といい、ここには辺縁系や、情動を扱うほかの部位——特に扁桃核や視床下部——からの入力信号も流れ込む。そのため、脳の中のにおい情報の処理は、分子の化学的な知覚と関連しているだけでなく、僕たちがにおいをどう感じるかや全般的にどういう気持ちでいるかということとも関連している。[17]

一方、体が持つほかの感覚はいくらか間接的だ。視覚では、細胞がシート状に並んだ目の奥の網膜に光がぶつかり、網膜は色素をつくって視神経に接続する。聴覚では、音（気圧変化の波）が鼓膜を特定の周波数で押したり引いたりし、その振動が一連の小さな骨を介して神経へ伝達される。触覚と味覚も基本的には同じ。刺激の受容という過酷な役目を担う細胞が、刺激と、脳へつながる神経とのあいだを仲介する。つまり、気圧や反射した光子などが体に起こす何らかの作用が、刺激と知覚とのあいだに介在する。これらの感覚はすべて派生物でしかないのだ。

だが、においは違う。僕たちはにおいを嗅ぐとき、ちりぢりになって空中を漂う微小な物質を嗅ぎ、この極小の物質は脳の一端に接続している神経とじかに接触する。嗅覚はダイレクトで、嗅いでいるものと、その物質が持つにおいと、においの感じ方とのあいだには何も介在しない。嗅覚はもっとも緊密な感覚なのだ。

ワインの入ったグラスを鼻と口へ近づけ、グラス上方の空気のにおいを嗅ぐと、蒸発したワインの分子が嗅上皮に飛び込んでくる。ひと口含む。すると多モード侵害受容器が総動員で質感と温度とを感知する。次に「口あたり」を感じる。これは粘度と、おもにタンニンが含まれることによって生まれる渋みに対する主観的な尺度だ。渋味はタンニンなどが唾液中のタンパク質と結合して、それが三叉神経を刺激して生じる。一方、味蕾はエタノールの甘味と苦味を感知し、さらにほかのあらゆるフレーバーも幅広く拾い上げる。

そして飲み込むと、また別の一連の揮発性の有機化合物が嗅上皮へ送り込まれ、オーク樽の香りや、今まで学んだワインのフレーバーに関する言葉――ブラックベリー、革、バタースコッチ、草、青リンゴなど――で連想されるあらゆるフレーバーがもたらされる。そしてエタノールはこうしたフレーバーに作用して、その感じ方を変える（エタノールが赤ワインの味を良くしているかどうかはまだはっきりとわかっていない。[18] 経験から言うと、ノンアルコールビールはなかなか美味しいが、「アルコール抜き」の赤ワインは死にたくなるような味だ）。

グラスの中のほかのあらゆるフレーバーも効き始める。さまざまな種類・濃度の蒸留酒を含むカクテルでは、それぞれの化学物質に応じた特有のパターンのフレーバーがいっせいに立ち上がる。加えて、果汁や糖の風味も立ち始める。単独で溶解しなかったり水に溶けなかったりする分子にはエタノールに溶けるものがあり、それらは口の中で温められて揮発すると、味細胞や嗅上皮にとらえられやすくなるのだ。

では、炭酸入りのものを飲んだときは何が起きるだろう？　二〇〇九年、味覚専門家のチャールズ・ズーカーが主導するコロンビア大学の研究チームが、舌の上の酸味を感知する細胞が二酸化炭素を重炭酸イオンとプロトン（水素イオン）に変える酵素を細胞膜上につくることを発見した。重炭酸イオンは重曹（ふくらし粉）に含まれるもので、プロトンは水素原子から唯一の電子を取り去ったものだ。プロトンは酸の指標となる物質の一つで、舌はプロトンを酸味として感知する。(19)この酵素は、炭酸ガスが口に入ると、それを感知するという働きだけでなく、プロトンを生成して酸味をもたらす。この二重の効果によって、僕たちは炭酸を味わっているらしい。これにより、気の抜けたソーダが甘すぎる理由も説明できる。二酸化炭素がなくなり、甘味を相殺するプロトンがつくられないためだ。

人間はエタノールが嫌い

においと味の話をよりいっそう複雑にするものに、研究者の言うエタノールの「摂取後効果」がある。摂取後効果とは飲んだ者を愉快な気分にする効果で、動物はこれを味と結びつけて学習する傾向がある。エタノールの風味は不快かもしれないが、摂取後効果は魅力的なため、僕たちはエタノールの風味について考えを改めるようになる。これとは逆に、肝臓でアルコール脱水素酵素という酵素が十分につくられない人では――アジア人の三〇パーセントから五〇パーセントがこのタイプ――、ほんの少しアルコールを飲んだだけで、そうでない人が大酒を飲んだときのように気分が悪くなる。または、学生時代に安物のラム酒を飲んでひどい経験をするようなことになる――つまり嘔吐してしまうわけで、味覚研究者のアレクサンダー・バフマノフは、これを「パブロフの条件反射の特別な例」だと表現している。

それに当然、エタノールには常習性がある。だから味も効果も好きになれず、再度飲みたいとも思わないけれど、それでも飲まずにはいられない、という場合もあるだろう。「ほとんどの動物はエタノールを感知すると、嫌悪を示します」。バフマノフは言う。「でも、エタノール摂取の結末を経験すると、大変な満足を味わえます。そして、動物はたっぷりいい思いを味わってしまうと、それが好みの風味として条件づけられるのです」

細身で顎ひげをたくわえた、少しロシア訛りのバフマノフは、フィラデルフィアにあるモネル化学感覚研究センターの研究者だ。同センターはにおいと味の研究で世界屈指の研究機関であり、バフマノフはそこでラットやマウスがどのようにしてエタノールに対する味覚を獲得するのかを研究している。エタノールは野生のマウスやラットが絶対に出合うことのない化学物質だ。議論の多いバフマノフの説によると、実際にはエタノールの味が好きな者など誰もいないのだという。「まあ、そうだと思います」。爪を噛みながらバフマノフは言う。だったら、なぜみなそんなものを飲むのだろう？「私が思うに、エタノールには飲んだあと、楽しい気分にしてくれる効果があるからです」

この話をするとき、バフマノフは当然、神経を尖らせる。なんといっても、酒屋やワインの鑑定家、ビールの自家醸造、カクテル文化、ワイン・スペクテイター誌の全コンテンツ、そしてソムリエの口から飛び出した唾以外のものすべては、アルコールが不味いという事実を覆い隠すことを意図していると、バフマノフはほのめかすことになるからだ。これはたわ言だとしても、リチャード・クワントを軽く上回るスケールのたわ言なのだ。なんとも壮大なナンセンスである。バフマノフはこれを実証できるのだろうか？

「もしマウスのにおいを気にならないなら」とバフマノフは念を押す。

僕たちは実験棟へと向かった。すると……、鼻を刺すにおい。アンモニアを油で揚げたような、チャイニーズレストランを兵器にしたようなにおい。でもこれで正常なのだ。マウスたちは健康で、すくすくと育てられている。僕は腹をくくった。

鍵のかかったドアの向こう側には、ウォークインクローゼットほどの広さの清潔で乾燥した部屋があり、そこには金属製の棚が並べられ、棚には靴箱型のプラスチック容器がいくつも収納されている。その容器の中にマウスがいた。金網の蓋には、マウスの餌とガラスチューブ（専門的には血清ピペット）が二本取り付けてある。今まさに行われているこの実験では、チューブには異なる濃度の砂糖液が入れられ、異なるタイプのマウスに与えられている。もしチューブBよりもチューブ

Aのほうをより多く飲めば、そちらのほうが好きだとわかり、飲んだ量の違いを見れば好みの程度もわかる。

しかしこの二本チューブ・テストは、摂取後効果を説明するものではない。だから摂取後効果を除外するために、バフマノフは「リッキングメーター」を用意した。バフマノフは「デーヴィス・ガストメーター」というより聞こえのいい名称を好んでいるが、呼び方はどうであれ、これはいろいろなボトルを回してそのうちの一つにマウスが届くようにできる装置が隣接されているケージのことだ。各ボトルは一定時間が来ると動いて位置が入れ替わるようになっており、つながれたコンピューターがマウスが各ボトルを何回舐めたかを計測する。「一回の試験は一〇分から一五分で行われ、多種類の溶液がマウスに与えられます」とバフマノフ。これだけ時間が短いと、摂取後効果が入り込む余地はなく、マウスはそれが好きで舐めるか、嫌いで舐めないかのどちらかだ。

バフマノフによれば、人間はマウスと同じようなものだという。多くの人はエタノールに四つの感覚を感じる。甘味、苦味、燃えるような感覚、やや不快なにおいの四つだ。たとえば一〇パーセントという比較的低い濃度——強いビールや弱いワイン程度の濃度——のエタノールでも、マウスは飲もうとしない。苦味とにおいが甘味に勝るのだ。

しかし甘味に過敏なマウスでは、行動が正反対になる。こちらのマウスはエタノールが大好きなのだ。そしてこれはマウスだけの話ではない。アルコール中毒の人間は中毒ではない人間にくらべて、高濃度の砂糖液をより好むと報告している。

エタノールの濃度を三〇パーセントから四〇パーセント——蒸留酒に近い濃度——まで上げると、ふたたびすべてのマウスが拒絶する。甘味に対する強い嗜好性を持ったマウスといえども、燃えるような感覚や苦味に打ち勝つことができない。しかしその濃度に至るまででも、甘味を嫌うように再訓練すると——甘い飲み物に催吐性の塩化リチウムを加えて与えると[20]——、アルコールも嫌うようになる、とバフマノフは言う。

バフマノフはほかにもさまざまな実験を行った。マウスはよりカロリーの高いエタノールを好むのかもしれないし、何か別の味覚を感じているのかもしれない。しかし、こうした仮説はどれも立証できなかった。マウスのエタノールの嗜好性を予測できたのは、甘味に対する敏感さだけだった。だから、苦味に対する感覚が鈍感なのか、甘味に対する感覚が敏感なのかはさておき、要は一部の変わり者のマウスだけがアルコールの味を好むのである。

バフマノフの同僚でモネル研究センターの研究者、ブルース・ブライアントの指摘によると、高濃度のエタノールは刺激物である。多モード侵害受容器と、細胞内部へと開かれたエタノール用の隠し扉があるせいで、飲むと実際に痛いのだ。それでも、その刺激に慣れることができる。バフマノフの結論では、摂取後効果はいやな味やいやな刺激に勝るのだという。実際、超味覚者《スーパーテイスター》——すべての味覚が敏感な人（塩化ナトリウムをより塩辛く、クエン酸をより酸っぱく感じる人）——はふつうの人にくらべ、エタノールに甘味をそれほど感じず、苦味を強く感じる。そして報告では、スーパーテイスターのアルコール摂取量はふつうの味利き《テイスター》の消費量よりも少ない[21]。このこともバフマノフの意見を支持する――鋭敏な味覚の持ち主はエタノールを避けるのである。

バフマノフの研究はカクテルの歴史にも再考を迫る。昔から人々は、お粗末な味を改善するために砂糖や砂糖のように甘いものを酒に加えてきた。バフマノフの解釈では、ウォッカ以外のあらゆる酒は、キーとなる成分の味が嫌いだという事実をごまかすための煙幕でグラスが満たされているというのだ。アルコール以外の風味をもたらすコンジナーは、不快なメインにかける美味しいソースというわけだ。

しかし、齧歯類《げっしるい》の味覚研究から言えることは、マウスたちが何かを好み、何かを好まないということにすぎない。動物は自分が味わっているものを表現することができない。僕たちはみな、食べ物を味わい、においを嗅ぐ。しかし、もしこのことについて厳密で決定的な判定を下したいのなら、どんな味がしてどんなにおいがするか互いに伝えられなければならない。

アン・ノーブルのホイール

何世紀にもわたって、人々は味とにおいを表現する共通語を見つけようとしてきた。いわば電磁スペクトルのアロマ版の探求である。一七五二年、スウェーデンの植物学者、カール・フォン・リンネ――有名な分類学者のリンネウス――は、すべての香りを少数の基本臭と結びつけて、においの分類法を構築しようとした。リンネの試みは失敗に終わったが、別の研究者たちがそれぞれ新しい戦略をもとにリンネのあとを継いだ。[22] 一九一六年、ドイツのある生理学者はボランティアを募り、四一五種類のにおいを嗅いで仮想プリズムの表面上に分類するよう頼んだ。プリズムの一端の三角形の各頂点には「芳香」「悪臭」「無臭」と書かれ、もう一端の三角形の頂点には「スパイシー」「焦げ」「松やに」と書かれてあった。この実験も失敗だった。[23] その一〇年後、化学者のアーネスト・クロッカーとロイド・ヘンダースンが、自分たちの考える四種類の基本臭をそれぞれ具体的な化合物に結びつけようとした。たとえば、「芳香」はベンジルアセテート、「焦げ臭」はグアヤコールというように。[24] 二人のモデルでは知覚できる香りの数の上限は一万だと予測された。以上はいずれもばかげた話だ。

この行き詰まりを打開したのが、酒を研究する科学者たちだ。彼らは感知できる酒のにおいや味をすべて円グラフ《ホイール》に整理し、「アロマ地図」を作るという、手法面のブレークスルーを達成したのだ。

このアルコールのハイウェイや脇道を調べた先駆者はモートン・マイルガードだ。一九二八年デンマーク生まれで、酵母を専門とする分析化学者だったマイルガードは、世界中を旅しながらビールを研究するという、伝道師さながらの研究者となった。[25]

一九七〇年代初期、マイルガードはビールのフレーバーすべてを分類することに着手する。ビールの成分のうち識別し言葉で表現できたもののすべてについて、そうした化合物の存在量が訓練を受けた人が感知できるレベルと比較してどれくらいの割合なのかを算出した。マイルガードはそうした数字をもとに分割された多色刷りの円グラフを画像ソフトで作り上げた。ホイールの外円の分割された区画には、それぞれ青リンゴ、カビ、金属臭、ホップなどのフレーバーが並ぶ。これは視覚に訴える優れたガイドであったため、一九七九年にヨーロッパ醸造協議会、アメリカ醸造化学者学会、汎米ビール醸造学会などによって採用された。

マイルガードのアプローチは酒造業界を駆け抜けた。これが、一九八〇年に長期休暇でイングランドを訪れていたもう一人のフレーバー研究者、アン・ノーブルに格別の影響を与えた。イングランドで彼女は、フレーバー研究者の一団といっしょにテイスティングツアーに参加しており、メンバーには第5章で述べたウイスキーの専門家、ジム・スワンもいた。「私たちは一台の車に乗り合せて蒸留所めぐりをしていたの」。ノーブルは言う。「においが漂ってくるたびに、みんな犬みたいな野太い声で大騒ぎよ！」。やがてノーブルはカリフォルニア大学デービス校の研究者になった。退職した今でも、キャンパス近くの陽当たりがよく、楽器やさまざまな非西洋文化に彩られた家に住み続けている。二階のオフィスで彼女と話していると、ロットワイラーとジャーマンシェパードとのミックス犬が、アカデミックなおしゃべりに飽きたとでも言うように鼻先をこすりつけてきた。

三〇年前、ノーブルはボルドー産のワインについての研究で、化学成分と相互に関連づけられる記述語を見つけようとしていた。当時ノーブルの教えていたワインテイスティングのクラスでは、生徒たちが部屋じゅうをぐるぐる歩き回りながら自分たちが味わっているものを表現しようとしていた。「私はみんなに言葉をものにしてほしかった。そうすれば、すんなりことが運びますから」。

ノーブルは記述語のリストを作り、それをほかのワイン研究者たちに送るようになる。すると、そのおよそ半数が自分なりの考えとノーブルたちに対する修正意見を送り返してくれた。これが後年、ノーブルが少しずつ構築していたシステムに賛同や支持が必要になったときに役に立つのである。「ノーブルのワインホイール」が初めて世に出たのは一九八四年のことだ。一九九〇年に発表された正式版は、今やスタンダードとなり、多くの言語に翻訳されている。「ホイールはただの言葉ですよ」。ノーブルは言う。「ただそれは説明的です。フレーバーを言葉で表現するのは難しいから。でも、私はあなたがそれぞれの特定のアロマを確実に認識できるように訓練できます」。そして、これはカギとなる認識だ。というのも、主観を客観に結びつける方法は、同じものに同じ言葉を使うよう人々に教えることだからだ。それはあたかも、特有の波長に対して投票を行い、今後それを「赤」と呼ぶと決を採るようなものだ。こうして言語は比喩から定義へと変わるのだ。

ノーブルのホイールを規範とする団体もいくつかある。「『アン・ノーブルはホイールを言葉にすぎないと言った！』なんて言う人がいます」と、同じ教訓主義を実践するサーバーやダールやクワントなどを嘲るようにノーブルは続ける。「私は単なる言葉だと言ったのではありません。きっかけになる言葉だと言ったのです」

ホイールは次々に考案された。マッカラン蒸留所も開発し、スコッチウイスキー研究所も続いた。これは簡単なことではない。「今までやったなかで、いちばん大変な仕事でした」。そう言う蒸留コンサルタントのナンシー・フレイリーは、小規模蒸留所のクラフトウイスキーのためのアロマホイール作りに三年もの月日を費やした。「これで何百万ポンドも儲けようとは思っていないの。ちゃんとやり遂げて、機能するものを作りたい一心です」。フレイリーはみずから作成したホイールのプリントアウトをぱんぱんと叩きながら続ける。「これはツールとして、これから使われるわ」。自由と実験的気質に富む小規模の蒸留所には、ありとあらゆる奇妙な穀類を伝票に書き入れ始めたところがある。法令によって、スコッチウイスキーは大麦だけを、バーボンはトウモロコシ、大麦、ライ麦だけを使うことが定められている。しかしこうした新参者は、青トウモロコシやソルガム、スペルト小麦、キビ・アワ、キヌア、テフなどで実験を試みている。「スコッチウイスキーのホイールでは大麦モルトしか対象にしていません。でも私たちの顧客には、自分たちが何をやらかすのかさえわかっていない蒸留所がいっぱいあるんですよ」

アロマホイールは、こうした蒸留所の仕事をスピードアップさせるための重要なツールになっている。それどころか、ほかの分野でもアロマホイールは使われている。テキーラやコニャックやジンのホイールもあるし、香水やチーズ、チョコレート、コーヒー、さらには体臭のホイールまで存在する。ホイールのおかげで、さまざまな分野のにおいに共通語がつくられているのである。

におい・味のする物質さがし

いったん共通語を手に入れれば、それを酒に含まれる化学物質に結びつけることができる。少なくともこれは良い兆候だ。エジンバラ空港から一〇分ばかりのヘリオット・ワット大学内の目立たない場所にある、スコッチウイスキー研究所はこの種の研究を行う。

酒はフレーバーや色、アロマの物質のほか、メタノールやイソプロパノールなどのアルコール類といったコンジナーでいっぱいだ[26]。ウイスキーにはこうした成分が一五〇種類以上入っており、なかにはppb（一〇億分の一）のレベルで感知されるものもある（一方、ジンではふつう三〇～四〇種類ほどしか含まれない）。そしてさらに、同定不能な成分や、スコッチウイスキー研究所の高価な分析装置で検知されたものの、まだ名前をつけられていないものや化学的性質が明らかになっていないものがある。

ウォッカはフレーバー研究における未知なるフロンティアのマスコット的存在だ。法律によって、原料——穀類、ブドウ、古典的なジャガイモ——にかかわりなく、ウォッカには水とエタノール以外は何も含んではならないと決められている。蒸留業者は水とエタノールの割合を変えられるが、それだけだ。言ってしまえば、標準的なウォッカの瓶にはH_2OとC_2H_6Oが七五〇ミリリットル入っているにすぎない。それでも筋金入りのウォッカ飲みは、最高に純粋なウォッカはフレーバーが違うと信じて疑わない。一見したところ、この主張は理に適っていない。添加物、たとえば一部のメーカーが入れていると言われる増粘剤のグリセロールなどがいっさい入っていなければ、最高級のウォッカはみな同じ味がするはずなのだ。ただウォッカ飲みがこれに頷《うなず》かない理由を説明する仮説はあるにはある。それによると、四〇パーセント、つまり八〇プルーフを超えるアルコール濃度では、H_2Oは包摂化合物という結晶質の分子檻を形成して内部にエタノールを閉じ込めるという。水分子どうしを檻の形にゆるやかに結びつけている水素結合の長さや強さがふつうの水素結合と異なることによって、ウォッカのフレーバーに違いが生じると、研究者らは示唆する。しかし、そのメカニズムは不明だ。なにしろ、水素結合の強さを感知する味蕾はありそうにないのだから[27]。

一方、すばらしいシングルモルトスコッチやほかの蒸留酒に含まれる分子とその濃度を正確に特定できれば、その利点たるや、いかほどのものか考えてみてほしい。まず、品質に関与しない分子を添加して、金を浪費しなくてすむ。ひょっとしたら、樽を作るのにオークより安い木材を使えるかもしれないし、大麦をモルトにするのに単純な方法を取れるかもしれない。ひょっとしたら、人工的な気候システムを使って熟成を促進し、現行品と同等かそれ以上のフレーバーをつけられるかもしれない。また、真贋の判定に使える化学的特性によって、偽物の業者や、ラベルとはまったく違う中身を詰めている業者――たとえば、かなりの数のインドの「ウイスキー」メーカー――を市場から締め出せるかもしれない。

これが、ウイスキー業界がスコッチウイスキー研究所をつくり、三五〇年続いた手仕事のプロセスを解体・分析する理由だ。アルコール産業はこの手の研究所を以前にも設立している。一九三〇年代および四〇年代に、プエルトリコのラム酒メーカーはラファエル・アロヨの運営する研究所のスポンサーになった。その結果、アロヨが成し遂げた研究と特許は今も業界に秩序をもたらしている[28]。これと同じことが、カリフォルニア大学デービス校にある、三棟におよぶ実験ワイナリーとフレーバーの化学研究室でも進行している(もし研究が誰の関心事であるかを知りたければ、資金の流れをたどればよい。この場合、流れはカリフォルニアにあるワイン造りの名門へとさかのぼる。デービス校の研究棟はその名をロバート・モンダヴィ・ワイン食品科学研究所と言う〔ロバート・モンダヴィはカリフォルニアワインを世界レベルへと高めた醸造家〕)。

フレーバー化学者たちは、一九五〇年代からガスクロマトグラフィーを使って、複雑な混合物をその化学成分に分けていた。分子の種類が違えば検出器を通り過ぎる早さが違い、結果としてそれぞれの成分が特徴的な「ピーク」を形成する。ガスクロマトグラフィーで捉えられるものは、すべて気体中に拡散できる揮発性のものだ(関連技術である高速液体クロマトグラフィーは、不揮発性の物質を分離できる)。一九八〇年代中ごろに、この技術は現代のフレーバー化学者の使用に耐えるだけの精度を達成し、二〇〇〇年代に入ると性能はさらに向上して、特定のピーク(つまり分子)を特定のフレーバーに結びつけられるようになった。「それが今ここでやっていることです。定量的記述分析法です」と、スコッチウイスキー研究所のリサーチディレクター、ゴードン・スティールは言う。スティールの研究チームは人を集めてウイスキーのテイスティングの訓練を行い、こうして選ばれたパネル(解答者グループ)が自分たちが捉えたフレーバーにどんな名前をつけるかを検討する。

蒸留所では一般的に、製品の一貫性を保つのはマスターブレンダーの仕事だ。マスターブレンダーは、たとえ一〇年前に異なるシングルモルトウイスキーどうしがブレンドされたものであっても、そのフレーバーを維持できるほど製品に精通していることが求められる。スコッチウイスキー研究所では、主観分析や経験、マスターブレンダーが記憶している感覚を、高速液体クロマトグラフィーやガスクロマトグラフ質量分析機で置き換えている。

「理想としてみなが求めるのは、アロマがついていると確定できる化合物です」。スティールは言う。「ですが謎はますます深まるばかりで、アロマがあっても化合物はないのです」。わかったのは、人間の鼻は質量分析機よりも敏感だということ――機械が拾い上げられないものを僕たちは感知しているのだ。

蒸留化学や熟成プロセス、大麦の系統鑑定を行うラボを見て回ったあと、スティールは最後に少なくともウイスキーの香りのするラボへ僕を連れて行った。中はボトルだらけだ。一部はまがい物で、そのほとんどはあやしげな英語のラベルが貼られていてアジア産であるのがうかがえる。たとえば、四角いなで肩の瓶に入った「アウォーズウイスキー」は、ジャックダニエルにおそろしくそっくりで、黒いラベルが完成度をさらに押し上げている。スティールが蓋を開け、僕たちはその香りを短く吸い込んだ。ウォールグリーン〔米国の薬局チェーン〕の風邪薬コーナーを思わせるにおいがかすかにした。原料は大麦かもしれないし、そうじゃないかもしれない。「でも、君なら法廷でどうやってそれを証明する?」とスティールが尋ねる。「さらに言うと、スコッチウイスキーだって混ざっているかもしれない」

ラボのマネジャーであるクレイグ・オーウェンがそのボトルを取り上げる。スティールより若いオーウェンは、ぴったりした二重カフスのストライプシャツに、ネクタイを締めている。ボトルの真上から深く息を吸い込むと、「バニリンがたっぷり入っています。そのせいでこうなったんですよ」と、オーウェンは言った。

隣の部屋では、実験台の上を電子レンジ大の機械が列をなして占拠していた。法廷でも通用する分析が行われる場所だという。スティールとオーウェンは、この機械が順々に作動するようにセットしてあるところへ僕を連れて行く。質量分析機に、ガスクロマトグラフィー――特に変わったところはない。ところが、ガスクロマトグラフィーの出力側には、分子のピークを表示するモニターに加えて、病院で見る酸素マスクのようなものが端から突き出ている。

この装置は「におい嗅ぎガスクロマトグラフィー」と言い、有機化学と味覚をつなげる上で決定的な進歩をもたらしたものだ。マスクのようなものは「鼻あて」で、被験者はここでハイテクの研磨機に向かって座り、検出器を通過した分子を吸い込む。その後、被験者は自分が嗅いだにおいにふさわしいと思う言葉を、事前に決められた表現集である「アロマパレット」のなかから選んで書き留める――たとえば、ピーティー〔ピート香〕、フェインティー〔ウイスキーを特徴づける名状しがたい香り〕、オイリー、フローラル、エステリー〔エステル由来の華やかな熟成香〕、サルフリー〔硫黄香〕などだ。においを嗅ぐ人はみんな訓練を受けているので、たとえばイチゴのにおいがすれば「エステリー」を選択する。そして、こうした判定を分子のピークに対応させる。つまり、その分子が何であるかがわかれば、今やそれがどんなにおいがするかがわかるのだ。もちろん、においのない分子や分子のないにおいを捉える可能性はあるが。
マスクには加湿器も付いている。「鼻がとても疲れるのです」とオーウェンが説明した。

科学の言葉に翻訳する

というわけで、今や僕たちは酒を飲むという主観的な経験を扱うための共通語と、客観的な酒の成分を分離する分析技術を手に入れた。ではどのようにして、脳が酒に対して用いる言語と、におい嗅ぎガスクロマトグラフィーから得られるデータとをつなげるのだろう。

その答えは数学にある。

カリフォルニア大学デービス校の感覚科学の専門家、ヒルデガード・ハイマンは言う。「一五年前の私なら、ワインの中には硫黄化合物なんてまったくないと言ったでしょう」。実際にはワインの中には、硫黄がチオール基や、硫化水素のようなメルカプタン類という形で存在している。「でもここ一五年のあいだで、私たちはある揮発性のメルカプタン類を見つけました。それらはニュージーランド・ソーヴィニョン・ブランをニュージーランド・ソーヴィニョン・ブランたらしめるにおいを発します。ついに、ガスクロマトグラフィーの研究はそれらを検出するまでになったのです。以前から、そのにおいを嗅ぐことができました。みな、ネコのおしっこや、パッションフルーツ、トロピカル、グレープフルーツなどと言い表していましたが、これを化合物と対応させることができませんでした。一度、化合物の正体がわかれば、次の疑問は、どうしたらこうした化合物を探り出し、それを系統立てられるのか、です」

アン・ノーブルが退職したとき、ハイマンがその後釜に就いた。今、ハイマンは、ガスクロマトグラフィーを使うアロマホイール制作者の語彙や言葉をもとにしたアイデアに、健全な統計学を少し混ぜあわせる仕事に取り組んでいる。その第一段階はテイスターパネルの訓練だ。ハイマンは、一二人の被験者を集め、会議室（または自分の研究棟のテイスティングルーム）のテーブルのまわりに座らせて、二〇種類のワインのテイスティングをしてもらう。「最初に、そのなかで特に難しいワイン二種類のテイスティングをしてもらいます。そうすると、みんな、なんとかなるという気になるのです」。そうハイマンは言う。

それから、被験者に自分たちの飲んでいるものを言葉で表現するようにお願いする。そのさい被験者は、ハイマンが参照サンプルを作れないような言葉を使ってはいけない。たとえば、「美味しい」はダメで、「リンゴ」や「スミレ」なら認められる。こういう言葉を考え出すのは大変だ。「まったく経験がないのに、こういう言葉を三つか四つ、思い浮かべられたらすごいことです。前にやったことがある場合は、一二ないし一五語、思いついたら大したものです」

ハイマンは挙がった記述語をすべてホワイトボードに書き、重複しているものを探す。それから被験者のグループはさらに二種類のワインで同じ作業をくりかえす。さらに同じことを次々と行い、共通する記述語を見つけ出す。「そうすると、あなたのスミレと私のスミレは同じものになります」とハイマン。要するに、ハイマンはこのテイスターパネルの知覚に特有の、新しいアロマホイールを作っているのだ。

その後、ハイマンは参照サンプルを作る。「翌日、あらゆるリンゴのにおいを持ってきます。すると、パネルのみんなが何を意図していたかがわかるというわけです」とハイマンは言う。パネルが「トロピカル」を思い描いたなら、彼女は缶入りトロピカルフルーツジュースを持ってくるし、「リンゴ」だったら、デリシャス種の赤リンゴを薄切りにして無味無臭のアルコールに浸け、別の容器に移し替えた液を持ってくる。そして、パネルに参照サンプルのにおいを嗅いでもらい、ワインで嗅いだアロマと一致したかどうかを、一点から九点のあいだで評価してもらう。そして、これをくりかえす。一致したとパネル内で合意が得られるまで、被験者はワインとサンプルのにおいを嗅ぎ続ける。これを一日に一時間、一週間に三回行う。

(こんなことをするヒマ人はいるのだろうか？ カリフォルニア州の法律ではパネリストは二一歳以上でなければならない。だからこの機会に乗じてタダ飲みできる学部学生はまずいない。「思いもかけず、ある年齢層の人たちを集めることになってしまいました」とハイマンは言う。同じ水泳クラブに所属する六〇歳前後の人たちがたくさん登録してくれたのだ。これは願ったり叶ったりだ。「来ると言ったそばから、やって来ましたよ。好奇心をそそられたのでしょう」)

最終的に、パネルはすべてのワインを試飲し、すべての参照サンプルについて合意した。そして、こうしたサンプルには再現可能な標準規格が作られた。「次にこう言います。『それでは、始めますよ』と」。パネリストは上の階へと上がり、ハイマンのラボの端にある小さなブースでワインを試飲して、どういうフレーバーを感じたかを彼女に告げる。そして、ハイマンはそのフレーバーと化学分析の結果とを結びつける。

　これまで見てきた準備段階のポイントを、一度まとめよう。パネリストはアロマについて互いに合意していて、ハイマンは彼らがアロマに対する特定の用語をどんな意味で使っているかがわかっている。香りと物との比喩関係はだいたい受け入れられており、かつ現実の化学成分と結びづけられている。「私たちは、グループを調整して同じ言語が話されるようにし、さらにその言語を調整して翻訳装置として使える標準に仕立てます」とハイマンは言う。これは意味の一貫性であり、意味が一貫していればこれを統計処理できる。

　一例を紹介しよう。ハイマンはワインメーカーの言うテロワールに関心を持っている。テロワールとは生産地に由来するワインの特性のことだ。しかしこの言葉は問題が多く、微小気候やら地元の微生物叢《そう》やらと対比した、ブドウ園の土壌に関することを意味する傾向にあるようだ。ハイマンは「地域性」あるいはことによると「場所特異性」と呼ぶのを好む。かくして彼女は、世界貿易機関が認める地理的表示によって定められた、オーストラリアの異なる一〇の地域のワインメーカーに問い合わせ、二〇〇九年のカベルネ・ソーヴィニョンのうち自分たちの製品のなかでもっとも典型的だと思われるものの見本を送ってくれるよう依頼した（研究用にワインを頼めるとは、なんてすばらしい仕事だ[29]）。

その後、ハイマンは訓練を受けた一八人からなるパネルにそのワインをテイスティングしてもらった。すると案の定、複雑な統計処理を行うと、ワインに含まれる特定の化合物をさす参照語がパネルの中で一致しだけでなく、カベルネの産地が違えば、パネルの意見が一致する成分も実際に異なった。ハイマンは、カリフォルニア産とワシントン産、アルゼンチン産のマルベック種のブドウについてもほとんど同じことを行った。このときは、発酵による差異を最小限に抑えるため、すべてのワインをカリフォルニア大学デービス校かアルゼンチンの醸造所で、果汁だけを用いて発酵を行った。「地域地域で、独自の特徴があるのです」とハイマンは言う。

ハイマンは、統計モデルを使ってテイスターが感知するアロマとワインの化学分析とを結びつけ、定量化可能な差異までテイスターがどれほど近づけるかを知ろうとしている。すべての情報は、ワインの化学的な差異と知覚の差異を軸にした格子上にマッピングされる。

この手法の優れている点はクワント式のたわ言を切り離していることだ。ハイマンはリキッドアセットの仕事をよく知っている——たぶん、知りすぎるほどに。「あの人たちはどうして感覚科学の専門家と話をしないのでしょうか？」。ハイマンは続ける。「こういう複雑なことは関知しなくていいと、高をくくっているんですね」。クワントらのやり方では、統計という銃の照準をワインに合わせられない。というのも、彼らはワインを質で評価しており、ハイマンによれば質とは疑わしい概念だからだ。彼女は感知可能なアロマを快・不快にかかわらず定量化しようとしている。

ハイマンの手法は新しい。ビールにワイン、蒸留酒、酒造業界全体を見渡しても、味を良くするために厳密な実験室ベースの試験を実施しているメーカーはほとんどない。たいていは必要最小限の品質管理を行い、重要な部分では少数の古参従業員の鍛えられた鼻と舌と脳に頼っている。こうした化学と生物学が消費者と接点を持つところでは、ラベルのデザインや瓶の形、バーの飾り付けが、グラスに注がれる原物とまったく同じように重要であるとも考えられる。主観に間違いなどない。飲み物を選ぶとき、木のカウンターかLED照明付きの超モダンなカウンターかという美学にもとづく選択と、国際苦味単位やピートの百万分率にもとづく選択とで、どちらのほうが正しいなどとは言えないのだ。ワインのテイスティング教室で教えている人たちがよく言う笑い話では、たとえ訓練を受けた生徒であっても、ブラインドテストでは箱入りのワインが好まれるという。調査からは、値段がわかれば高ければ高いほど、より美味しいと感じることがわかっている。だから当然、初恋に破れた雨の夜にトスカナで見つけた、小さな村で造られた赤ワインは、これまでに造られたどんなワインも及ばない最高の一品なのだ。だが、そのワインを「スタートレック」の再放送を見ながら再度試すのだけはやめたほうがいい。

脳で味わう

むかし、シカゴの最高級レストラン（それ以来閉店してしまったが）で友人とディナーを食べていたとき、三メートル先のテーブルに全国的に有名な料理の評論家が座っていた。彼は大手の高級雑誌で料理や調理法についてのすばらしいエッセイを個人的な話を交えながら書いていて、テレビにも時々出ていた。要するに、この評論家はシェフが腕をふるいたくなるタイプの人間だった。

僕たちは評論家に釘づけになっていたので、自分が何を食べたのかまるで憶えていない。シェフは評論家が食べた料理の数を見ながら、時折、一口料理《ティドビット》をあちこちに挟み、厨房の腕前を試した。接客係たちはテーブルに古代ローマの饗宴のようなボリュームの料理を積み上げ、ワゴンがやって来るたびに、前の料理は下げられて新しいコースと新しいワインが現れた。ラベルは見られなかったが、ボトルが来るたびにグラスは大きくなっていった。メインコースが出されたときには、まったく誇張ではなく、グラスは高さ四五センチ、ボウル部分は金魚鉢大だった。

僕はレストランやそこの常連が見せるショーを疎ましく思っているわけではない。ニューヨークにある僕の行きつけの店では、上物ワインのオーダーが入ると、ソムリエは部屋の真ん中の大きなテーブルでワインをデカントし、ひと口含んでそのすばらしい香りと味を確認するというショーに酔いしれる。そうすることで、ワインに「味つけ」をしているのだ。この一連の所作は脇ぜりふ程度の慎ましいもので、みんなこれが大好きだ——ことにワインをオーダーした当人は。

しかし客観的に見て、ショーはショーでしかないことも、僕は知っている。ワインの風味はグラスの中で変わっていくのは確かだし、デカントはわずかな酵母や澱《おり》を除く良い方法だが、途方もなく高価なクリスタル製の平底デカンターがタッパーウェアーとくらべて曝気に特別優れているわけではない。洒落たグラスで飲めば楽しいかもしれないが、グラスの形がフレーバーの感じ方に与える効果は限られている。[30]「科学もへったくれもありませんよ」。ワインや蒸留酒用の美しい高級ガラス製品で有名な会社のCEOである、マクシミリアン・リーデルは言う。「グラス上部のヘッドスペースや分子の流れのことなんか話題に上りません。すべてワインメーカーと彼らのセンス次第です」。酒造メーカーから新しい形のグラスの依頼が入ると、リーデルは、メーカーが自分たちの得意とする性質を引き立てるにはどんな形がよいと考えているかと直接尋ねるという。今、リーデルは、ブドウの品種や日本酒、各蒸留酒の別に特化したグラスに加え、水を飲むためのグラスも手掛ける。「ふちの直径を変えることで、グラスの中身の組成はさまざまな味を出しくれます。そしてこの『味』とは、私たちを満足させてくれるものです。あるグラスを使うと口が渇き、さらに飲みたくなります。別のグラスには味蕾を冷やすものがある」。リーデルは続ける。「水の味が違って感じられて、きっと驚きますよ」(リーデルは間違ってはいない。だから僕は驚くことになるだろう。でも一つ彼に教えてあげると、側面がカーブしたパイントグラスで飲めば、みなビールを飲むのが六〇パーセント速くなるのだ[31])

僕にしてみれば、有名な評論家と同じ部屋でディナーを食べたことで、酒を探究する上での核心的な問題が浮き彫りになった。作り手だけでなく観衆も魅了するすばらしいワインや美味しいカクテルをどのように作るか、それをどうやって何度も再現するのかという大いなる謎が、ビジネスと技術を前進させる。アルコールの摂取後効果に感情という文脈を加えると――これは実際に脳そのものに起きる変化(次章のテーマだ)――、酒はもっとスペシャルな存在になる。酒に対する味覚は、僕らがそれをどのように味わうかということとはほとんど、もしくはまったく関係がないのかもしれない。

ハイマンのオフィスを出ようとすると、ワインのテイスティング技術で頭がいっぱいになった僕の目に、掲示板に留めてある小さな貼り紙が飛び込んできた。そのすっきりしたサンセリフ体の文字は、イギリスの統計学者、ジョージ・E・P・ボックスの警句だった。「統計学者には芸術家と同じ悪い癖がある。彼らはモデルに恋をしてしまうのだ」

7 体と脳
——Body & Brain

死亡記事によれば、心理学者、アラン・マーラットは寛大な指導者で、論争を呼ぶ研究者であり、結婚を繰り返した人だという[1]。二〇一一年に亡くなったとき、マーラットは完全禁欲を求めない中毒治療法の提唱者として、その名が知られていた。

四〇年のキャリアに対して、これはなんとも気の毒なまとめ方だ。ことに、マーラットはアルコール研究におけるもっとも難解な問題を解決したのだから。マーラットは、被験者がアルコールを飲んでいるのかいないのか自分ではわからないようにするトリックと、その後の行動を研究する方法を開発したのである。マーラットと数人の同僚は一九七三年に、「アルコール中毒患者の飲酒に対する自制の喪失——実験的な類似状態[2]」と題する論文を発表した。彼らは、一杯飲んだだけで飲酒をやめられなくなる人がいる理由を明らかにしようとしていた。これはアルコールそのものの生理的な効果なのだろうか？　それとも量を別にすれば、付き合い酒となんら変わらない学習された行動なのだろうか？

実験を適切に行うには、マーラットには信頼できるプラシーボ〔偽薬〕が必要だった。化合物が人に与える効果を調べる科学研究では、被験者は自分が活性のある物質を投与されると考える。しかしこうした研究では、ふつう被験者は実験群と対照群とに分けられる。対照群の試験は実験群と同じ条件で行われるが、被験物質は投与されず、代わりにプラシーボが与えられる。こうすることで科学者は、試験に偶然や時刻、そのほか未知の因子が影響を与えるのを防いでいるのである。アルコールの実験では、対照群の人たちにアルコールの味や影響をもたらしてはならない……、それなのにマーラットには、アルコールが人に及ぼす効果を取り除く方法がなかった。[3]というのも、飲み物の中にエタノールが入っているかどうかは、飲めば必ずわかるからだ。入っていれば味が違う。

ノンアルコール飲料の液面にジンなどをほんの少し浮かべるといった手法では、まったく意味がなかった。そこで研究チームは、ジンの代わりにウォッカを使うことにした。ウォッカはミキサーで混ぜるとほぼ味がなくなるからだ。[4]「私たちは、何日も楽しい夜を過ごしましたよ。さまざまなアルコール飲料を試してね。自分たちの研究に使える組み合わせが見つかるまでくりかえし試飲しました」[5]。一〇年後、マーラットはそんなふうに書いた。そして、ウォッカ一に対してトニックウォーター五を合わせて冷やすと、完璧な研究用カクテルができるとわかった。試験では、被験者がこれにアルコールが含まれているかどうかを偶然の確率以上の割合で当てることができなかった。これが持つ意義は非常に大きい。というのは、被験者を薬物（ウォッカとトニック）とプラシーボ（トニック）という二群だけではなく、四群に分けられることになるからだ。すなわち、エタノールを予期し／エタノールが与えられる群と、プラシーボを予期し／プラシーボが与えられる群という従来からある飲酒実験の群だけではなく、プラシーボを予期し／エタノールが与えられる群と、そしてもっとも重要なものとしてエタノールを予期し／プラシーボが与えられる群ができたのである。マーラットはこれを公正プラシーボ実験と呼んだ。これによって初めて、研究者は被験者の予想を欺いて飲酒しているかどうかをわからないようにし、何が起こるかを観察できるようになったのだ。

この発見により、マーラットのその後数年の研究が定まっていった。マーラットのチームは、被験者に「味覚研究」をやっていると言い、酒のフレーバーについての主観的な判断を聞かせてほしいと頼んだ。被験者がたまにしか飲まない人か、大酒飲みか、真正のアルコール中毒（「アル中がよく出没することで有名な地域のホテルのフロント係とバーテンダー」に応募用紙を渡して募った）かにかかわりなく、アルコールを摂取しているという自覚がなければ、誰一人、自制を失わなかった。アルコール中毒者でさえ、プラシーボを予期し／エタノールが与えられた群では、飲む量が非飲酒者と変わらなかった。つまり、予期——酒を飲んだときにどうなるかという人々の認識——が、エタノールのもたらす効果にとって決定的に重要だったのだ。

この論文が公表されたのと同じ時期に、マーラットはウィスコンシン大学からワシントン大学へ移った。彼はシアトルで嗜癖行動研究センターを設立し、ここで自分が行っている予期の研究に合う、より現実に近い環境と状況設定とを構築することに注力した。人々にアルコール関連の行動を引き起こすのは、においや味――またはその欠如――だけではなかった。音楽が流れる薄暗い部屋でスツールに腰掛けて人と過ごすことが、そのきっかけになった。バーの中に実験室を作ることはできないが、実験室の中にバーを作ることはできることに、マーラットは気づいたのだ。

そこでマーラットは、大学の研究棟の二階に長いカウンターを据え付け、その背後にグラス類と酒瓶を並べた。灯りを暗くし、ステレオを取り付け、カウンターにスツールを五つ並べた。そしてマジックミラーとカメラとマイクを仕込んだ。マーラットはこれを行動的アルコール研究実験室(6)(Behavioral Alcohol Research Laboratory)――ＢＡＲ Ｌａｂ《バー・ラボ》と呼んだ。

これは飲酒の認識と行動をシミュレートする仮想環境で、酔わせるためのホロデック〔テレビドラマ「スタートレック」に登場する、現実とそっくりなものを作り出す装置〕だ。「根底にあるアイデアは、酩酊状態になるにはアルコールそのもの以外にも多くのさまざまな因子が関与するというものです。アルコールは社交で飲まれる薬物です。環境も一つの因子なんです」。テキサス大学の心理学者でマーラットの弟子のキム・フロムは言う。「自分の家のダイニングでひとりで飲むのと、バーで友人たちと飲むのとではずいぶん違います。アランはバーの環境を再現するというアイデアを思いつきました。暗い部屋やネオンの明かりや音楽など、タバコの煙以外のすべてをね」

この実験室のおかげで、マーラットはアルコールがどのように人々に影響を及ぼすのかについて、多くのことを明らかにした。エタノールを予期し／プラシーボが与えられた群の人々でも、十分なきっかけがあれば酩酊の兆候を示すことがわかった[7]。たとえば、不明瞭な発話、顔面の紅潮、ビュッフェテーブルの近くで魅力的な人物にしつこくなれなれしくする傾向が増えるといった兆候である。少量から中等度の、付き合い酒程度の量の群では、予期を形成するよう意図された指示の効果は、被験者がパーティーとかアダルトビデオ鑑賞とかで気が散っているときのほうが（酒の研究は楽しそうではないか）、静かに座って自分の酩酊状態を評価しているときよりも高かった[8]。簡単に言えば、アルコールが僕たちの精神状態に影響を与えるのと同様に、精神状態はアルコールの作用に影響するのである。

おしゃべりになる人から内省的になる人まで、興奮する人から暗くなる人まで、症候にはいろいろ違いはあるが、完全な酩酊を判断するのは比較的簡単だ。集中力や、協調運動の能力が低下し、呂律《ろれつ》が怪しくなる。また、疲れて、カウンターに肘をつこうとして、しそこなったりする。以上は血液一ミリリットルあたり八〇ミリグラム程度飲んだときに起こることだ。これはまた、〇・〇八ミリグラム・パーセントや〇・〇八血中アルコール濃度と表わされ、アメリカのほとんどの地域で酩酊の法的な基準となっている。

これ以上の濃度では、エタノールは典型的な中枢神経抑制剤となる。たとえば、一ミリリットルあたり二五〇～三五〇ミリグラムでは麻酔剤となり、意識を失い、痛みを感じなくなる。四〇〇ミリグラムでは溶剤となり、これは命取りのレベルである。

マーラットは、多くの研究者たちが何十年ものあいだ挑戦しようとしたことを可能にする実験系を考え出した——〇・〇八に至るまでに何が起こるかを明らかにしたのだ。周知の事実として、アルコールは大量に飲めば危険であり、車の運転や機械の操作では命取りになりかねない。つねに大量に飲んでいるのは中毒であり、中毒者や周辺の人たちの生活に計り知れない損害を与える。エタノールは肝臓や膵臓、腎臓、循環系、脳にもよくない。その上、向精神剤の側面もあり、その種の薬に付き物の問題も引き起こす。

しかし、摂取量が少しだったらどうだろうか？　その場合、無害、あるいは有益でさえあるかもしれない。というのも、ストレスレベルを少しばかり抑える物質は実際、体にいいだろうし、おもにワインに含まれるレスベラトロールという化合物は、生理的な加齢の指標となる主要なマーカーの一つを減らすという研究結果もあるのだ。これは大酒飲みやアルコール依存症に限った話ではなく、二杯めに口をつける時点ですでに起こるのである。このとき、体がポカポカして、少し興奮し、目に入ったものが脳の中でこだまする感じがする。もしかしたら自信過剰になり、いつもより幸せに感じるかもしれない。緊張がほぐれる。友人がいつもより魅力的に見える。もっと飲みたくなる。一方で、少なからぬ人たちで胃の調子が悪くなる。吐き気がし、顔が紅潮。ひょっとしたら理由もなく不安を感じて、少し動揺するかもしれない。不快になり、二杯めを飲むのがいやな仕事のように感じられる人もいる。

この分野の研究者たちが「適量範囲」と呼ぶこのレベルは、血中アルコール濃度で言えば〇・〇四から〇・〇五のあたりである。これは飲む席でなら「ビールをおかわり」から「もう結構、お勘定」とのあいだの範囲にあたり、非常に多くの飲む席で起きていながら、研究がもっとも遅れている領域だ。嘆かわしいかぎりだ。そこで、これに興味を抱いたマーラットは、適量範囲での行動を観察するまったく新しい方法を編み出した。

一〇〇〇万年にわたるエタノールの摂取や、一万年におよぶひたむきな酒造り、一世紀を超える集中的な科学研究を経てもなお、比較的少量のアルコールが体に与える影響を人類は完全に理解できないでいる。小さなエタノール分子は幽霊のように細胞の壁をすり抜け、体中のほぼすべての臓器に達する。エタノールは痛みを引き起こす刺激剤（しかし同時に痛みを和らげる効果もある）で、カロリーを豊富に持つ（ただし栄養はない）。血液－脳関門をやすやすとくぐり抜け、刺激剤としても中枢神経抑制剤としても働く。その作用は一人の人間でも摂取状況によりさまざまで、遺伝や経験による個人差もある。また集団レベルでも、遺伝や環境、伝統によって異なる変化が生じる。

こうしたことは、わずか二杯飲んだだけで起こるのである。

一九二〇年代の奇妙な研究

アイアスという名前だけで知られるあるボランティア(9)は、実験室に足を踏み入れた人間のなかでもっとも我慢強い人物だっただろう。アイアスは一九二〇年代に行われた「睡眠時の希釈アルコールの直腸注入による影響(10)」という実験のたった一人の被験者だった。

アイアスは二五歳前後のハーバード大学医学部の学生で、身長一六八センチ、体重五八キロの小柄な男だった。健康で、「ビールとして少量のアルコールを摂取する習慣があり」、「とても聡明で、協力的」だった。アイアスは、ボストンにあるカーネギー栄養研究所内のT・M・カーペンターのラボへ、六日間、毎晩六時ごろにやって来て浣腸を受けた。実験はそのあと始まる。ここでは、心理生理学者のウォルター・マイルズに実験の段取りを説明してもらおう。正気とは思えない話でも、医学用語でならまともに聞えるものだ。

被験者は臨床呼吸装置内に横になった。装置はうつぶせになった被験者を完全に覆う閉鎖型の部屋である。ニューモグラフ〔呼吸運動パターンを記録する装置〕を設置して、夜のあいだの体の活動をすべて記録し、聴診器を心臓の心尖《しんせん》拍動を捉える位置に固定して心拍数を測り、電極を……両手首と左足首につけ、夜間の標準的な心電図を取った。そして、アルコールまたは対照液を通すカテーテルを被験者の直腸に挿入した。以上の準備が完了すると、被験者が長時間静かに横になって過ごしたあと、臨床呼吸装置の覆いを所定位置まで下ろし、代謝実験を始めた。代謝測定は一晩中継続して行った。時計と電気信号を使って、被験者の頭の近くで一定間隔で音を鳴らし続けた。もし目覚めれば、被験者はこの音に合わせて、手に装着されたボタンを押した。多くの場合、午後九時には代謝実験の準備が整い、装置の覆いが閉じられた。被験者は必ずこの直後に眠りについた。このおよそ二時間半後に直腸注入を開始した……。
カーペンター博士は、高さおよそ一メートルからの自然滴下によって、非常にゆっくりとアルコール液または生理食塩水を注入した。注入にはおよそ二時間を要し、この間、被験者は目覚めなかった。[11]

要約すると、プロの研究者たちがハーバードの痩せ細った医学生をつかまえて、手と足に濡れたガーゼでこしらえた原始的な電極を付け、気密性の棺桶に押し込め、眠りにつくまでブザー音を聞かせ、その上でゴム管から尻の中へ酒を注入したということだ。

午前六時ごろに、カーペンターのチームは棺の蓋を開けてアイアスを出し（おしっこをさせて手を洗わせ）、代謝とさまざまな刺激に対する反応を調べた。マイルズは、心拍数や、大音響を聞いたあとどのくらいで瞬きするかや、指に与えた弱い電気ショックに耐える能力等々を記録した。

さて、アイアスの災難からどんな輝かしい知見が得られたのだろう？　アルコールについての世界を揺るがす、どんなデータのために、一人のアイビーリーガーが奇妙な一週間を過ごしたのだろう？　結果は要領を得ないものだった。それを聞いたら、アイアスはがっくり来たにちがいない。食塩液ではなくアルコールを注入されたときの朝は、全般的に若干動作がのろくなった。これは直感的なものだろう。

言えるのは、一九二〇年代にはこの研究分野は新しすぎたということだ。彼らは、エタノールが何をしているかを検査するというより、エタノールが何かしたのを確認していたにすぎない。なにしろ、仕事中でさえ過度の飲酒が一般的な時代だったのだ。産業革命後のそのころ、「仕事」には現代のオフィスで必要な正確さや注意力は求められなかったし、すさまじい破壊力を持つ機械を扱うことはなかった。飲みながらトウモロコシを植えたり、蒸気ショベルを操作したりしていた。マイルズがおもに知りたかったのは、アイアスや通常の範囲で飲む人間が次の日にふつうに働けるかどうかだった。その代用として栄養研究所は、ブザー音を聞かされていた被験者に、どの程度きちんとタイプできるかどうかといった試験を行なった。

栄養研究所の研究者たちは、消化と栄養の基礎の解明に取り組んでいた。彼らはエタノールであれ、何であれ、直腸からものを吸収できるかどうか確信がなかった（直腸での吸収は可能だ）。実際、直腸はエタノールをとてもよく吸収することがわかった（結構なことだ）。エタノールをふつうに口から飲むと、胃や腸上部などで早い段階で代謝が始まる(12)。しかし、エタノールを大腸に通すと、腸壁をあっさりと通過して腸管のまわりの空間である腹腔へと達し、その結果急速に血中に（そして脳へと）移行する。

マイルズたちはこうしたことを何ひとつ知らなかった。それが核心だ。一九一三年に、栄養研究所所長を務める研究者、フランシス・ベネディクトが、「アルコールの生理的効果を研究するための試験的プログラム案(13)」をぶち上げた。エタノールの効果を観察するために、ベネディクトはすぐにラボの一室をフル装備の生理学研究施設へと改修した。[14]

神経科学や医学の画像技術は揺籃期にあった。科学者は遺伝学の基本的なメカニズムをある程度理解していたが、DNAが何であるかを知らなかったし、ましてそれを観察する方法など知る由もなかった。当然、試験装置は原始的で、たとえば膝蓋《しつがい》反射を調べるL字型の木製の装置[15]は磁石と振り子を組み合わせて作られ、膝の反射よりも自白を引き出すのにぴったりなように見えた。また、被験者のまつ毛が瞬きと目の動きの記録の邪魔になったときは、ベネディクトと同僚のレイモンド・ダッジの記述によると、「人工まつ毛を使って標準化する必要に迫られ、黒い紙を切ってまつ毛を作った……。接着剤にはとても強力なアラビアゴム液が適しているのがわかった[16]」。そう、彼らは被験者に紙のまつ毛を貼り付けたのだ。[17]

ベネディクトは、人間の代謝やこうした奇妙な試験に対する反応の基準となる測定値を求めていた。そうすれば、こうしたデータとエタノールの影響下で起きることとを比較できるからだ。要するに、ベネディクトは自分の実験に使える確かな対照がほしかったのだ。これは、この六〇年後にマーラットが解決しようとしたのと同じ問題だった。ことエタノールとなると、研究の対象がヒトであれ、ラットであれ、ショウジョウバエであれ、それがアルコールを飲みたがっているということを誰もが知っている。このことが人々の反応――自分の気分や生理機能について何を言い、どう思うか――を偏らせる。ベネディクトたちは、酒とプラシーボとを比較していることを隠すさまざまなアプローチを試した。濃縮オレンジオイルやチリペッパーや砂糖を使ったが、どれ一つうまくいかなかった。[18] エタノールをカプセル化すると大きな錠剤を大量に飲み込まなければならなかった。胃管はそれ自体バイアスをもたらすし、静脈注射も同じだ。ベネディクトはとうとう諦めてしまった。被験者たちは酒が与えられたときはほぼ間違いなくそれがわかった。アイアスのように尻から入れられたのでないかぎりは。

先の実験はウォルター・マイルズの大好きな種類の、装置に凝った実験だった。[19] カーネギー栄養研究所での研究結果を記録したマイルズの著書は、ベネディクトのものよりさらに突飛な装置であふれている。僕の好みは目と手の協調運動を試験する方法だ――不規則に液体を跳ね上げる「追従視振り子」を使ったもので、被験者はできるかぎりしぶきを手で捉える（酒を飲んだ被験者は、そうでない被験者よりもうまくできなかった）。

こうしたことを二七五ページにわたって書いたのち、マイルズが下した結論は現状の追認だった。「抑制剤の作用による生物的な能力の低下……。全体像の定性的な把握が、この薬理物質摂取のすみやかな結果として人間で低下する能力の一つである」[20] とマイルズは書いている。わかったのはこれだけ。アルコールを摂るとのろくなるということだ、諸君。だがまだ、焦らないでほしい。実際に何が起こっているかの解明は、のちの研究者に任されることとなったのである。

下戸の変異酵素に中毒治療のヒント

大人の飲み物をひと口含んだときから、体は仕事に取り掛かる。エタノールは酸化、分解され、役に立つ化合物に変換されなければならない。血中にエタノールとして存在するかぎり、その影響を感じてしまう。[21] アルコールの処理にどのくらい時間がかかるのかはさまざまな要因に左右される。エタノールは胃と腸上部から直接吸収されるため、食べ物があると吸収は遅くなる。急いで飲めば急いで吸収される……ある程度まではあるが。高濃度のアルコールは消化管に抑制的に作用し、生理機能を低下させ、吸収を遅らせる。この濃度のアルコールは刺激剤でもあり、胃に粘液を分泌させてさらに吸収を遅らせる。

胃では、エタノールはおもに門脈という肝臓に直結する血管へ引き込まれる。すると肝臓では、アルコール脱水素酵素がエタノールを酸化してアセトアルデヒドに変換する。そしてこのアセトアルデヒドがろくでもない奴なのだ。

ここで、ベンツのロゴに似た逆Y字の分子を想像してほしい。真ん中の線の交わる部分に炭素原子があり、頭には酸素原子が二重結合し、二本の足にはそれぞれ水素原子がくっついている。これが防腐剤に使われるホルムアルデヒドだ。さて、水素のうち一つを別の原子か分子に置き換えると、別のアルデヒドができる。そこに酢酸分子をくっつけるとできるのが、アセトアルデヒドである。

アセトアルデヒドは少量だと何の問題もない。だが、この物質は反応性がとても高く、ほかの分子とくっつきたがる。こうした分子は、接触した相手分子の働きを台無しにしてしまう。DNAとくっつくと、発がん物質を少なくとも一種類つくる上、[22] メチル化のプロセスを邪魔する。メチル化とは、体がいつ、どの遺伝子からどのタンパク質をつくるかを指揮する上で、もっとも重要なプロセスだ。またアセトアルデヒドは、細胞の骨格をつくる微小管や、結合組織を支えるコラーゲン、血中で酸素を運ぶヘモグロビンなどにもくっつく。ほかにも、神経伝達物質のセロトニンやドーパミンまで捕まえる。これは、アルコールが習慣の形成や快感の知覚を引き起こし、中毒に至らせる仕組みと関係があると考えられる。

エタノールを処理している肝細胞は、その化学的な処理のために通常よりも大量の酸素を血流から取り入れなければならない。肝細胞は一連の分子に電子を加えたり取り除いたりという、複雑なシェルゲーム〔伏せた三つのカップのどれに球が入っているかを当てさせる手品〕をやっている。しかし、この分子の末端からは自由な水素イオン（プロトン）ができ、このプロトンを酸素と結合させて水にしなければならない。その結果、周囲の酸素が少なくなり、肝臓の出口あたりの細胞は酸素が欠乏し、毒素や病原体に冒されやすくなる（このプロセスから得ているものがある――ダイエットをする人が気にする「カロリー」だ。食品科学では正確には「キロカロリー」と言い、グラムあたりの栄養密度のことである。たとえばパンなどの基本的な炭水化物にはグラムあたり四・三キロカロリーあるが、エタノールにはその倍近くある。[23] もちろん、このエタノールのカロリーの大部分は栄養のない空っぽのカロリーで、ビタミンもミネラルもタンパク質も伴わない。その点、ビールを飲むのはいいことだろう。ビールにはタンパク質がたくさん含まれているからだ。また新鮮なジュースで作ったカクテルを頼むのもいい。特に、酒を飲む人は全摂取カロリーの一〇パーセントまでをエタノールから摂取しているし、アルコール中毒者ではそれは五〇パーセントに達するのだから(24)。

もちろん、肝臓のいちばんの仕事は毒物の処理だ。「体に傷をつけると、反応が起きます。免疫細胞が仕事を始め、少し傷跡が残りますが、最後には治ります。これにとてもよく似たことが、肝臓の損傷に対しても起こるのです。免疫細胞がやって来て、細胞の残骸や損傷を受けたものを何でも処分し、線維化反応が起きます」と、クリーブランド・クリニックの病理生物学者、ローラ・ナージは言う。彼女は肝臓に対するアルコールの影響を研究している。「大量に摂取すると、傷からの回復反応が追いつかなくなって、損傷を受けた組織が残ります」。炎症反応は通常、免疫系が感染と戦う結果生じる。しかし、実際にはエタノール漬けで炎症している肝臓のほうがより感染症にかかりやすい。理由は誰にもわからない。

習慣的なアルコール摂取は、たとえ暴飲でなかったとしても、肝臓の別の重要な機能である脂肪や脂肪酸の分解と代謝を狂わせる。すると、これらが肝臓に溜まり始める。「脂肪肝」は習慣的な多量のアルコール摂取の表れであり、極端な例では肝硬変の前段階である場合もある。

今のところ、楽しく飲んでるって? ちょっと待ってほしい。話がおもしろくなるのはこれからだ。でもまずは、アセトアルデヒドを排除してしまわないといけない。それで肝臓は少し異なる二種類のアルデヒド脱水素酵素――ALDH1とALDH2――をつくってアセトアルデヒドを分解する。これらの酵素をどのくらいの量つくれるか、加えてちゃんとした酵素をつくれるかどうかによって、酒が飲めるか飲めないかがあらかた決まる。漢民族、台湾人、日本人などの約半数では、まったく使い物にならないバージョンのALDH2がつくられる。このためアジア人のなかには酒を飲んだときに赤ら顔になる人がいるのである。これには腹部の不調が伴うこともあり[25]、さらに悪いことに、日本人の酒飲みは食道がんになる率が非常に高いことを示す研究もある[26]。

実際、アセトアルデヒドの蓄積による副次的な影響はかなり重いため、これを利用して初のアルコール中毒の薬が開発された。ジスルフィラム（アンタビューズという名でよく知られる）はアルデヒド脱水素酵素の働きを阻害する。この薬を服用しても酒を飲めるし酔うこともできるが、吐いてしまうのだ[27]。これは負の強化として強く働く。

一方、肝臓から逃れたエタノールは血流へと戻る。飲み始めて二〇分しないうちに、アルコールのせいで尿意を催す[28]。これはアルコールがバソプレシンという化学物質の働きを抑制するからだ。バソプレシンは神経伝達物質で、腎臓では抗利尿ホルモン（ADH）とも言われる。ふつうでは、バソプレシンの働きかけによって腎臓は体内に水を保持しようとする。しかし、バソプレシンがないと、腎臓の基礎構造である尿細管の壁が、スポンジのようなものから、ざるのようになってしまう。すると、液体はどんどん膀胱へと流れていって尿となり、その結果、カリウム、ナトリウム、塩素など、全身の電解質の濃度が上昇する[29]。習慣的なヘビードリンカーやアルコール中毒者では、こうした作用があらゆる種類の傷害を起こしたり、肝硬変を悪化させたりするが、適度に飲んでいる人では、じつは腎臓にいいことがたくさんある。エタノールには抗酸化作用があるので、2型糖尿病や腎臓病のリスクが下がると考えられているのだ。

上限があるとはいえ、人体はエタノールを処理するためのさまざまな生理機構を備えている。しかし、話が本当におもしろくなるのは脳の中だ。脳の中でエタノールは奇妙な働きをする。それを理解するには、パーティーへ出かける必要があるようだ。

アルコールは脳に何をするのか?

アラン・ジェヴィンスの主張では、アルコールについて何か言おうとして仕事を始めたわけではないらしい。サンフランシスコ脳研究所の所長であるジェヴィンスは、脳の電気的な活動を測定する脳波図(EEG)の専門家である。ジェヴィンスが本当にやろうとしていたのはEEGを測定するヘッドギアの試験で、そのヘッドギアは携行性と着け心地に優れ、そしてきわめて重要なことにワイヤレスで使えた。ここに酒が割り込む。「型にはまった仕事から飛躍する必要があった」。ジェヴィンスは言う。「私たちは社会的な生き物です」。ジェヴィンスは、現実世界の社会的な活動を行っているあいだに脳で起こっていることを記録する方法を必要としていた。MRIや脳スキャンではこれはできない。「そこで思ったんです。一足飛びに前進しようじゃないか、と。そこで、一〇人の被験者に酔っぱらってもらったというわけです」

アルコールの研究では、EEGには長い歴史がある。EEGはミリ秒という時間単位で、脳の電気的な活動をすばやく、くりかえし測定できるので、時間による変化を測定するのには格別優れた方法だ（これに対し、MRIのような画像技術は空間的な変化を測定する）。この分野で特に優れた研究はヘンリ・ベグライターのラボでなされた（ベグライターは、エタノールが「スローα」と呼ばれる周波数帯に大きな反応を誘導するという発見に一役買った）。

ジェヴィンスは、伸縮性のあるナイロンの帽子に大量の電極を取り付けることを思いついた[30]。これをかぶるとマヌケに見えるが、サイボーグとしてならなかなかのものだ。「アルコールはテストしたほかの薬物とくらべてユニークです」。ジェヴィンスは続ける。「脳を明るく照らすんです。電球みたいにね」。エタノールは厳密には抑制剤だが、EEGで見るかぎりは興奮剤だ――適量範囲内では、まっすぐに酩酊に向かって進んでいく。飲み始めて一時間たたないとピーク効果は始まらないが、いったん始まると、それははっきり現れる。つまり、電極を付けた部位が基本的にすべて同調するのだ。

ジェヴィンスは、科学者、技術者、研究助手、管理職である一五人の友人や同僚を集め、取引を持ちかけた。寿司、カナッペ、カクテルのマティーニとシーブリーズ、そしてEEG帽子である。「私のマティーニは絶品なんです」。ジェヴィンスは得意になって言う。「なんといってもオリーブ。それに非常に辛口です。私はストーリ〔ロシアのウォッカ、ストリチナヤ〕を使うのが好みでして」。何回かいかにもパーティーらしいパーティーを開き、アルコール検知器を順に回して全員の血中アルコール濃度が〇・〇七程度になっていることを確認した（なかには〇・一〇を超える相当な酔っぱらいも少しいたようだ）。実験は成功した。ジェヴィンスの帽子と、結果を読み取るために考え出した公式とによって、対象者が酩酊しているかどうかを判定できたのだ。

これはＥＥＧとアルコールの効果という点で大成功であり、ジェヴィンスのワイヤレスＥＥＧ帽子は幸先のいいスタートを切った。彼はその帽子を一五〇〇人以上の人々で試験したところだ。しかし、ＥＥＧの研究がエタノールの脳に及ぼす最終的な影響を明らかにするというすばらしい成果を上げている一方で、そのおもな原因の解明についてはほとんど役に立っていない。

ほかの薬物研究は、はるかに簡単だ。こういうわかりやすさを、アルコールを研究する人たちは喉から手が出るほど欲している。オピオイド〔鎮痛作用のある物質〕の誘導体であるヘロインの作用を調べるのなら、オピオイドを感じるときに作動する脳の受容体を調べればいい。脳はエンケファリンという自前のオピオイドをつくり、これは僕らの快感回路の一部を担っているのだ（オピオイドを噴出するニューロン自体は、最終的にドーパミンを分泌するニューロンに向かって突き出ている。ドーパミンは脳の神経伝達物質で、報酬、つまりいいものだという合図として使われる）。ヘロイン、モルヒネ、アヘンなどはこのメカニズムにしっかりと入り込む。では、マリファナは？心配ご無用。脳には内因性のカンナビノイド〔マリファナの化学成分の総称〕受容体もある。

しかしアルコールは違う。アメリカ国立アルコール乱用・依存症研究所所長を務める、行動心理学者にして中毒の世界的権威のジョージ・クーブは言う。「本当のところ、アルコールが何と結合しているのかは分子レベルではわかっていません。まるで解明されていないのです。アルコールは私たちの体の水分の中を漂い、神経系に勢いよく入り込む、ただの小さな分子です。だから酔いが進むにつれ、こうした変化が起こります。アルコールは次々にニューロンへ作用していき、皮質に始まって爬虫類脳へと入り込んでいきます。そして、爬虫類脳にはあらゆる報酬系の伝達物質が存在しています」

クーブの解釈では、エタノールは脳の外表面である前頭皮質から出発して海馬へ移動する。海馬では、記憶を書き込むのに使われるニューロンにアルコールが優先的に影響を与えるようだ。それでこのニューロンが阻害されると、意識を失い、記憶喪失となる。エタノールがさらに深く、小脳にまで達すると、運動の協調に問題が起こる——つまずいたり、呂律が回らなくなったりする。なるほど、そのとおりだ。「ですが実際のところ、これはまったく説明になっていません」とクーブは言う。というのは、先の説明では、エタノールがどうやってこれらの場所を移動したのかも、そこで実際に何をしているのかも説明されていないからだ。

おそらくこれは相当に難題なのだろう。なにしろ、そもそも脳がどのように働いているのかを誰も正確に知らないのだから。神経科学の定説では、脳はニューロンのネットワークである。ニューロンは最良の見積もり(もしかしたら最悪より多少よいだけかもしれない)では一〇〇〇億あり、一〇〇兆の接続をつくっていると考えられている。そしてどういうわけか、このネットワークが計算を行うと、これは僕たちの心になる。ニューロンのコミュニケーションには基本的に二つの形式がある。つまり、「もっとやれ」(興奮性の信号)と、「おさえろ」(抑制性の信号)である。個々の神経は興奮性の入力や抑制性の入力を何百どころか何千と同時に受け取る。それらを受け取った神経が信号を発信するかどうかは、このような入力が絶え間なく足し合わされた結果で決まる。こうしたことが何兆回も行われて、脳が心になるのである。

ニューロンは互いには接触していない。互いに向かって真っ直ぐに伸びているが、少しあいだを開けている。この空間はシナプスと呼ばれ、その幅はおよそ数十万分の一センチ――二〇～四〇ナノメートルだ。ニューロンは、シナプスの隙間を越えてやるべきことを伝えるため――興奮性または抑制性の信号を伝えるため――、神経伝達物質と呼ばれる化学物質を互いに噴出する。大まかに言えば、興奮性の信号はグルタミン酸（うま味をもたらすMSGと同じもの）で伝えられ、抑制性の信号はγ《ガンマ》－アミノ酪酸（GABA）で伝達される。

適量範囲では、エタノールはグルタミン酸受容体をブロックし、GABA受容体を活性化する。これは二重抑制と言って、脳の働きを促すものを抑え、同時に脳の働きを止めるものを活発にする。このとき、GABAを噴出するニューロンは多くの場合、前述の快感シグナルとなるエンケファリンをつくるニューロンを阻害する。簡単に言えば、GABAは僕たちが四六時中、上機嫌にならないようにしているのだ。だからGABAが少なくなれば、気分はよくなる。

エタノールからオピオイド、ドーパミン、そしていい気分――「つまり、とても小さな回路があるわけです」と、エメリーヴィルのアーネスト・ギャロ臨床・研究センターで中毒の研究をしているジェニファー・ミッチェルは言う。「だから、あなたはこう言うでしょうね。オーケー、エタノールによる影響にはある程度のオピオイドが関与する。単純明快だ、ってね」

早口でしゃべるミッチェルは、快活で情熱的な黒髪の女性だ。朝食を一緒にとっていたその日、彼女は片方の耳にイヤリングを三個、もう片方の耳に二個、指にもリングをたくさんつけ、首にはオレンジのスカーフを巻いていた。ミッチェルはオレゴン州リードの大学に在学中、薬物の研究に興味を持った。そこは、薬物についてはまったくの無法地帯で、友人の学生たちはありとあらゆる薬物に手を出し、人生を台無しにしていた。ミッチェルは苦痛を研究したいと考えており、実験レベルを軽く超えて依存症になった人たちに、その格好のモデルを見つけたのだ。なぜそうなったのかをミッチェルは見つけたいと思った。

最終的にこの研究は、アルコール中毒と戦う薬へとつながった。この手の薬はすでに二種類存在する。その一つ、アンタビューズ〔ジスルフィラム〕は、アルデヒド脱水素酵素阻害剤という催吐性の薬である。もう一つのナルトレキソンは脳の報酬経路を遮断する薬で、服用すると酒を飲んでも、もはや気分がよくなることはない。残念ながら、ナルトレキソンを飲んでいると何をやっても快感を得られなくなってしまう。

両剤とも作用の幅が広すぎる。多くの研究者たちと同様、ミッチェルはエタノールが脳内で実際に何をしているのかをもっときめ細かく説明できるようになり、そうしてそのメカニズムを遮断したいと考えている。それに尽きる。「大学院生のころは、私はラットを箱の中に入れて、ラットを見つめ、ラットに見つめ返され、それで私はちょっとしたコメントを書き留め、観察を行い、ラットをもとへ戻し、という日々でした」。ミッチェルは言う。「三〇年分のデータをご覧になるとおわかりですが、ほとんどはラットとマウスのもので、たまにフェレットやモルモットやハムスターが入ってきます。それに、ネコも少し。あなたはこう思うかもしれませんね。『人間だったら、これがどんな意味を持つのかなんて、わからない』って」

中毒者や大酒飲みでなく適量範囲内で飲んでいる人々の脳を観察する必要があることを、ミッチェルはわかっていた。彼女の言うところの「ほどほどに酔っているが泥酔していない」人である。かつて、これをやろうとした者はいなかった。[31] なにしろ、これはとんでもない難題だからだ。ミッチェルはアルコールに特異的に結合する受容体を狙う方法を見つけなければならなかった。しかも思い出してほしいのだが、どれがその受容体なのかさえ誰もはっきりとわかっていないのだ。しかし仮説はある。たとえば、オピオイド受容体だ。実際には、オピオイド受容体には三つのタイプがあって、ギリシャ文字のμ《ミュー》、κ《カッパ》、δ《デルタ》で表わされる。なかでも、μオピオイド受容体はレクリエーションドラッグにとって重要なものとなる。これを持たないマウスを作ると、そのマウスはアルコールを飲んだりオピオイドを摂取したりしなくなるのである。

ミッチェルは、カーフェンタニルという、ヘロインより一〇〇〇倍強力なオピオイドを見つけた。とはいえ、ミッチェルが注目したのはその強さゆえではなかった。カーフェンタニルが超強力なのは、μオピオイド受容体にきわめて強く結合するためで、したがって、脳内のごく微量のカーフェンタニルを追跡すれば、受容体が作動しているかどうかがわかるのである。これには、第3章で見たカールスバーグ研究所のセバスチアン・マイアーが発酵の進行を分子レベルで追跡したときと同じトレーサーを用いる方法が採られた。それには、追跡しようとする分子に放射性原子を結合させなければならない。

そこでミッチェルは、放射性同位元素の^{11}Cが作れる粒子加速器を所有する国立研究機関を探し当てた。^{11}Cを標識として用いると、ポジトロン断層法（PET）スキャナーを用いて、カーフェンタニルが脳の中を移動するのをリアルタイムで追跡することができるのだ。

そこで、実験は以下のように行われる。被験者に放射性カーフェンタニルを投与してから酒を飲ませる。もしエタノールがμ受容体の活性を誘導すれば、μ受容体はスキャン像で光って見える。

このことは単純そうだが、その許可となると、話はそう単純ではなかった。先ほどの国立研究機関に、二、三の病院とその他の機関を合わせて、計六か所で実験を行ったが、対象が人間だったため、ミッチェルは各施設の倫理委員会から許可を得なければならなかったのだ。二年後、ようやくミッチェルは、実験を行えるだけの人数の被験者を集めることができた。最終的な試験集団（研究者の言うN）はわずか二五人（大酒飲みが一三人、たまにしか飲まない者が一二人）で、すべてクレイグリスト〔不要品の売買や、求人、仲間の募集を行うサイト〕を通して募集された。

次に、どうやって血中アルコール濃度を〇・〇五にするかという問題が立ち上がった。いちばんいいのは、エタノールを静脈注射すると同時に血中のアルコール量を測定するクランプという装置を使うやり方で、これなら必要に応じてアルコールの血中濃度を増減できる。しかしミッチェルは、この装置を用意できていなかったのに、被験者を寿命の短い放射性カーフェンタニルを静注する管につないで、PET装置に押し込んでしまっていた。ここにクランプを追加するのは現実的ではない。

そこでミッチェルは、代わりに被験者の体重と性別をもとに換算した、標準化された量のアルコールを飲ませることにした（一般に、女性は男性にくらべてエタノールに二倍強く反応する）。研究品質の高濃度エタノールを少量のジュースで割り、投与する量を極力少なくした。被験者は一日中PETの中に横たわることになるが、すでに見たようにアルコールはバソプレシンの働きを抑制する。「そんなこと、思いもよりませんよ。最初の被験者がPETの中に入って、おしっこをしたいと言いだすまではね」とミッチェルは言う（睡眠中の直腸注入実験の犠牲者、アイアスほど献身的な被験者は、まちがいなく一人もいなかった）。

放射性のスーパーヘロインを脳に注入された、ほろ酔いの被験者をPET装置に入れると、ハンティングを始められる。とはいえ実際は少し違って、もし何を探しているのかわからずに画像研究をすれば、脳のどの部分が何をしているかについて、ばかげた主張に行き着いてしまう。たとえば、リベラルか保守的かを決める脳の部分があるなどと言ってしまいかねない。たとえNが二五だとしても、意味のある画像研究をするには、「関心のある部位」、つまりスキャナー上で光るだろうと仮説を立てた脳の部位から始める。そして、これと対照部位とを比較する。この場合の対照部位は、オピオイド受容体と関係がないと思われる部位や、オピオイド受容体はあるが報酬系と関連していない部位である。

ミッチェルの関心のある部位は実際に光った。特に影響の大きかったのは、額の中央の少し下からまっすぐ脳内部に進んだところにある側坐核と、眼球の上のあたりにある眼窩《がんか》前頭皮質だ。

「眼窩前頭皮質はわりと驚きでした」。ミッチェルは言う。「ここには認知制御と実行制御のような役割があり、実行機能や意思決定、二つのうちどちらがよいか天秤にかけるといったことをします。一方、非常に擬人化した表現になりますが、側坐核は『欲しい。取りに行け。私はやる気まんまんよ』と、まあ、そんな感じのところです。ということは、眼窩前頭皮質が側坐核にいつ待つべきかを知らせているというモデルができるわけです」

いまだ検証されていないが、この仮説では、エタノールがこれらの部位で内発性のオピオイドを放出し、急激な快感をもたらすとともに自制心を解除する。その結果、どんどん飲んでまずい決断をするようになっていく。適量範囲が適量たるゆえんだ。これがアルコールの飲みすぎによって起きるあらゆる出来事の始まりとなる。

コンピューターが酩酊状態を判定する

ゼブラフィンチ（キンカチョウ）の歌は長いあいだ、言葉の獲得と使用のモデルだった。(32)それは歌の要素が親から子へと伝えられるからだ。エタノールを与えると、キンカチョウはじつによく飲み、時には血中濃度が人間の〇・〇八に匹敵するまでになる。そうなると、ある学会発表によれば

（つまり専門家のチェックは受けておらず、絶対確実ではないが）、歌がいささか怪しくなるという。歌が乱れ、その要素は不正確になる。[33] 簡単に言うと、チャールズ・ダーウィンが研究したことで有名なこの鳥に多量のエタノールを与えると、人間と同じように呂律が怪しくなるのだ。

人間ではエタノールによる感覚の喪失効果は、舌と喉にストレートに作用し、Dの音とTの音を明確に区別して発音するのが困難になったり、「sh」を「sss」と発音したりする。[34] 言語学者はこの種の変化を分節音効果と呼ぶが、エタノールには、たとえば発話のスピードが全体的に落ちたり、声の高さや調子が変わったりする超分節音効果もある。超分節音効果は筋肉の制御と関係があるようで、言葉の不適切な欠落や挿入はおそらくより神経的なものなのだろう。

じつは、この発話に対するエタノールの影響はかなり予測可能なものであり、コンピューターでも検出できる。二〇一一年に、コンピューター発語に関する国際グループが研究者たちに挑戦を突き付けた。それは、人が話すのを聞いただけで、その人物が酔っているかどうかをコンピューターに判断させるソフトを開発せよ、というものだ。この挑戦を受けて立ったプログラマーたちは、アルコール検知器に換わる、遠隔で機能するシステムをどうすれば作れるのかという問いには曖昧な答えしか出せなかったものの、発話認識という挑戦には大いに興味をそそられた。[35]

ルールはこうだ。ドイツ・アルコール言語コーパスというまことに有用なデータベースを使って酔っぱらいを見破れば、成功と見なされる。このコーパスは、ドイツ人数十人が酔っぱらった状態で話すのを録音し、さらにその二週間後にしらふでもう一度録音して作られた。

「この着想のもとは、酔えばアクセントに変化が現れるというものです」。カーネギーメロン大学でコンピューター科学を学ぶ大学院生で、研究チームのリーダーを務めるウィリアム・ヤン・ワンは言う。「私たちは基本的に、しらふのときの音素は酔ったときの音素とは大きく異なる、という前提に立っています」

ワンが本当に研究したいと思っていたのは、発話から話者がどの程度物事にのめり込んでいるかという「関心の度合い」と呼ばれる特徴を、どうすればコンピューターで検出できるか、だった。世論調査員や販売員ならこのスキルの有用性に気づくだろうことは、想像にかたくない。ワン曰く、どちらの問題にしても、その難問やアプローチは同じだ。「もしかしたら、あなたは酔っていると き、ある言葉のところで長いあいだ止まってしまうかもしれません。しらふのときなら、止まらないような言葉でね。また酔っていると、特定の言葉を強調するかもしれません」。それで、ワンのチームは話す速さや基本周波数（振動数）として知られる声帯の振動といったことに注目した（ふつう、男性では一八〇ヘルツ以上、女性では二五五ヘルツ以上だが、アルコールが入るとこれがずっと高くなる）。

ワンの開発したソフトウェアの正答率は七五パーセントだった。しかしこれでは、今回の挑戦に勝利するには十分ではないし、ましてやハイウェイパトロールの検知器と置き替えるにはまったく及ばない。〇・〇八あるいはそれ以上の高いアルコール血中濃度では精度は上がったが、適量範囲まで下がると、ワンによれば、同じようにはほとんど機能しなかった。酔いの状態を判断するには、人類側にはまだまだ有利な点がある。そう、ワンは言う。「私たちは実際には多様な信号を処理していて、これがコンピューターにはない優れた点なのです。私がバーへ行けば、客の頭の位置やジェスチャーを見られるし、彼らの話を聞いて、どういう言葉を使っているのかに注意を払えます」。だからバーテンダーには、検出器よりもかなり前に酒を出すのをやめる潮時がわかるのだ。

悪い酔いの原因はコンジナー？

これまでエタノールの生理的・心理的な影響について語ってきた。しかし、酒に含まれるエタノール以外の物質にも向精神作用があるかもしれない。テキーラを飲むと意地悪になるとか、ワインを飲むと頭が痛くなるという場合、みなコンジナーのことを責めているのだ[36]。コンジナーの量と種類は酒によっていろいろであることはたしかに事実で、これらが脳と体に異なる影響を及ぼしている可能性がある[37]。

悪さをするコンジナーの話で、いちばん有名なのはアブサンだろう。二〇世紀に変わろうとするフランスでは、年間三六〇〇万リットル――四八〇〇万本――のアブサンが消費され、アブサンはある種の自由奔放《ボヘミアン》な芸術的快楽主義と同義語になった。アブサンは、ウォッカのような無味無臭の留液か、ブランデーのような芳香のある蒸留酒のどちらかをベースとして、これにハーブと植物性の材料を加えて香りをつける。おもに使われるのはアニスで、この点ではウーゾ〔ギリシャのリキュール〕、ラキ〔干しブドウで造るトルコの酒〕、サンブーカ〔イタリアの薬草リキュール〕や、その他カンゾウで風味づけされたローカルの火酒に似ている。またニガヨモギも使われ、これにはツヨンという幻覚誘発性の化合物がわずかに含まれている。一九〇〇年代初め、ツヨンは「アブサン中毒」の元凶として非難された。アブサン中毒というのは、正常な人がてんかん持ちの残忍なサイコパスになるというものだ（一九八九年という近年になって、ある研究者がサイエンティフィク・アメリカン誌で、ヴィンセント・ファン・ゴッホの自殺にアブサン中毒が関与していたと示唆した）[38]。そして一九一五年までに、ヨーロッパと北アメリカのほぼ全域でニガヨモギを用いたアブサンは違法となった[39]。

この種の異議に、カクテル史家は納得がいっていない。なんといってもアブサンなしでは、コープス・リバイバーNo.2（ジン、コアントロー、コッキ・アメリカーノ、レモンに、アブサンをひと振り――コッキ・アメリカーノよりもリレを好む向きもある）も作れないし、セザラック（ライ・ウイスキー、ペイショーズ・ビターズ、角砂糖に、アブサンをひと振り――これはまちがいなくカクテルの嚆矢《こうし》だろう）も作れない。ペルノのようなニガヨモギを使わない代用のアニスリキュールでは、エビをポーチするのが精いっぱいというところだ。それで一九九〇年代、ニューオーリンズのテッド・ブローという熱狂的な酒好きが、アブサンの無実を晴らすことに取り憑かれ、禁止以前の製法で造られたものに人々が狂ってしまうほどのツヨンが含まれるのか、調べることにした。二、三年は、アブサンにまつわる細々とした道具が集まるだけだった――グラスの上から角砂糖をぶらさげておくためのスプーンや、角砂糖の上に水を滴下してアブサンに溶かすためのコック付きの美麗なカラフェ等々。しかし、ついにブローはアブサンそのものの製法が書かれた禁止以前の本を見つけ、みずから試作に取りかかった。しかし、出来はひどく、彼にはその理由がわからなかった。

最終的に、ブローはなんとか正規品を一瓶入手することに成功。注射器を使ってコルク栓越しに、ひと口分抜き取り、味をみた。そこにはブローの手作り品よりも、もっと複雑な世界があった。禁止以前のアブサンは、「口あたりは蜂蜜で、ハーブと花の香りが際立ち、この種の強いリカーに似つかわしくない優しいまろやかさがあった」とブローはワイアード誌に語り、こう続けた。「あの製法はクズだったね」

禁止以前のボトルをさらに数本手に入れたブローは、ガスクロマトグラフィーに時間をつぎ込んでは、分析してそのレシピを復元するという実験を、古いアブサンと区別がつかなくなるまでくりかえした――この過程で、禁止以前のアブサンに含まれるツヨンのレベルはおよそ五ppmという微量であり、幻覚などまったく起こらない濃度であることがわかった。また、そのアルコールの濃度は一四〇プルーフ前後という途方もなく高い値であることもわかった。これは、習慣的な摂取が発作や殺人傾向を引き起こす可能性に、大きな裏づけを与えている。

（アブサンには一つおもしろいことがある。アブサンは半透明で緑がかっているが、水を加えると濁ってミルクのようになる。アブサンやウーゾやパスティスのようなアニスリキュールに含まれる主要なコンジナーの一つに、アネトールという油脂がある。ボトルから注いだばかりのアブサンでは、アネトールはエタノールや水と一種の平衡状態にあるが、そこに水を垂らしていくと、エタノールがアネトールから離れ水に分散していき、その結果、アネトールは大きめの油滴をつくる。つまり、勝手に乳濁液へと変化し、液が半透明から不透明へ一気に変わるというわけだ[40]

たとえ、アブサンを殺人薬に仕立てたのがツヨンではないとしても、ほかのコンジナーにはそうとわかる作用がはっきりと出る。一九六〇年代の終わりに行われた実験では、被験者にウォッカ、バーボン、それに正体不明のコンジナーが増強された「スーパーバーボン」が与えられた。被験者に見られた血中アルコール濃度とEEGへの影響は同じで、α波の振幅が小さくなり、徐波活動が増加した。これはまさに疲れている状態だ。しかし、スーパーバーボンを飲んだ群では、これらの影響が長引き、より顕著だった[41]

それで、その原因は何だろう？　ヒスタミンが原因である可能性が挙げられる。ヒスタミンとはアレルギー反応を引き起こす物質であり、赤ワイン、白ワイン、日本酒、ビールにはすべてヒスタミンが含まれる。ヒスタミンがどの酒にいちばん多く含まれるかについて、研究は一進一退で、赤ワインだという研究[42]もあれば、どの酒も大差ないという研究[43]もある。

いま一つの容疑者はチラミンだ。これは発酵にあずかる酵母ではなく、その次の段階の乳酸を産生する細菌、つまりピクルスを造る微生物に由来すると考えられている。一部のワインメーカーでは、発酵の結果生じる味の鋭いリンゴ酸をこの細菌に食べさせ、赤ワインのフレーバーをまろやかにしている。チラミンを摂取してもふつうなら悪さをする前に酵素で分解されるが、なかにはこの酵素を十分につくれない人や、この酵素を阻害する降圧剤を服用している人がいる。実際にこういう人では、チラミンによってパニック発作が起こることがある。チラミンは体内で別の分子に変換され、興奮性の神経伝達物質であるノルアドレナリンを貯蔵する細胞内の小胞に入り込み、ノルアドレナリンを細胞外へ放出させてしまう[44]。これによって、心拍が加速し、異常な興奮状態に陥る。たとえ分解酵素を十分につくれる人でも、チラミンは顔面紅潮や吐き気といったアセトアルデヒドと同じ症状を引き起こす。しかし研究によれば（またもやすべての研究ではない）、白ワインにも赤ワインにも多量のチラミンは含まれていないというが、一部の研究では、赤ワインはチラミンを多量に含むという結果も出ている[45]。どうやら、科学の陪審員は不在と見える。

　僕の経験では、赤ワインが頭痛を起こすと信じている人たちの多くは、それを亜硫酸塩のせいだと考えている。それは否定できないものの……可能性はあまり高くない。集団のなかの一部で、亜硫酸塩により喘息反応や、時には頭痛さえ引き起こされることがあり、その考えられるメカニズムとして亜硫酸塩が体内でのヒスタミン放出を誘導する可能性が指摘されている。しかし赤ワインの亜硫酸塩の含有量は、実際には白ワインよりも少ないのである。

　ワインで起こる頭痛の原因物質をどうしても突き止めたいのなら、5-ヒドロキシトリプタミンはその候補になるかもしれない。これは一般的にはセロトニンとして知られる、脳全体にわたって広範囲に使われる神経伝達物質で、気分の調節などに関与している。そのため、プロザック〔抗うつ剤」という薬はセロトニンの再取り込みを選択的に阻害し、脳内のセロトニンの効果を増強する。赤ワインは白ワインよりも効果的にセロトニンの放出を促し、しかもプロザックと同様、脳内のシナプスにおけるセロトニンの再取り込みを阻害する。その上、赤ワインはセロトニンが受容体に結合するのを阻害する。[46] 特にこの受容体の5-HT1というサブタイプにはこれが顕著に働く。だから、片頭痛の特効薬として広く一般に処方されているトリプタン（たとえばイミトレックスという商品名で販売されている）がまさにこのサブタイプに結合するのは偶然の一致ではないだろう。そして実際、片頭痛持ちの人のおよそ三分の一が赤ワインを飲むと頭痛がすると言っている。

簡単に言うと、酒が違い、飲む人、飲むときが違えば、その影響も違ってくるということだ――たとえ、エタノールの濃度が一定だとしてもだ。問題は、これが驚きの事実だということではなく、こうした観察が分子や神経循環に関するアプローチと一致しないということである。ほかの中毒性の薬は明快な様式で作用し、予測可能な行動を引き起こす。だが、こと酒となると、どちらもそうはいかないのである。

酔っぱらいの文化人類学

一九六九年、クレイグ・マッカンドリューとロバート・エジャートンという人類学者が、この問題をわかりやすく示した。二人の『酔っぱらいのふるまい――社会的な意味』[47] というすばらしいタイトルの著書は、おもに民俗学研究に関する本で、世界のあらゆる文化からアルコール摂取のパターンに関する観察をかき集めたものだ。マッカンドリューとエジャートンは、アルコールを摂取すると、自制心を失い、その結果、社会の規範を破ることが世界共通で見られるという考えに反証しようとした。実際に二人の議論では、アルコール摂取についての文化的な規範をより堅持する人々がいるだけでなく、その規範は（またしても！）文化によって異なるということだった。

例として、アルコールは人を暴力的にするか、という問いについて考えてみよう。現在のアリゾナとメキシコの国境地帯に、かつてパパゴ族と呼ばれる人々が住んでいた。そのむかし彼らは、サワーロ（ベンケイチュウ）というサボテンの実を発酵して造った飲み物を飲んでは、へべれけに酔っていた。この飲み物は年に一回、乾季の終わりにだけ造ることができ、パパゴ族は祭りを催して、男たちは演説をぶち、羽目を外して、最後には酔いつぶれた。そこに暴力はなかった。しかしヨーロッパ人がウイスキーを持ち込むと、パパゴ族は収穫時期以外にも、折々にウイスキーを飲むようになり、「酔っぱらいの暴力沙汰」が発生するようになった。自分の家族にさえ暴力を振るうこともあったという。

タヒチの原住民も見てみよう。初めてヨーロッパ人が船の貯蔵用のアルコールを持ち込んだとき、彼らはそれを拒んだ。しかし、その後のヨーロッパ人との接触によって、酔っぱらいによるありとあらゆる暴力の傾向が見られるようになった。だが、マッカンドリューとエジャートンがタヒチを訪れたときには、アルコール依存の問題が蔓延していたものの、暴力はほとんどなくなっていた。(48)

マッカンドリューとエジャートンが記した、アルコールがさまざまな文化に及ぼした影響のうちの多くは、相反する結果を示していた。この本の中で僕のお気に入りの逸話は、ニュージーランドのマオリ族の話だ。彼らが酒を飲む機会には、二つの種類があった――一つは「セッション」で、もう一つは「パーティー」という。セッションはふつう、週末の午後から数時間にわたり催され、男どもが集団で寝転がり、酒を飲み、うとうとしながらラジオを聴いて過ごす。一方、パーティーには男も女も加わり、夜に――一晩中――催され、最後には喧嘩かセックスになるのが常だ。つまり、男だけなら静かに酔いつぶれるだけだが、男と女となると土曜の夜の繁華街のような騒ぎになる。

また、沖縄の平良《たいら》という村の住民たちにも、酒を飲む行事が二種類あった。仕事のあとで男たちが集まって飲む席では、村民特有の友好的な雰囲気が口論や喧嘩に取って代わられることが多かった。しかし、男女ともに参加する村の宴会では、みな行儀のよさをあまり崩さなかった。平良の村人は飲むにつれて、上機嫌に、下品になっていったが、暴力的になったり病的になったりすることは決してなかった。(49)

マッカンドリューとエジャートンは次のような仮説を立てた。すなわち、アルコールの影響は、文化の規範によって限定される範囲内でのみ存在する、と。アメリカなどの、アルコールが時に禁止され、時にもてはやされる「混乱した文化圏」でのみ、エタノールが引き起こす行動が危険なものになったのだ。マッカンドリューとエジャートンは、エタノールには固有の効果など何もないことを示唆する方向へ突き進む——とはいえ、一線を越えることは決してないが。二人は次のように書いた。「たとえ脳生理学者が、アルコールがヒトの脳に及ぼす影響を隅から隅まで完全に解明し終えたとしても、完全に説明されたその状態と、結果的に生じるとされる人間のふるまいの変化との関係については、今以上の新しい情報はなんらもたらさないだろう[50]」

『酔っぱらいのふるまい』は画期的な著作だが、一九六〇年代後半からの学際的な社会科学研究が受けたのと同じ論調の批判を浴びせられている。同書は一九世紀の終わりから二〇世紀の初めまでの観察者による主観的な人類学の報告にもとづいているが、当時のヨーロッパの科学者は、研究対象の文化で実際に起こっていることを見抜く確かな目を持っていたとは限らなかったのである。さらに、研究者の多くは男性であり、彼らは男性と過ごすことが多く、アルコールに対する女性の感じ方をたびたび見逃していたものと思われる。なかでも何より重要な点は、アルコールとその影響を専門とする社会学者、ロビン・ルーム（マッカンドリューとエジャートンの著作を高く買っている）によれば、一握りの文化でエタノールの影響はなかった——酩酊としらふとで違いが見られない——とする同書の根拠はまったく怪しいものであるということだ。その後の集団規模の研究では、エタノールによって、ほかのどの中毒性の薬剤よりも顕著に生じることとして、暴力レベルの上昇が示された。違法薬物の「市場」に暴力が伴うのは確かだが、ある種の興奮剤（メタンフェタミンなど）を除けば、アルコールだけが文化や性別を問わず人間を暴力的にする性質を本質的に備えている。それでもやはり、マッカンドリューとエジャートンの研究は、行動学者と生物学者とのあいだのエタノールに対する理解の溝を今でも明確に示している。

飲む人の心理次第

アラン・マーラットがシアトルでバー・ラボを設立して以来、このアイデアは方々に行き渡った。心理学者、ジェイムズ・マキロップはジョージア大学に小さなバー・ラボを構え、行動経済学のレンズを通して中毒を研究している。ジョージア大学のロゴのあしらわれたマジックミラーがあり、被験者は仮想の価格が上昇していくなか、おかわりに対する欲求をコンピューターを使って記録する。「プロジェクトの進行役の女性がしばらくのあいだ妊娠していまして、彼女が大量のアルコールを買いに行く必要があったときには、冷たい視線を浴びたものでした」とマキロップは言う。一方、アリゾナ州立大学にバー・ラボを持つウィル・コービンは、飲酒問題から学生を守ることによりも重きを置いている（濃厚なパーティー文化で評判の同大学が複雑に建て増しされたバーの立ち並ぶ町にあり、バー・ラボまで持ちあわせているというのは偶然ではない）。

しかしどこに建っていようと、バー・ラボで研究可能な行動の微妙な部分は、数十年におよぶ細胞培養や実験動物の研究とはなかなか調和しない。「この二つのあいだには、グランドキャニオンほどの溝があります」。そう言うのは、以前マーラットに師事していたフロムだ。気の利いた略称の流行に倣って名づけられた彼女のSAHARA（Studies on Alcohol, Health, and Risky Activity

〔アルコール・健康および危険な活動に関する研究室〕）は、精巧なシミュレーションセットだ。雰囲気漂う装飾品に、L字型のカウンター、落ち着いた照明、感覚に訴える「酒場」を演出するほかのさまざまな仕掛けがほどこされている。さらに、独自の美味しいプラシーボカクテルまである。「被験者は嗅覚的な合図を受け取り、私がカクテルを作るのを見ます。すると、効きめのあるプラシーボの出来上がりです。どんな感覚や感情の報告があっても、どんな行動を起こしても、それらはアルコールの薬理効果による作用ではなく、予期による作用なのです」

テキサス大学オースティン校には、フロムのラボのそばに、ワゴナーアルコール・中毒研究センターも併設されている。「私はときどき、そこのジャーナル刊行グループやセミナーに参加することがあります。分子的で生物学的な話ばかりです。私と彼らとでは、話す言葉も、読むジャーナルも、依拠する方法論も違うのです」。フロムは言う。「細胞や動物を使ってもアルコールの影響はけっして説明できないでしょうね。ほかの要素が不可分に関係していますから」

「それは、気まずいカクテルパーティーになりますね」。僕は尋ねてみた。

「仕事のことは話さないんです」とフロム。

マーラットが予期に注目し始めて数十年がたち、フロムのような研究者たちは予期についての理解を少し深められるようになったところだ。酒を飲んだ影響について肯定的な予期——社交的になる、セックスがもっとよくなるなど——を持っている人たちは、その結果もよくなる傾向がある。

そして、逆もまた真だ。攻撃的になる、後悔するようなことをするといった予期があると、その晩は楽しくないものになるだろう。どちらの予期を持つようになるかは、若年期に何を手本にしたかで決まるようだ。メディアで見たことや、記憶にある両親が酔ったときの行動などがそうだ。

フロムは今後行う一連の実験で、この溝に橋を架けようとしている。彼女は六年間にわたり、信頼度の高い自己申告のアンケートを使って、テキサス大学の学生の飲酒時の行動を調査してきた。今、フロムには、二〇〇〇人以上の学生の行動について、入学前から卒業後に至るまでのデータがある。今後は、学生たちから唾液を採取し、アルコール摂取に影響すると思われる特定の遺伝子群の塩基配列を決定するつもりだ。僕が話をした時点では、最初の五〇〇サンプルが遺伝子型の決定にまわされていた。フロムは言う。「私たちの予想では、セロトニン輸送体の多型が実験室で見られた鎮静効果と関連があり、GABRA2とOPRM1という別の二つの遺伝子が興奮効果に関連していると思われます」。表現型が違えばアルコールに対する反応も違い、仮説ではあるが、その反応から危険な行動や中毒に関して将来の予測ができるという。

フロムの話では、彼女の実験室やアンケート調査の研究は、結局は、遺伝学の研究と、ミッチェルのように画像を使う実験やフロムのラボでは行わない高濃度血中アルコールでの実験と重なってくる。「答えはこういう多様な方法論を使うことから出てくるんでしょうね。本当にそう思います。それが一つに重なるといいのですが」。フロムは続ける。「でも、三〇年ずっとこれをやってきましたが、わからないことだらけですよ」

酒を飲んだときに起こることは、たとえ適度で「社交的」な量でも、きわめて個別的・多元的で、環境やタイミングといったその場の影響のほか、文化に根差した規範や基準にも左右されるのである。科学者に言わせれば、これは本質的には「何もわかっていない」のと同じだ。

一九八三年、報道記者のレナード・グロスが、『どれだけ飲めば飲みすぎか？――社交的飲酒の効果』[51]というこれまた愉快なタイトルの著書で、これらの疑問のきわめて限定的な側面を分析しようと試みた。明確な結論に至らなかったものの、グロスは、一九五八年にウイスキーをどう思っているかと尋ねられたミシシッピー州の州議会議員の見事なコメントを詳述した。

あなたがウイスキーと言うとき、もしそれが悪魔の酒、毒の呪い、純真さを冒瀆するばかりか、文字どおり幼い子の口からパンを取り上げる血まみれの怪物だと言うのなら、もしそれがキリスト教徒の男女を高潔で礼儀正しい生き方の高みから、堕落と恥辱、無力と絶望の底なしの穴へ突き落とす邪悪な飲み物だと言うのなら、私はまちがいなく全力でこれに反対する。

しかし、あなたがウイスキーと言うとき、もしそれが会話の潤滑油、哲学のワインであり、よき仲間が集うときに飲まれ、心に歌を、唇に笑みを、瞳に温かい満足の光を灯すものだと言うのなら、もしそれがクリスマスの喜びだと言うのなら、もしそれが凍える朝、老紳士の足どりに春《スプリング》をもたらす元気づけの飲み物だと言うのなら、もしそれが男の喜びと幸せを大きくし、人生の災難や喪失や悲哀を束の間でも忘れさせてくれる飲み物だと言うのなら、もしその巨額の売上によって幼い子、目や耳や言葉の不自由な人、気の毒な老人や病人に心優しい世話がなされ、ハイウェイや病院や学校を建てられる、そういう飲み物だと言うのなら、私はまちがいなくこれに賛成する。

これが私の見解だ。私は絶対引き下がらないし、絶対に妥協しない。(52)

8　二日酔い　――Hangover

おはよう、お日様！　ひどく酔ったまま目覚めた朝のこと。

窓から差し込む光がとても……ほら、あれだ。こんなときの君は、コップ一杯の水のために人殺しだってやりかねないし、もし水のほかに食べ物なんて出されようものなら死んでしまいそうだ。腹の中は完全な反乱状態で、これから何か起こるとしたら、それはトイレの中の話だ。それにどういうわけだか、ベッドのそばに置いてある時計の時刻がどうにも頭に入ってこない。いつもはすんなり読めていたというのに。たしか、そのはずだ。

こういうとき、頭痛、不快感、下痢、食欲減退、震え、倦怠感、吐き気のうち少なくとも二つくらいの症状が伴う。加えて脱水状態であることもあり、物事の感じ方が全般的にゆっくりになる

――頭の働きが少々鈍く、協調運動が難しい。そう、君は二日酔いなのだ。

科学者はこれをヴェイサルジア（veisalgia）というわけのわからない名で呼ぶ。これはギリシャ語の「痛み」という意味のalgiaと、ノルウェー語の「乱痴気騒ぎのあとの不快感」という意味のkveisに由来する。(1) この言い方はおおよそ的を射ているようだ。

もっと症状の重い場合もある。解離性障害さえ引き起こすほどの重度の二日酔いは、『オデュッセイア』に登場する船乗りの名にちなんでエルペノル症候群と呼ばれる。彼はオデュッセウスの船員たちが魔女キルケの島を出発しようと決めた前の晩に泥酔し、キルケの館の屋根の上で眠り込んでしまう。翌日、船出の準備の真っ最中に目覚めたエルペノルは、二日酔いのせいで屋根から落ちて死んだ。しかし、船乗りたちはエルペノルがいないことに気づかずに旅立つ。(2) その後、冥界でエルペノルと鉢合わせしたオデュッセウスは、エルペノルから、戻って遺体を無名戦士の墓に埋葬してほしいと懇願されるのである。彼は自分の死に方を恥じていたわけだが、この感情もまた、おなじみのものであるかもしれない。

ではどのくらい、おなじみなのだろうか？　政府は、翌日仕事ができないほどの二日酔いによって損なわれた生産性を集計し、アルコール摂取による経済的損失額をたびたび算出している。これによると、アメリカの損失額は年間一六〇〇億ドルに上るという。(3)

たとえ、たしなむ程度の控えめな酒飲みであろうと自制しても、時には失敗が起こる。二三パーセントの人が二日酔いにならない一方で、二日酔いは何百万、何十億という人々に影響を及ぼす。

そして驚くことに、「何が二日酔いを起こすのかを誰も知らない」と疫学者のジョナサン・ハウランドは言う。「二日酔いに対して、何ができるか？　これも、誰も知りません」。つい一〇年前にようやく二日酔いの基本的な定義が研究者のあいだで合意されたばかりであり、二日酔いの治療法が真面目に検討されるようになったのはもっと最近になってからのことだ。

しかし何もわかっていないとはいえ、若干の物質が実際に症状の発現に加担している可能性がある。そして、二日酔いに狙いを定める少数の研究者たちは、そうした物質から逆にたどっていくことで、二日酔いが生じる仕組みの仮説を立て始めるようになってきた。

ボストン大学公衆衛生大学院救急医学の教授であるハウランドは、おもに高齢者の転倒について研究している。しかし二〇〇〇年代の中頃、ハウランドと、ブラウン大学のアルコールと薬物の中毒を研究するダマリス・ローズナウは、過度の飲酒による影響に注目するようになった。ローズナウは前章で登場した、バー・ラボの発案者であるアラン・マーラットの共同研究者である。ハウランドとローズナウは二日酔いが仕事の遂行能力にどう影響するかにより関心を持つようになった。「私たちは、症候群としての二日酔いにはそんなに興味を持っていたわけでなく、深酒をした翌日に起きる障害のほうに関心がありました」。ハウランドは言う。「そこから、二日酔いに関心を持つようになりましたが、初めは障害の説明になるものとしてです」

二〇世紀半ばのスカンジナビアの研究者らによる一時的な研究の盛り上がりを別にすれば、二日酔いは科学から完全に無視されていたことを、二人は知ることになった。比較試験で使え、二日酔いの重症度をリアルタイムで評価できる測定機器さえなかった。有効な研究をする上で、こうした機器は必要不可欠のものだ。

帰りのタクシーに千鳥足で乗り込む直前、よせばいいのにダメ押しの一杯をオーダーしたことがある者だったら、まちがいなく二日酔いの原因や治療について並々ならぬ関心を持つだろう。しかし、アメリカ国立衛生研究所の全研究施設がアルコールと薬物の中毒の研究に専念しているのに、その研究のどれ一つとして二日酔いとは関連がないのである。二〇一〇年のある研究は、次のような集計を行った。同研究の出版時点で、生物医学関連ジャーナルの引用の国際的なデータベースであるパブメドには、アルコールをテーマにしたものが、過去五〇年間で六五万八六一〇件あった。こうした研究は、行動様式や中毒、関連疾患などに関するものと推定される。一方、二日酔いの研究は四〇六件だった。[4]これが実態だ。

とはいえ、少数ながらハウランドやローズナウと同じ道を探索する研究者たちがいた。そこで二〇〇九年、ヨリス・ファースターというオランダの研究者が目的を同じくする人々を一堂に集め、非公式の会議を開いた。彼らはみずからをアルコール二日酔い研究会と称し、ロゴマークも作成。この盾型のロゴは、上部に字間処理のお粗末なＡＨＲＧの文字を配置、盾の中央には倒れたグラスからワインが飛び散っている写真と、その後ろにＡＨＲＧのロゴを配した一パイントグラス入りのビールの写真をあしらった。[5]つまり、ロゴの中に縮小されたロゴが無限にくりかえされるという寸法で、見る者に二日酔いの嘔吐を催させる効果があるかもしれない。

過去二年のあいだに、AHRGは基本的な事実をいくつかおさえてきた。身長と性別によって左右されるが、血中アルコール濃度が〇・一〇を超えると、翌日に二日酔いになるのはまずまちがいない。一二時間から一四時間後に、症状はピークに達する。[6] 実際、二日酔いの症状がもっともひどいときの血中アルコール濃度はゼロかそのあたりだ。研究者のなかには、二日酔いはミニ禁断症状のようなもので、ちょうど常習癖をいきなり断ったときに起きるようなものだという人がいるが、それは間違っているようだ。たしかに症状のいくつかは重なり合うが、たとえば禁断症状では血圧が高くなったり脳波が速くなったりするのに、ふつう二日酔いではこれらが反対になる。[7] ともかく、禁断症状は何日も飲み続けてやめたあとに生じるものであり、一方の二日酔いは一回の飲酒のあとに起き、[8] 長引かず、ヘビの幻覚を見るようなこともない。

ローズナウとハウランドの研究では、二三パーセントの人が二日酔いに対して抵抗性を持つことがわかった。二人には、こういう人たちの存在は二日酔いに対する感受性を決める遺伝的な基盤が存在することをさし示しているように思われた。ローズナウとハウランドは、二日酔い耐性はアルコール脱水素酵素をコードする遺伝子の多型と関係があると仮説を立て、いたってふつうの方法論を組み上げた。つまり、運のいい（見方によっては運の悪い）参加者の集団に血中濃度〇・一二になるまでアルコールを投与したのである。その後、被験者は救命士の監視の下、酔いがなくなるまで実験室内で眠り、翌朝、ハウランドとローズナウが開発に協力した急性二日酔い評価尺度のアンケートに回答した。

二人は4番染色体上にあるアルコール脱水素酵素（ADH）の遺伝子群の変異に注目し、それらの一塩基多型（遺伝子の塩基配列のうち一つの塩基だけが変化した変異）を探した。これがちょっとした大当たりを引き寄せた。ADH1Cという遺伝子の中の特定の変異が二日酔い症状の知覚が欠如しているのと相互に関係しているようだったのだ。その悪い面も明らかとなった。この同じ変異がアルコール依存症のリスクとも相関関係があることがわかった。これは、アルコールの影響全般に感受性が低い人は、アルコール依存になりやすいという見解と一致する。[9] しかし、以上の結果はせいぜい予備的なものにすぎない。「とても研究費が足りなかったので、四つの遺伝子しか調べられませんでした」。ハウランドは言う。「だから、たった四つの遺伝子という点から、約一〇〇人の被験者について調べるのが精いっぱいでした」。ハウランドたちはこの研究結果を学会で発表したものの、査読付きのジャーナルでの出版には至っていない。

二日酔いの人々をMRIへ入れようとする研究でも、進捗状況は同じくらいだ。ある論文化されていない小さな試験的な研究では、研究者らは、別の二日酔いの研究でラボにやって来た八人の被験者を見つけ、彼らを機能的核磁気共鳴画像装置（fMRI）に入れて認知や集中の標準的な試験を受けさせているあいだ、脳のどの部分が活性化されるかを調べた。脳内で光った部位はあまりに広い範囲に散らばっていたため、関心を引くものではなかった。しかし、二日酔い群の能力は対照群にくらべて別段悪くはなかったものの、同じことをするのに脳をよけいに使っていた――つまり、より広範囲の皮質が光っていたのだ。[10] ローズナウによると、これは同じ結果を出すのに脳が余分に働く「代償性動員」と呼ばれる現象の一例である可能性があるという。二日酔いの人の脳は機能が弱っているわけではなく、いつもと同じペースを保つためにうんと速くペダルをこぐ必要があるのかもしれない。

民間療法のウソ

ＡＨＲＧのメンバーは、原因や治療という点では有用なデータを出せていないかもしれないが、従来からある考えを再検討し、すばらしい成果を上げた。彼らは重大な結論に至ったのである。それは、いろんな人がこれまで二日酔いの原因について語っていたことは、ほとんどすべて間違いだったということだ。ハウランドがするような、より厳密な言い方をすれば、それらは証明不能なのである。

脱水状態だって？　なるほど、たしかにアルコールは、尿が出すぎないようにする抗利尿ホルモンのバソプレシンの作用を抑制する。加えて、酒を飲んでいるときは水を飲まなくなる。しかし二日酔いに関して言えば、電解質の濃度は対照の基準値とそれほど変わらないし、変わっている場合でも、二日酔いの程度とは相関関係がない。だからもちろん、酒を飲めば脱水状態になるが、そのせいで二日酔いになるわけではないのだ。さらに言えば、水を一杯飲んだとする。水分は補給された。果たして、これで二日酔いは治るだろうか？

アセトアルデヒドはどうだろう？　体内でエタノールが分解される際に生じる、あの有毒な副産物だ。これも有望な候補だ。なにしろ、アセトアルデヒドの毒性から生じる多くの症状が、二日酔いの症状と一致するのだから。だが残念ながら、二日酔いの症状がもっとも重いとき、アセトアルデヒドの数値は低い。そしてまたしても、その数値と二日酔いの重症度とは相関しない。これはリストから抹消していいだろう。ただし公平を期して言えば、アセトアルデヒドは適切に測定する前に蒸発する傾向があり、調べるのが難しいという事情がある。

一方で、血糖には何か二日酔いを起こす力が隠れているように思われる。脱水状態になると血中のブドウ糖値が低下するので、体はほかのエネルギー源でそれを埋め合わせる。遊離の脂肪酸やケトン類、乳酸などが血中に増加し、するとふつうであれば血液が酸性に傾く。これは代謝性酸血症と呼ばれ、これにも二日酔いの症状と重複するところがある。二日酔いはたしかに低血糖と相関関係があるが、血糖値を上げることで二日酔いが緩和されることを再現性をもって示せた者はいない。ある興味深い研究は、血中に乳酸があると二日酔いが悪化することを示し……、そして確実に乳酸値が上昇したのは、被験者がエタノールといっしょにブドウ糖を摂ったときだけだったことも示した。バーテンダーに砂糖でスノースタイルにしたカクテルは遠慮しとくと、そろそろ言う頃合いだ──甘い飲み物についてのこういう警句には、何がしかの意味があるのかもしれないが、確信を持って言うには時期尚早だろう。しかしちょうど脱水の場合と同様、もし低血糖が問題ならば、ブドウ糖や果糖を投与すれば二日酔いは解消されるはずだ。でもそうはならない──二日酔いには糖分は何の助けにもならないのだ。

だが、甘い飲み物に関するこの神話によって、大量のコンジナーを含む飲み物に対する忠告が生まれた。たとえば、ウォッカは赤ワインやウイスキーよりも二日酔いが軽いと言われるのを、聞いたことがあるのではないだろうか。そこには何らかの真実があるかもしれない。アセトンやタンニン、フルフラールなど、ブラウンリカーをブラウンリカーたらしめるコンジナーの相対的な毒性や効果を研究した者はほとんどいない。実際は、二日酔いの重症度の順に酒の種類をランクづけした研究が一つある（この研究は会議で発表されただけで論文化されていないため、不確かなものであることを認めざるをえない）。その順位とは、ブランデー、赤ワイン、ラム酒、ウイスキー、白ワイン、ジン、そして最後にウォッカとくる。

とはいえ、ウォッカで二日酔いにならないということではない。血中アルコール濃度が〇・一から〇・一五――酩酊や泥酔のレベル――になるまでバーボンを飲んだ人たちとウォッカを飲んだ人たちの比較では、全員が二日酔いになった。しかし、バーボンを飲んだ人たちのほうがよりひどい二日酔いになったと報告されている[11]。

コンジナーの中に犯人を捜すなら、メタノールに照準を合わせてもいいかもしれない。メタノールは致死性の物質であるため、店で買ってきた酒にこれが大量に入っていることはない。しかし、多くのアルコール飲料には毒性を示さないレベルの微量のメタノールが含まれている。メタノールが体に入ると、アルコール脱水素酵素によってすみやかに分解される。しかし、エタノールであればアセトアルデヒドに変えるところを、この酵素がメタノールに作用するとホルムアルデヒドに変換してしまう。[12] このホルムアルデヒドが有毒で、強い不快感をもたらす。メタノールとその代謝物による影響を否定する研究もあるため、これは科学的には疑問が残る説である。しかし、「迎え酒」がわりと有効だというのは、示唆に富む証拠だと言える。エタノールがあるとメタノールの分解が阻害されるため、迎え酒が二日酔いを緩和してくれると考えられるのだ。

ひと口すると、メタノールはエタノールとまったく同じように飲んだ人を酔わす。医学的に言えば、どちらも中枢神経系に作用する抑制剤だ。メタノールを大量に摂取しても、数時間からまる一日くらいはなんともないだろう。しかしその後、具合が悪くなる。嘔吐、目まい、それにインフルエンザに似たさまざまな症状に見舞われる。これは、アルコール脱水素酵素によってつくられた有害なホルムアルデヒドによるものだが、長くは続かない。問題なのは、これがギ酸（蟻酸）――蟻《アリ》の毒に変わることだ。

ギ酸は、細胞が酸素を利用する上で必須のチトクロム酸化酵素を阻害する。[13] ふつうの状態であれば、目、特に視神経は大量の酸素を必要とする――そのため、酸欠の初期症状として視野狭窄や色覚の喪失が現れるのである。ある一定以上のメタノールを摂取すると、まず目に異常が生じる。実際、メタノールにより命を落とした人では、視神経や脳に特徴的な病変が見られる。

最後にはチトクロム酸化酵素の活性低下によって、全般的な神経毒性が生じる。たとえ命を取りとめたとしても、パーキンソン病のような震えや、言語障害、歩行困難、精神障害などが残ることになる。

大事なのは、アルコール脱水素酵素がメタノールよりもエタノールにはるかに強くくっつくということだ。メタノール中毒の処置の一つとして、医師は大量の酒を投与する場合がある。そうすると、酵素はエタノールの分解に忙しくなり、メタノールはホルムアルデヒドに変換されず、ギ酸も生じない[14]。そうこうするうちに、患者はメタノールを尿や呼気として排出するというわけだ[15]。

かつて、迎え酒は立派な治療行為だった。禁酒法以前（とその最中）のように、今より大量に酒が消費されていた時代には、バーのマニュアルのまるまる一章がモーニングカクテルに割かれていた。これらは気つけの一杯《ピックミーアップ》と呼ばれ、たとえばラモス・ジン・フィズのような、クラシックなメニューにある卵入りの酒のほとんどがピックミーアップだ。僕の好みはコープス・リバイバー№2だ（前章のアブサン中毒のところでも触れた）。「コープス（死体）」とは前の晩に羽目を外しすぎた憐れなやつのことだ。もしエルペノルのそばに誰かがコープス・リバイバー№2を持って立っていたら、やつは今日もぴんぴんしていたのかもしれない。まあ、今日ではないのだが、僕の言わんとすることはわかってもらえるだろう。

今日では、朝食に飲むことが社会的に受け入れられているカクテルは多くない。ミモザやグレイハウンドという、オレンジジュースやグレープフルーツジュースで割ったシャンパンには、香辛料を効かせたトマトジュースと蒸留酒とをミックスしたブラッディ・メアリー系の飲み物と同じ効用がある（なかでもテキーラを使ったものを飲んでほしい。これはブラッディ・マリアと呼ばれ、ブラッディ・メアリーと違って美味しい。メアリーはただの不味いトマトジュースだ）。残念ながら、迎え酒は二日酔いを先送りにしているだけで、しかもこうした行為は後年の問題のある飲酒習慣とも相関関係がある。考えてみれば、これはまったく直感のとおりだ。付き合い程度に酒を飲む人の一〇人に一人以上が迎え酒を試したことがあると認めてはいるが、所詮その程度なのである。[16]

二日酔いの本当の原因について、今もっとも有望視されている説は、二日酔いが炎症反応だというものだ。感染症にかかったときに起きる反応と似ているというのである。二日酔いになると、免疫システムが伝達シグナルとして使うサイトカインという分子が増加する。韓国のある研究チームは、二日酔いの被験者でインターロイキン−10、インターロイキン−12、インターフェロンγ《ガンマ》の値が上昇していることを発見した。[17] もし健常な被験者にこれらを注射すると、吐き気や胃腸障害、頭痛、悪寒、倦怠感など、おなじみのあらゆる症状が出始める。さらに興味深いのは、サイトカインの値が正常値を上回ると記憶形成に混乱をきたすことだ。[18] もしかしたらこれが、エタノールのせいで記憶が欠落する理由なのかもしれない。

これは聞いて気持ちよくはないが、実際には良いニュースだ。なぜなら、二日酔いのメカニズムがわかるということは、研究者たちが治療のターゲットを手にするということだからだ。

治療薬さがし

「イェルプ〔口コミ情報サイト〕によれば」という言葉ほどあてにならない言い回しはまずない。だが、イェルプによれば、僕が二人の息子といっしょに入ろうとしている、この細長く風通しのよい店には、イーストベイで最高の漢方医がいるらしい。そこは、オークランドのチャイナタウンの町はずれ、軽工業の会社やパーキング、怪しげな携帯電話販売店などが軒を連ねる場所にある。ジャック・ロンドン・スクエアの近くだ。

僕は中国語を話せないから、携帯のウェブブラウザーに「ケンポナシ」と打ち込んで、この植物のラテン語名ホヴェニアと漢字表記を探し出した。それをカウンターの向こうにいる愛想のいい男に見せて「これ、ありますか?」と尋ねる。

「ええ」。男は微笑んだ。「アルコールの解毒用ですね。いかほどさし上げましょう?」

さっぱりわからない。漢方薬について知っていることなんてあるだろうか? 「とりあえず、四回分ほどもらえる?」

男は頷《うなず》き、カウンター上部のガラス板の上にパラフィン紙を一枚広げ、背後にある壁一面の引き出しに向き直った。引き出しはむかし図書館で索引カードを入れていたのと同じ大きさのもので、男はその一つを引っぱり出すと、中に手を入れて棒状のものをひとつかみ取り出した。それを紙の上に落とし、示して見せる……。え、何、これでいいかってこと?

「試食してみて。ものはいいですよ」

言われるままに試す。オーケー、シナモンのような味だ。「これはどうすればいいんです? お茶にするのかな?」と尋ねる。

「四分の一くらいで、お茶を入れてください」。そう言うと、男はケンポナシの枝をパラフィン紙で包み、ひもで縛って手渡してくれた。値は五ドルしない。

「パパ、それ何に使うの?」。車へ戻る途中、七歳の息子が聞いてきた。

「お酒を飲みすぎたときに、気持ちの悪さを治してくれるものなんだって」と僕は返した。こんなことを大声で言っていると、自分がペテン師にでもなったような気分がしてきた。けれど、僕は有効成分に着目しているのであって、ホリスティックやら気功やらを信じているわけじゃない。息子には悪いが、彼の質問のせいで、僕は医学の方法に種類の異なるものがあることや、西洋の科学的な方法論のほうが有利な点が多いことについて長々と講釈を垂れてしまう。こんなことをすると息子はその当てつけに、心霊治療師になるだろう。

しかし、僕の理性がこれは別物だと言っている。ホヴェニアには実際に実証可能な活性成分、アンペロプシンが含まれるのだから。ジヒドロミリセチンとしても知られるこの成分はケンポナシの中から発見されたもので、古くから漢方薬の一つとされてきた。これが酔いがまわるのを防ぎ、二日酔いを治してくれるのだ(19)。たぶん。

ケンポナシを僕に教えてくれたのは、カリフォルニア大学ロサンゼルス校の神経学者、リチャード・オルセンだ。彼はアルコールについて研究しており、とりわけ血中濃度がゼロから二杯飲む程度までの適量範囲で研究を行う。オルセンによると、適量範囲内でのアルコールに応答する神経のメカニズムはきわめて特異的で、治療ターゲットとして非常に興味深いのだという。

異論はあるものの、オルセンは、低いアルコール濃度では神経伝達物質のγ－アミノ酪酸（ＧＡＢＡ）がもっとも重要だと考えている——正確には、ＧＡＢＡに応答するある特別な受容体が重要なのだそうだ。多くの受容体はニューロンの末端部に密集していて、別のニューロンから放出された神経伝達物質を受け取る準備をしている。しかし、ニューロン全体にはさらに多くの受容体が散らばっていて、シナプス部分に限定されているわけではない。「全体に散らばる受容体は、密度こそ低いのですが、大変な数に上ります」。そうオルセンは言う。

この受容体の仕事は過剰な神経伝達物質を片づけること——シナプス部分の受容体を圧倒する、神経伝達物質の超ド級の大波に対応することなのだ。これら「シナプス外受容体」はまた、麻酔薬やエタノールに対しても見事なまでに敏感であるという。「この受容体はδ《デルタ》と呼ばれるユニークなサブユニットを持っており、私たちの研究対象《ベイビー》はδ－ＧＡＢＡ－Ｒと言います」とオルセン。彼によると、「たったのワイン一杯で生じる脳内の低エタノール濃度に、このユニークなエタノール受容体は反応する」らしい。

もしオルセンが正しければ、これこそみなが追い求めていた、エタノールの作用標的ではないか。[20]

オルセンの説を裏づけるように、この受容体に結合する、ＲＯ１５４５１３と呼ばれるベンゾジアゼピン系薬剤が、ラットでエタノールの効果を遮断することがわかった。もちろんあらゆるベンゾジアゼピン系薬剤（精神安定剤バリアムなど）と同様、この化合物は人間に対しても強力に作用する（とはいうものの、脳の別の場所では、異なるサブユニット構成を持つ、また別のGABA－A受容体のサブタイプが発見されており、これらはベンゾジアゼピン系薬剤に対してまったく異なる反応をする）。ほかにもオルセンに好都合な証拠が上がっている。エタノールにくりかえしさらされると、脳の可塑性が正常に戻ってくる。これは、アルコール感受性の低い、わずかに異なるタイプの受容体がニューロンにつくられるためだ。しかし、この新しい受容体はGABAに対しても感受性が低く、これはつまり、抑制が効きにくくなるということでもある。脳の特定の部位が過剰な興奮を起こし、震えが生じるほか、発作の前段階のような状態になる。この症状は二日酔いに酷似している。

オルセンのポスドク研究者のジン・リアンは、みながシナプス外GABA受容体のδサブユニットと結合する薬剤だけを探していたため、彼女は故郷の中国産の薬草で研究を始めることにし、アルコールに効果があると言われている民間薬に手をつけた。リアンは僕たちといっしょに会議室で座っていたが、ずっと黙ったままだった。それがいきなり甲高い声で話し始めた。「ホヴェニア。アジアで五〇〇年にわたって用いられてきたものです。私はそれを食料品店で見つけました」

「食料品店だって？　そいつはすごい」。オルセンは彼女の機転のよさに感心した様子だ。

ラボでお目当ての受容体に作用する成分が得られるまでこの植物を精製したところ、その成分はふつうに見られるフラボノイドの一種であると判明した。これにはすでにアンペロプシンという名前がつけられていたが、オルセンたちは有機化学の命名法に従って、ジヒドロミリセチンという名称で話を進めた。

「研究結果の発表では、ジンが口演をしました。その後、友人たちをバーに招待し、希望者に試してもらったんです」。オルセンは言う。「まだ、論文にできるような段階ではありません。FDAに提出できるようなエビデンスではないのでね。とはいえ、臨床試験をする際の投与量に目星をつけられたのはよかった。また、悪影響はなく、望ましい効果があることもわかりました」

「で、実際にはどうなったんです？」。僕は尋ねた。

オルセンによると、錠剤を服用した人たちはみな、ふだんほど酔わなかったと報告し、二日酔いも軽かったという。学術会議にはバーでの大騒ぎが付き物だ。だから、アルコール研究の会議ともなれば、それはもう凄まじい騒ぎに加え、翌日の罪悪感も半端ではなかったと推察される。

「君もその薬を飲んだのかい？」

「ええ、そうよ」とリアン。

「彼女はほとんど酒を飲めないんだ。アジア型の代謝のせいでね」。オルセンが説明した。

後日、追加取材のためにリアンにメールすると、彼らの後援者がジヒドロミリセチンを市販のサプリメントとして売り出したことを教えてくれた。商品名はブルーセチン。リアンは「一日に二回飲む」のだという。彼女の話では、睡眠の質も大幅に改善されたようだ。

コープスは天国へ

二〇一二年に、ジェイソン・バークというデューク大学で医学を学んだ麻酔専門医がバスを一台買った。一九九三年製のイーグル15というバスで、以前はゴスペル一家が巡業のために使っていたものだった。バークはテネシー州からラスヴェガスまでこのバスを運転していき、そこで内装を改装してラウンジいっぱいに二段ベッドを詰め込み、バスの側面に「ハングオーバー・ヘヴン（二日酔いの天国）」という塗装をほどこした。

二日酔いに苦しむ者がおよそ一六〇ドル払ってこのバスに乗ると、ビタミン類と抗酸化物質が添加された生理食塩水の点滴を受けられる。またメニューには、抗炎症剤や制吐剤を添加したものも揃える。「私はしょっちゅう二日酔いになるんです。ワインを三杯飲むと、次の日は本当につらくて」とバークは言う。バークは昔、二日酔いになるとアドビル〔鎮痛剤〕とゲータレード〔スポーツドリンク〕のお世話になっていたが、研修医だったころ、ほかの研修医たちが生理食塩水を点滴していると耳にするようになった（それが救急救命医か看護師、そのほか生理食塩水を入手できる人物の誰だったかには言及しなかったが）。彼らは生理食塩水の袋を持って出かけるようなときもあった。ヴェガスなどどこであれ、スーツケースに生理食塩水の袋を詰めて。「ある日、回復室で働いていたときのことです。そこには術後の悪心や嘔吐、頭痛に悩まされる人たちがいました。私のほうはと言えば、その前の週末に、それはひどい二日酔いを経験したあとでした」。バークは続ける。「それで思ったんです。ここで使っているものが二日酔いにも効くんじゃないかって」

たしかに、この点滴で症状がよくなったという人たちはいる。シカゴにあるクリニックでも、同様の療法が受けられる。バークによると、バス——ホテルの部屋にも往診に来てくれる——での事業を始めて以来、彼の会社は一万人以上にこの治療を実施してきた。「私はかつてノースカロライナ大学の友愛会《フラタニティ》に入っていました。IDの確認なんていまいましいものがなかったころの話です。勉強にもパーティーにも精を出しましたが、今ならわかります。私なんて、まだまだだったんだなって」。バークは続ける。「この週末、私たちは凄まじい二日酔いを診ました。嘔吐袋を一五袋も使ったんですよ」

バークの点滴は本当に効くのだろうか？　たしかに、多くの人がゲータレードやペディアライトなどの電解質飲料に信頼を寄せている。電解質飲料の効果は未検証の単なる仮説にすぎないが、抗炎症剤や制吐剤はかなり効きそうだ。バークは自分のホームページでいくつか助言を公開しているが、それらは十分に精査されたものではない。「少し余分にお金を払って、より純粋で不純物の少ないアルコールを購入すること」。バークはそう助言を載せたあと、販売中のビタミンサプリはいかがかと勧めているが、そのサプリには二日酔いを予防したり軽減したりすることが実証された成分がただの一つも含まれていない。「適度な飲酒の範囲では、水をたくさん飲んで脱水状態を防ぎ、ビタミンと栄養の豊富な食物を取りアルコールの摂取によって不足した分を補い、ダンスや安全な身体運動を行って汗とともに毒素を排出すること」。言ってしまえば、これらはまったくよくある神話だ。これ以外にも、アスピリンや大量の水を飲むことや、油っこい朝食をとることなど、みんなが頑なにやり続ける療法はどうだろうか？　まったく歯痒《はがゆ》いことに、こうしたことを科学的に検証した者は誰もいない。(21)

研究者たちが実際に検証した化合物は何だろう？　彼らは何十年にもわたって片頭痛と二日酔いに共通する部分を研究し続けてきた。どちらにも、頭痛のほか、倦怠感、光や音に対する過敏といった症状が頻繁に見られる。一九八三年、フィンランドの研究グループが、その関連をさらに一歩、推し進めた。(22)彼らは、健康な人にプロスタグランジンという免疫系に見られる化合物を大量に投与することで、ただちに二日酔いのような症状――頭痛、紅潮、悪心、吐き気、情動不安――を再現することが可能なのを知っていた。そしてプロスタグランジンの上昇は炎症反応の顕著な特徴でもある。

そこで、フィンランドの研究者たちはトルフェナム酸という抗炎症剤を準備した。これはプロスタグランジン阻害剤で、アメリカでは販売されていないが、海外ではクロタムという商品名で片頭痛に処方されている。信じがたいことに、これが効いた。二〇人ほどの被験者がトルフェナム酸を二〇〇ミリグラム服用し、〇・二という感服するレベルの血中濃度になるまでアルコールを摂り、さらに二〇〇ミリグラムのトルフェナム酸を服用してベッドに就いた。つまり酔いつぶれたのだ。一二時間後、自己申告によると、運の悪いプラシーボ群にくらべてトルフェナム酸群では、二日酔いのおもな症状のほとんどが大幅に緩和した。頭痛、口と喉の乾き、嘔吐、吐き気、倦怠感など、すべての項目で数値が改善したのである。

これは、二日酔いに有効なことが実証された別の化合物にとっても朗報だ。その化合物とはオプンティア・フィクス・インディカ（ウチワサボテン）の皮の抽出物である。(23) メキシコのレストランでは、このサボテンの櫂《かい》状の部分はノパレスという名で提供され、卵といっしょに食べると美味しい。このサボテンを食べると、体内に細胞の障害を修復する熱ショックタンパク質の産生が誘導されるらしい。このタンパク質を多量につくれる人は、もともと高山病になりにくい傾向があり、またしても高山病では、頭痛や吐き気、倦怠感といったおなじみの症状が現れる。そして、オプンティア・フィクス・インディカの抽出物にもプロスタグランジンの産生を阻害する効果があり、二日酔いに対してはその症状を軽減するのである。この抽出物の効果はトルフェナム酸ほどではないにしても、オプンティア・フィクス・インディカには、ハーブ系のサプリメントとして販売店で購入できるという大きな利点がある。

ほかにも有望な結果を出している化合物があと二つある。インド古来のアーユルヴェーダのリブ52と呼ばれる薬に使われている薬草の組み合わせはよさそうだ。しかし、その研究はメーカーが行っているのであまり当てにならない。リブ52のメーカーが言うには、成分のなかでもとりわけヒムスラやアルジュナなどの花から得られた粉末の混合物が、肝臓内のエタノール代謝を促進するという。しかし、ホヴェニア由来のジヒドロミリセチンとは異なり、リブ52からは活性成分が分離されてもいなければ、成分が作用メカニズムと関連づけられてもいない。

もう一つはピリチノールと言うビタミンB_6の類似体だ（B_6の分子が二個くっついた構造をしている）。バークはビタミンカクテルの点滴を提供しているが、二日酔いの症状に効くとわかっているのはこのピリチノールだけだ。しかし、どのようにこれが効果を持ちうるのかはまだ解明されていない。

まとめてしまえば、すなわちバークの二日酔い用カクテルは、1ショットのバーボンに卵二個よりも有効である可能性がはるかに高いということ。それにおそらく、バークの会社が落ち着いた雰囲気のなかでこのカクテルを投与することも、カクテルの効果にひと役買っているのだろう。「バスを買うときにイーグルを選んだのは、乗り心地がよかったから、というのが大きな理由です」。バークは続けた。「二日酔いの人たちを撥ね上げたりしませんからね」。配慮が行き届いていることだ。

向う見ずな人体実験

抗炎症剤のクロタム（トルフェナム酸）、ビタミンB類似体のピリチノール、アーユルヴェーダのハーブ混合物リブ52、オプンティア・フィクス・インディカ抽出物の四つの薬もしくはサプリメントだけが、実際の臨床試験によって、ともかくも二日酔いの治療に有効であることが示された。

また、人間を対象にした厳密な臨床試験を受けてはいないが、オルセンが分離したジヒドロミリセチンもこれに加えよう。これらはぶつ切りの情報にすぎないが、非常に重要でもあるので、ここでちょっとした裏技をやってみる必要があるだろう。

そこで、僕は友人の酒豪二人を招待し、彼らに、高価で珍しい酒とタクシーでの送迎を提供する代わりに、酔っ払った上で僕の二日酔いの療法を試すという約束を取りつけた。クロタム以外のものをすべて用意し、友人のロブに持参してもらったアルコール検知器で血中アルコール濃度が〇・一を超えたことを確認するよう頼む。それでは、取り掛かるとしよう。

ロブはライム添えのロックのテキーラが専門だ。ちなみに彼は高タンパク無糖質ダイエットの真っ最中だ。しかしエタノールほどダイエッターの意志を挫くものはない。だから四杯めまでには、マイタイ――二種類のラムにアーモンドシロップ、キュラソーで作る――を飲みたいと言い出すだろう。エリックはタンパク質を研究している化学者という職業柄か、僕のシングルモルトウイスキーのコレクションに系統的に取りかかった。僕はといえば、エリックのグラスに入ったウイスキーがよさそうに見えたので、ウイスキーから始めることにしよう。僕はほかにヴェスパーも作った。イアン・フレミングがジェームズ・ボンドのために考案したカクテルだ――ジン、ウォッカ、レモン、それにフレミングのバージョンではキナ・リレという苦いキンキナ〔フランスのリキュール〕で作る。キナ・リレはもう手に入らないので、僕はコッキ・アメリカーノを使う。

入手できた薬をコーヒーテーブルの上に積み上げ、僕は場を温めるために、ロブとエリックにこの章で述べたようなことを披露する。この時点までに僕らは酒を二杯ずつ飲んでいたおかげで、二人は話に引き込まれたようだ。もしくは、酒が回っていたせいで、自分が面白いと僕が思い込んでいただけかもしれないが。

この実験が科学的な厳密さを欠くことを、僕は素直に認める。なんといっても、この実験には対照群が存在しないのだ。僕はロブとエリックに、サプリメントを飲んで二日酔いが思ったより重く感じなかったかどうか報告するよう頼んだだけなのだ。

僕たちは早々にトラブルにぶつかることになった。かなり杯を重ねたあと、ロブは一席ぶちながらいくつか所有するアルコール検知器のうちの一つを取り出した。電池式だったので新品の電池を入れたが、測定してくれない。ロブは側面に書かれた指示に従ってクリック音がするまで息を吹くが、読み取り表示は〇・四のあたりを示している。これは救急救命室送りの血中濃度だ。つまり、僕らには魔法の血中濃度〇・一に達したかどうかを知る術《すべ》がない。

僕らはどうしたわけか、絶対確実に次の日に二日酔いになるようにしなければならないように思えてきた。そこで、僕はみんなにもうひとわたり飲ませる。その途中のどこかで、紙包みの小さな瓶に入ったドイツの食後酒、ウンダーベルクが投入される。ノートによれば、僕はウィドウズキスというカクテル――カルヴァドス〔リンゴのブランデー〕、シャルトリューズ〔ハーブ系リキュール〕、ベネディクティン〔リキュールの一種〕――を作ったようだ。ふつうならこのカクテルは旨いのだが、僕はこれを作ったことも飲んだことも憶えていない。僕のノートはこの時点で判読不能になる。二日酔いは確実だ。

僕はロブにピリチノールを渡す。ただし、前の晩に僕が三杯飲んだときにはたしかに効いた気がしたことは内緒にした。エリックはアジア系で、典型的なアセトアルデヒドに対する感受性を持っていると推察されたので、彼にはリブ52を渡す(文献ではヒトに対する作用がもっとも弱い薬だということは伏せた。先入観が入るおそれがあるからだ)。二人にすぐに一回分を飲み、目覚めてからもう一回分飲むように念押しする。

僕は携帯電話を取り出す。このときには、携帯が奇妙きてれつなテクノロジーに見え、まるで地球外の何者かが僕のポケットに置いていったかのようだった。が、何とかしてロブの帰りの車をウーバーで呼んでやる。車は来たものの運転手は角に突っ立ったままなので、スリッパのままでロブを車まで連れて行く。エリックは、二杯しか飲んでいない婚約者に椅子からすくい上げられ、グシャグシャと丸められ車の中へ放り込まれた。とまあ、そんな感じでみんな家路についたのだと思う。翌日、リビングには誰もいなかったのだから、そうにちがいない。

ぼんやりとした意識のなかで、僕は誰にもサボテン抽出物を渡さなかったことに気づく。しかし、どうすればいいかなんて見当もつかない。ジヒドロミリセチンを飲んで、僕はベッドに逃げ込んだ。

翌朝はまったくひどい有り様だった。これまでのなかで最悪の二日酔いが例によって胃腸にずっしりと居座り、おもな症状としてたちの悪い吐き気が伴った(ほかにも人に迷惑をかけないタイプの症状もあった)。頭が朦朧《もうろう》としている――たとえばタイプの打ち方が定かでなかったりする。加えて今日は片頭痛に非常によく似た一連の症状も出ている。これも酒によって引き起こされたものではないだろうか。曇りの日の弱い日差しでさえ痛く感じ、額に線路用の釘が打ち込まれているようだ。やけくそになって、リブ52とピリチノールとオプンティア・フィクス・インディカ抽出物のカプセルから中身を取り出し混ぜ合わせ、水とともに軽く口に含んで無理やり喉へ流し込んだ——僕になんとかできたのはこれだけ。あとはもう死んだふりをして過ごした。ベッドから起き上がれるだけの体力が戻ったのは、午後三時を回ってからだ。

そのころになって、やっとメールをチェックした。エリックは午前二時三〇分に吐いたようだ。こう書かれていた。「まったく、あのあとは散々だったよ。朝の七時に起きたとき、気分はまずまずだった。わずかに頭痛がしたけど、それも引いていった。過去五年ほどのあいだに限界まで飲んだことが二、三回あるけど、今回のも典型的なパターンだね。目覚めにもう一錠飲んだけど、それで何か変わったとは思えない」。エリックは、錠剤を飲まなかったときよりよく眠れたような気がすると言い添えた。

ロブはもう少し良好な結果を知らせてきた。「あの錠剤を飲んだが、何らかの効果があったような気がするよ。それどころか、あの状況で錠剤を飲まなかった場合よりも、少し元気がよかったと言える。元気が余分にあったおかげで、気分は最悪にひどかったけれど、ちゃんとした精神状態を保てたようだ」。そうロブは教えてくれた。経験した症状は、胃腸の不快感、めまい、倦怠感と意識の朦朧だ。「相変わらず気分は最悪だったけれど、どういうわけかいつもよりすっきりと目が覚めた。だから少し効果があったと言っていいかもしれない。もしこれが軽い二日酔いだったら、もっと違いが出たとも考えられる。とはいえ、今回は『軌道上から核攻撃する』ような頭痛に襲われているのだから、その見込みはまずない」

今思うに、この試験デザインは初め思っていたよりかなり悪い。薬の影響を見るには、アルコールをあまりに飲みすぎてしまった。しかもただ大酒を飲んだというだけでなく、あのどんちゃん騒ぎは、大学生の飲酒行動の研究材料として使えるほどの代物だった。はっきり言って、この本では立ち入りたくないと言い続けてきた類いのものだ。体に悪い。目覚めた時点では、エタノールは体内で代謝されきっていなかったのではないだろうか。

一方、冷静に見て、N＝3で対照群のないものであっても、今回の実験は論文化された過去の研究にそう見劣りしないのではないかとも思う。オプンティア・フィクス・インディカやクロタムに関する重要な論文でさえ、被験者数は少ないのだ。今のところ、製薬会社はなぜだか二日酔いの治療に関心を示していない――ドル箱商品のように思えるのだが。バークは、ハングオーバー・ヘヴンがヴェガスの経済に好影響を与えていると自負する。というのも、ホテルの部屋で丸まっていたかもしれない客を、カジノやレストランに出かけられるようにしているからだ。ウィン・ラスヴェガスの超豪華スイートルームに泊まっている一団が、具合を悪くしてそろそろ帰ろうとしていたときに、バークらの点滴を受けると、プライベートジェットのパイロットにもう一晩泊まるから部屋を取るよう命じるのだという。なんともラスヴェガス的な話ではないか。だが、しぶしぶながら認めると、自分の浅はかな実験の翌朝、バークの療法が持つ魅力を僕は理解することができた。当然、藁《わら》をつかんでいる人間の気持ちは、「神様ありがとう。藁があった。儲けものだ！」である。

二日酔い薬の未来

では、どうして科学はこの巨大な潜在市場に対してもっと貢献しないのだろうか？　どこかにひと山当てられる生活改善薬《ライフスタイル・ドラッグ》が埋もれていてもおかしくないのではないか？　「注目を集めるのに失敗したのではないでしょうか。公衆衛生における意味合いについては疎いもので」。そうハウランドは言う。もしかしたら、製薬会社と政府が二日酔いの薬による過度の飲酒の隠蔽を懸念しているのかもしれない。「そういう話はよく聞きます。アメリカ人にはアルコールに対する倫理的な見解が強い傾向があって、これもその一つですよ」。ハウランドは続ける。「罰則をなくせば、損害が増えかねないというわけです」。くりかえしになるが、ハウランドでさえ治療の研究をやっていないのだ。数年前にハウランドは、販売中の二日酔いの薬について調べる共同プロジェクトを立ち上げようとしたが、そうした薬がＦＤＡに承認されていなかったことと、メーカーが関心を示さなかったことから、施設の倫理委員会が彼の申請書を受理しなかった。ハウランドによると、それからというもの「どこから着手すればいいかわからない」のだという。

一方バークは、ハングオーバー・ヘヴンの事業で儲けた金で研究所を立ち上げるつもりだ――生化学者の友人がいるのだという。そして水分補給すると本当に代謝を活性化できるのか、またビタミンB群が血中の抗酸化物質の産生を促進するのかを明らかにしたいと言う。一方で、移動式の二日酔い療養所のチェーン店ができれば確実に成功しそうではないか？　マルディグラ〔ニューオーリンズなどで盛んなカーニバル〕などはどうだろう？　オースティンで開催される、音楽とメディアのフェスティバル、サウス・バイ・サウスウエストはどうか？　月曜の朝、サンフランシスコのミッション地域では？「私たちは、いろんな州の運輸局と医事局に話をしています」。バークは続ける。「このビジネスのいちばん難しいところはライセンス供与の部分です。それから実務作業。みんなが一度に治療を受けたがるのは間違いないからです。なにしろ、土曜の午前一〇時には電話が煙を立て始めますから」。二日酔いに苦しみながら、予約を入れる――これが酒飲みの未来だ。

都市部ならどこにでもあるコーヒーハウス、スターバックスの創生神話によれば、CEOのハワード・シュルツはイタリアへ旅行に行き――小さなエスプレッソ屋をたくさん訪ね――、アメリカに帰国したとき、「第三の場所」というビジョンを携えていた。それは、仕事と家とのあいだにあって、少しの時間と金があれば、気晴らしやビジネスの場として気楽に使える心地のいい場所のことだ。ご存知のように、このビジョンは上手くいった。なにしろ、スターバックスの店舗は無数にあるのだから。

シュルツのアイデアは見事に成功したので、今ではどこのスターバックスであれ（ピーツ・コーヒー&ティーや近所の職人気質のこだわりのコーヒー店であれ）、どれほど以前と様子が変わってしまったのか誰も気に留めない。時刻を問わず、みな人と会ったり、読書を楽しんだり、パソコンのキーボードを叩いていたりする。あるいはうつむいてコンピューターのプログラムや映画の脚本、ことによると酒の科学についての本に夢中になっていたりする。しかし「第三の場所」というコンセプトはさほど驚きではなかったはずだ。スターバックスが勢力を広げる前から、バーが第三の場所だったからだ。

バー、パブ、飲み屋、ジン酒場、居酒屋など、どれだけ歴史をさかのぼっても、アルコールを提供する場所（場所と時代によっては、売春と賭博も売り物にしていた場所）は、私的なふるまいや公的なふるまいを支配していた文化的な規範の外にあり続けてきた。研究者らの貼ったレッテル――「境の場所」「休息」「もう一つの現実」等々――は、僕たちがアルコールや飲酒を語るときに使うのと同じ類いの言葉だ。イングランドの社会問題研究センターが報告しているように、「酒を飲む場所は、アルコールの文化的な意味と役割を体現している[1]」。

アメリカの飲酒習慣を研究している社会学者は、アメリカを飲酒習慣に対して矛盾した場所とみなしたがり、地中海地方南部のような進んだ場所と評することはあまりない。地中海地方ではワインは日常生活に浸透していて、たとえばフランスでは子供が朝食でワインを飲み、誰もそれに神経を尖らせたりしないという。少なくとも、これは作り話だ。論理を拡大すれば、アルコールは一つのレクリエーションドラッグと言え、特に差し障りがあることが明らかにされないかぎり、その規制はマリファナや鎮静剤、メタンフェタミン、幻覚剤などほかの薬とまったく同じにするべきだ、となる。じつは、薬の害に関する、イギリス政府の最高顧問の一人だったデイヴィッド・ナットが罷免されたのは、まさにそのこと――あらゆる点を検討すればアルコールはマリファナよりもはるかに有害であること——を示唆したためだった。[2] 二日酔いで仕事ができないことによる経済損失は除き、二〇一〇年のアメリカにおける飲酒運転による死亡者は一万三〇〇〇人を超え、損害は三七〇億ドルを上回った。[3] 中毒などアルコール関連疾患の医療費は、過去最高の年間二〇〇億ドル以上となった。救急治療室の受け入れ記録に関するある調査研究によると、たった二杯飲んだだけで、何らかの傷害を負う可能性がおおむね二倍になるという。[4] では、一体全体どうしてマリファナを厳しく取り締まり、アルコールは野放しになっているのだろう? ナットの主張によると、アルコールやレクリエーションドラッグを扱う法令は往々にしてばかげているのだという。この主張によって、ナットはイギリス政府の職をクビになった。

アメリカの文化では、たとえ飲酒のような軽微なものでも、逸脱行為を時間ではなく空間的に隔離する傾向がとても強い。世界のほとんどの場所にはカーニバルがあり、年に一度誰もが現世の罪のリストにあるようなばかをやらかすが、数日後にはすべてが元に戻る。マッカンドリューとエジャートンの著した『酔っぱらいのふるまい』に登場する多くの文化でも、それは同様だ。一方アメリカでは、この類いの放縦を特定の場所に閉じ込める——ラスヴェガスやニューオーリンズ、オースティンやジョージア州アセンズ……そしてどこの都市にもあるバーに。そこは、時間と空間を超えて異文化が交わる場であり、飲むための場、そしてもっと重要なのは一息つくための場所だ。僕たちはしばしば、物事の始まりと終わりを際立たせるために飲む。たとえば、初デートのときや別れの杯を交わすとき、武勇をたたえたり仕事のあとに懇親したりするとき、ロマンあふれる探検の節目に飲む――これらはみなバーがあればこそなのだ。そうした機会は、ほかにももっとあるだろう。また二〇一〇年、オハイオ大学の三人の研究者が退役軍人クラブの集会場にいるバーテンダーを調査したところ、精神衛生上の情報を得る手段として、またPTSDに悩む退役軍人を支える手段として、バーテンダーたちはきわめて効果が高いという結論に至った。バーテンダーたちのほとんどは長期雇用の従業員で、自分たちが応対している退役軍人たちのことを「ファミリー」と呼んでいた。(5)

こうした文化的な枠組みは発展していく。たとえば、マリファナの合法化が進むことで公共の場での使用が許容されるようになるだろうし、それによってバーの雰囲気がガラリと変わることもありえる――室内の喫煙が禁止されたときに互いにタバコをねだりあう習慣がついてしまったのと同じように、バーの外でマリファナを分けあう人々が目に浮かぶ。

同様に、エタノール飲料を造り飲むプロセスもまた進化していくだろう。オーストラリアの生物学者、アイザック・プレトリウスが特定の効果や芳香を期待して生み出した新しい酵母株が、ビールやワインの有用な成分が事細かに設計される世界への扉を開く可能性がある。フランスの酵母研究者、シルヴィ・ドゥカンは実験室で遺伝子改変を行うことによって、すばらしい芳香を持つ一方でアルコール濃度は低いワインを造る酵母株を創出しようとしている。ドゥカンはすでにアルコール濃度を二パーセントにまで減らしている。もちろんヨーロッパでは、遺伝子組み換え酵母に成功の見込みはない。そこでドゥカンは、伝統的な交配によって同じ遺伝子を発現する株を創出する研究を行っている。

ダルハウジー大学のゲノム研究者、ショーン・マイルズの目的別に作ったブドウの系統が受け入れられる日は来ないかもしれない。しかし、以前とは異なる地域でブドウが育てられるようになったように、これからの数十年におよぶ気候変動によって、別のブドウが必要になるのではないだろうか。そして、ナパやソノマ、ロワールは新しいワイン生産地域にその座を奪われる可能性もある。カリフォルニア州のセントラルバレー全体がブドウの生育に適さなくなるかもしれず、ソノマやナパバレー、南ヨーロッパの大部分もその例外ではない。その一方で、ワシントン州の大部分が新しい栽培地としての可能性が高くなると思われる。同様に、中国中部の山岳部にも可能性がかなりある――厄介なジャイアントパンダを移す場所をほかに見つければの話だが[6]。

発酵と蒸留の科学や技術が二〇〇〇年間、根本的にはほとんど変わらなかった一方で、より一貫性のある大量生産などの改良や調整はこれからもたゆまず進むものと思われる。もしクラフト蒸留の正統なトレンドが、三〇年前にクラフトビールが描いた軌跡をなぞっていくのなら、小さな蒸留所がどんどんと立ち上がり、自前のテイスティングルームを備えるようになるだろう。こうした小さな蒸留所は、いま彼らを動かしているスチームパンク技術のさらに先へと進むかもしれない。実際、イングランドにあるセイクリッド・スピリッツ蒸留所のイアン・ハートは、自家製の低圧蒸留器を使って、さまざまな植物を漬けたワインから風味を分離したり組み合わせたりしている。これはニューヨークのバー、ブッカー・アンド・ダックスでデイヴ・アーノルドが使っている回転蒸留装置《ロータリー・エヴァポレーター》を複雑かつ精緻にしたもので、蒸留所にとってはまったく新しい製法の先駆けだ。

もしかしたらかなり先の未来、エタノールはほかの何かに置き換わっているかもしれない。デイヴィッド・ナットは一〇年近くのあいだ、エタノール類似体について研究してきた。それはエタノールと同じ効果を持つ代替のアルコールで、実際に脳内のGABA受容体の同じサブユニットに作用すると考えられる。しかしこれは逆向きにも働くはずで、飲んだ者の酔いをただちにさましたり二日酔いを治したりする解毒剤となる。[7] ナットによると、解毒剤としてすぐにでも使える候補物質が五つあるという。「見込みのある化合物を身をもって試したあと、私は酔っぱらって、一時間かそこらくつろぎ、まどろんでいた。その後、解毒剤を飲むと、数分のうちに酔いがさめ、何の問題もなく講義ができるようになった」。ナットは二〇一三年の後半、ガーディアン紙の論評にそう書いた。[8] ナットによると、必要なのはさらに試験を進め、化合物を精製するための資金だけだという。これにアルコール業界が名乗りを上げるかもしれない（社会に及ぼす飲酒のマイナスの影響が深刻で、電子タバコのように業界が代替品を提供しなければならないと考えればだが）。彼は本当にスタートレックさながらの合成アルコールを作れるのだろうか？　悪影響のないアルコールは実現するだろうか？　心をくすぐられる展望ではないか。

しかしこうした変化はいずれも、人類とアルコールの遥かなる時を経たつながりを絶ちはしないはずだ。アルコールと人類の歴史は僕らの歴史そのものであり、人類が近代的で、道具を使い、テクノロジーを生み出す生き物へと変貌した歴史なのである。

一万年の時を思う

セントジョージ・スピリッツの蒸留フロアの上階、ラボのほぼ真上にあるオフィスでは、訪問者の一行が革張りの肘掛け椅子に座り、ランス・ウィンターズの蔵書に舌を巻いていた。日本のニッカウヰスキーの瓶とフェルネのアンティークボトルの隣で、一八七一年ごろの初版とおぼしきピエール・デュプレの『酒類製造に関する論文』がひときわ異彩を放つ。これはアブサンにまつわる情報の源泉だ。また、ガソリンからソーダ水まで、あらゆる製法に関する企業秘密を収集した、『ヘンリーの二〇世紀の製法とプロセス』もある。「もし、無人島にこの本と一緒に流れ着いたとしたら、文明をもう一度興すことができますよ」。ウィンターズはパルタガス〔キューバ産葉巻〕に火をつけそこなったまま話をする。

客人の一人、アレクサンダー・ローズには、ウィンターズの話が腑に落ちるようだった。ローズが役員を務めるサンフランシスコのロング・ナウ協会は、年単位ではなく、千年紀《ミレニアム》や地質年代という長い時間尺度で人類について考えるために設立された団体だ。今、ローズはロング・ナウのオフィスの中央部にあるみすぼらしい展示スペースを上品なロビーに改装しようとしている。エンジニアで、ロボット製作の仕事を持つローズは、世界の終わりについて語る最良の場所はバーだと考えている。

ローズがウィンターズを訪ねたのは、ロング・ナウがそのスペースで何か特別なものを提供しようとしているからだ。たしかに彼らは訪問者の興味を引かなくてはならないが、本当のところ、寄付を考える人たちが自分のボトルとして五〇〇〇ドル以上を進んで払ってくれるようにしたい、というのがローズの本心だ。これらのボトルは特製のハーネスに収まって、資金提供者が飲みにやって来ると天井からカウンターへと降りてくるようにするのだ。ロング・ナウの本部は、フィッシャーマンズワーフ近く、水上の小売店や劇場が集まったフォートメイソンにある。そこは正式には連邦政府の飛び領土で、蒸留酒の販売を監督する州法や地域法は適用されない。だからローズのやろうとしていることに免許は必要ない。

しかし、ローズが本当にボトルに入れたいと思えるものはまだ見つかっていなかった。「それはラベルのように些細なことかもしれないし、大金を支払って彼らが購入する品のように最上の何かかもしれません」。そうローズはウィンターズに話した。それは、「アルコールと文明がどのように絡まり合うようになったのかという太古の昔に関係しているのと同時に、この先の一万年で飲み物がどうなるのかという、より難しく終わりのない疑問とも関係があって」しかるべきだという。

ウィンターズは前のめりになる。彼には合点がいったのだ。「つまり、つくろうとしているのは、ドリンクのメニューであると同時に、年代記でもあるということか」。ウィンターズはつぶやく。「コモディティ化という従来の枠組みから抜け出して、どの時代のアルコールでも造れる……千載一遇のチャンスってやつだ」

二人は若干の可能性について話し合った。中国の古い蒸留職人をイメージさせるような米のワインはどうか？　ウイスキーは？　そのうち、セントジョージのジンのラインナップに対するローズの愛着について話が及んだ。そこでたまたま、ローズはビャクシンについて多くを知ることになる。ロング・ナウは大型プロジェクトの一つとして、テキサス西部にある山の地下に技術の粋を集めた巨大な一万年時計の建設を計画している。それは、動力として重力以外に何も使わず、一万年間、時を刻み続け、人類のもう一時代を見届けるようにデザインされている。もともと、この時計は別の山の地下へ入る予定だった。その山はネヴァダにあり、ローズによると、ロング・ナウは今もそのビャクシンが繁茂する土地を所有しているのだという。加えて、そこには五〇〇〇年ほども生き続けられるイガゴヨウ〔松の一種〕も生えている。

ウィンターズは目を見開いた。本当にそうした。決まり文句だからといって、それが実際に起きなかったという道理はないのだ。「もしビャクシンの実を送ってくれたら、それでやったらどうなるか見られるんだがなあ」。ウィンターズは続ける。「さらに、イガゴヨウの針葉も手に入れる方法があるといいが――五〇〇〇年物の葉を入れていると謳えますから」

ローズの顔に笑みが広がる。「どのくらい、要りますか？」

二か月後、ローズはビャクシンの実を二キロほどと、倒木から採ったイガゴヨウの葉五〇〇グラムほどを、セントジョージへ送った（イガゴヨウは保護植物なので伐採は禁じられている）。ウィンターズはこの二倍の量の実を希望していたが、葉のほうは保存と風味の抽出のために、そのまま一〇〇プルーフのスピリットに入れられた。

そのさらに二か月後、ジンができた。ロング・ナウのオフィス改装を祝うささやかなお披露目パーティーで、ローズは、エメリーヴィルの研究用ガラスメーカーに作らせた、円筒型ネックに丸底の特注フラスコから、最初のサンプル品を注いだ。急場しのぎのカウンターには、ビャクシンの実とドライオレンジピールをボウルに入れて配し、感覚刺激にストーリー性を持たせる。そこで僕はビャクシンの実を味見する――甘酸っぱく、樹脂の風味。一方、ジンはビャクシンっぽさよりもシトラスの風味が強くオイリーだ。僕にはそう、感じられた。

グラスに半分、飲んだだけだった。しかし、一万年間、時を告げるように設計された時計と、スーパーマーケットのチーズとサラミの載ったテーブルに挟まれ、僕はこのジンが何かとてつもなく大きなものにつながっているような気がしてきた。古代酒の原料や、中国の醸造職人、ルイ・パスツール、南カフカース山脈の野生のブドウ、アレクサンドリアの錬金術師、ケルトの樽メーカー、カリブの細菌学者、スコットランドのマスターディスティラー、そうしたものへ、つながっているように思われた。

どうして造れるのか、どうしてそんな味がするのか、飲むとどうしてそのように感じるのかということがわかる一〇〇〇年前から、人類はジンを造る技術を持っていた。今まで、僕らはその技術に磨きをかけてきた。酵母の生化学についてや、不安定な糖の化学的性質、作物を収穫し飲み物やアルコールに変える方法についての理解を深めてきた。ビール醸造家やワインメーカー、蒸留職人、研究者たちには酒造りのプロセスを最適化する上での疑問が数多く残されているが、それでも発酵の生物的な力学と蒸留器の物理学にまつわる謎は解き明かされたのだ。

このように知識の蓄積に差はあるが、酒を造る人々には魔法じみたことができる。それは創造的な活動である――時と場合によって、産業的・商業的であったり、特殊で職人的であったりするが、いずれにせよ、人々が寄り集まり、以前には存在しなかったものを造ろうとするのだ。その上、酒は客観的な現実と主観的な経験という二つの世界を股に掛ける。酒を造る人々は、実証・定量化のできる効果を体に及ぼすものを造っている。僕たちはその効果を感覚によって感知し、感知することによって僕らの体に変化が生じる。

それは僕らの精神にも変化をもたらす。僕たちはみな酒を少しずつ違った風に味わい、感じる影響もそれぞれ異なる。アルコールに対する見方は、各文化での捉え方のほか、子供時代に目にしたものによって――両親とのきずなを醸成する経験か、危険な中毒の元凶かにかかわらず――影響を受ける。アルコールは祝福すべきものにも物騒なものにも、その中間のさまざまなものにもなりうるのである。

バーでの完全なるひと時。この儀式のための場所で、向精神性の化学物質を味わうひと時は、人間の意図によって生み出された。僕たちは、酒と、それを飲むための場所をつくった。この二つは人類が生まれる前にはなかったものであり、僕たちはこれらに偶然出会ったわけではない。僕たちが造ったのだ。僕たちが酵母やほかの微生物の秘密の扉を開けて、酒造りの生物学を理解するようになったのだ。僕たちが微生物とそれが働く物質を調節し、さらには家畜化と畜産という粗野で気まぐれな仕事を冷徹な遺伝子工学へと変えたのだ。

われら人類は、酒の科学はおろか、科学すら存在しないときから酒を造っていた。今や僕らは多くのことを知り、酒造りのプロセス全体をもっとうまく制御できるようになった。おかげでビジネスは成功を続け、消費者として酒を飲むことの喜びをより深く理解できるようにもなった。だからといって、酒の科学や発酵の科学、蒸留の科学は、その背後にある魔法の価値を損なうわけではない。それどころか、まったくその反対である。SF作家のアーサー・C・クラークの言説を言い換えると、魔法とは実際のところ高度なテクノロジーにすぎない。科学とは僕らが魔法をかけるための手段なのだ。

ロング・ナウのジンには、ビャクシンとオレンジの向こうに文明の味がした。

謝辞

「アクチュアリー」という言葉は、もう誰も僕といっしょに飲んでくれない原因となった言葉だ。この三年間、僕がバーにいるとき、友人とワインやビールのグラスを傾けているとき、パーティーでちょっとした会話をしているとき、そんなときは決まって誰かが自分が手にしている飲み物について話し始めた——成分、作り方、添加物、由来などについて。そこで僕は「じつはね《アクチュアリー》」と言って話を始めた。

それが問題だった。頭に詰まった酒についてのデータを吐き出した僕は、鼻持ちならない知ったかぶりに豹変した。僕の犠牲になったすべての方々に謝罪したい。次は僕が犠牲になる番だ。

そのような反社会的行為をとった上、この本がまったく個人的なものでしかないのに、たくさんの人から貴重な援助と助言をいただいた。それどころか、一流のサイエンスライターのカール・ジンマーとビル・ヴァシック、トーマス・ゴーツは、僕がしゃべりまくっていた酒の科学を本にすることに気がついて、ディナーを交えてダメ出しをしてくださった。あの晩、僕がまったく見落としていた事実を指摘してくださったことに、感謝を申し上げたい。

次に、仲間について話をさせてほしい。ワイアード誌の同僚たちは、僕がこの本の執筆に集中していることに対して、並々ならぬ忍耐を示してくれた。前編集長のクリス・アンダーソンには、出版ビジネスの仕組みを親切に指導していただいた。アンダーソンおよび現編集長、スコット・ダディックは本書の執筆に言い尽くせないほど寛大に接してくださり、(白状すると)時には本職を犠牲にしていたことに目をつむっていただいた。ワイアード誌の友人たちは僕の気持ちがゆるんだときには何度も活を入れてくれた。ジェイソン・タンズ、ロバート・キャップス、マーク・ロビンソン、ケイトリン・ローパー、ピーター・ルービン、ジョン・エイレンバーグ、サラ・フォーロンには、特に感謝している。また、クリスチャン・トンプソン、マーク・マクラスキー、ダニエル・マッギンは本書を読んで間違いを指摘してくれた。

高峰譲吉と麹の歴史に関するジョーン・ベネットの研究は、ウイスキーを食べる真菌、ボドワニアについてのスコットの業績と並んで、本書のカギとなった。これらの研究には、二人の多大な時間と彼ら自身が勝ち取った知識とが注がれている。また、ジェイムズ・マキロップはジョージア大学にある自分のバー・ラボの写真とビデオを送ってくださった。ブレンダン・ケーナーの中毒の科学の現状に対する理解は僕にこの分野に対する考え方の基礎を与えてくれたし、ジェフリー・オブライエンとケイト・ボトレルからはワイン業界を調査するにあたり賢明なアドバイスをいただいた。マシュー・ロウリーは同様に蒸留所について助言をくださった。また友人の一人からは科学雑誌のオンライン記事を閲覧するのに大学の在籍証明を貸し出してもらった。コンピューターのなかった時代にはみんなどうやっていたのだろう？

僕が冷静で要点を踏み外さないでいられたのは、パトリシア・トーマスとマット・ベイのアドバイスがあったからだ。ブラッド・ストーンとトレンド・ジギャックスは全力で支援してくれた。デイヴィッド・ドブズはいつもながら見事な仕事ぶりで、著作権代理人に関する契約概要を作成してくれた。おかげで僕は、ウィリアム・モリス・エンデヴァー社のすばらしい代理人、エリック・ルプファーと出会えた。彼はたいへん心強いパートナーになってくれた。

ホートン・ミフリン・ハーコート社の編集者、コートニー・ヤングは、本書草稿にあまりうるさくケチをつけないで、穏やかに礼儀正しく僕を導いてくれた。彼女の同僚たちもすばらしく、エリック・マリノフスキーは有能な報道記者兼作家であるだけでなく、僕の知るかぎり最高のチェック係で、数え切れないほどのミスを直してくださった。正直言うと数えられるが、それはやめておく。ミスが残っていた場合、以上の方々のせいにしたいのはやまやまだが、本書の間違いはすべて僕に責任がある。

みなさまからいただいた協力や励まし、専門家諸氏の知識をもってしても、妻のメリッサ・ボトレルの見識と忍耐がなければ本書が世に出ることはなかった。妻は興味深いものに僕の目を向けさせ、僕が書いたことに元気がないときには活を入れ、ほかのどんな人よりも僕の「アクチュアリー」に耐え忍んでくれた。妻は僕を応援する声であり道しるべだ。本当に《アクチュアリー》、僕は妻を愛している。

訳者あとがき

お酒をいただくときには五感をフル稼働して繊細な味覚を楽しみ、時には酒造工程に思いを馳せて蘊蓄を披露するという人がいる一方で、そんなことにはまるで疎く、とにかく酔えばよいという人もいます。残念ながら訳者は後者に属します。そんな訳者でもいつもの一杯を丁寧に飲もうという気にさせてくれたのが本書です。

本書はAdam Rogers著『Proof: The Science of Booze』の邦訳です。著者は、微生物の生理作用と人類の叡智とが共同でつくり上げた「奇跡の飲み物」について、科学に基盤をおきながらも美酒の香りただよう世界へと読者を導いてくれます。発酵の微生物学から飲酒に伴う人体の生理学まで、また古代の酒造法から現代遺伝学まで、「アルコール飲料」に関する豊富な話題を縦横無尽に語ります。

人類は酵母が糖を発酵してアルコールをつくることを知らないまま酒を造っていました。まずはその時代にまでさかのぼって、酒造りの軌跡を考古学的に検証し、やがて発酵の秘密が科学者たちによって解き明かされる過程をたどります。人間がいかに酒好きで、どうにかして酒を造ろうと、もっと旨い酒にしようと奮闘してきた様子がうかがえ、人類と酒の出会いが必然だったと実感させられます。異なる酵母や糖からさまざまな種類の酒が造られているのもうなずけます。

このアルコール発酵は人がいなくても起こりますが、蒸留酒を造れるのは人類だけです。錬金術師の発明になるという蒸留法は今日まで絶え間なく改良が重ねられ、いわゆるスピリッツの数々を生み出しました。蒸留釜《スチル》のわずかな形状の違いが風味に影響することや、ウイスキー用のスチルが銅製でなければならないといったことは割と有名な話ですが、著者はジムビーム創業者の子孫が伝統あるバーボンを復活させようとする試みを描き、蒸留プロセスの奥深さを垣間見せてくれます。

さらに奥が深いのが、ウイスキーやブランデー、ワインなどの樽による熟成です。これは樽外からのわずかな空気の流入による酸化や樽外へのアルコールの蒸発（天使の分け前）に加え、樽材成分の作用によって酒の味、香り、色が変化する物理化学的作用ですが、詳細は謎だらけです。ただ、世界的なウイスキー人気の高まりにより、長期の熟成を経た優良な在庫が少なくなっており、メーカーのなかには熟成の謎に真剣に取り組んでいるところが出てきました。一万年におよぶ人類の酒造りへの執念を読んだ今、熟成期間の短縮はまちがいなく実現されると確信をもって言えます。

ここまでは酒が私たちの体内へ入るまでのお話ですが、後半では酒が体内に入ると何が起こるのかという、類書にはあまり見られない試みへと進みます。まず、私たちがアルコール飲料の味とにおいをどのように感じるかを解明するさまざまな説や実験が紹介されます。ソムリエの味覚も俎上に載せられます。私たちが酒を飲んだときに、脳や体にアルコールがどんな作用をするかということは、じつはほとんどわかっていないのだそうです。酔ったときの感じ方の原因も、中毒になるわけも。フィールド調査では、酔っぱらったときに現れる行動には社会的規範が強く影響することが示され、プラシーボを使った実験によると、(自分が酔っていると思い込む)暗示効果が行動を左右するといいます。つまり、「酔い」は神経学や生理学だけではなく社会学や人類学の対象でもあるのです。

最後に、あの苦しい二日酔いに筆を進めます。じつは本格的な二日酔いの研究が始まったのはここ一〇年かそこらの話で、原因物質も治療法についても明確な答えは得られていません。有望な兆しはあるものの、決定的と言える結果は今後の研究を待たなければならないようです。

蒸留所やブルワリー、樽メーカー、さまざまな研究機関を訪ね、職人の技や科学研究、歴史など、多種多様な話題を料理しながらも、著者は酒がいかに人間味あふれる飲み物であるかという点に必ず戻ってきます。酒は人類と不可分なもので、究極の文化行動の産物であり文明の根幹だとさえ言います。

本書の魅力の一つに博覧強記の著者が随所にはさむ挿話が挙げられますが、なかでも印象に残ったものは以下の二つです。まず、アメリカに渡った高峰譲吉が日本酒造りに用いられる麹《こうじ》由来の、デンプンを糖に分解する酵素を使ってウイスキーを造ったけれど、モルツ業界の妨害を受けて事業が頓挫した。しかしその酵素をタカジアスターゼの名のもとに消化薬として販売し、成功を収めたという痛快な物語です。いま一つは、純粋なウォッカは水とエタノール以外を含まないが、それでも製品によって風味に違いが生じるのは水とエタノールの間の水素結合の強さの違いによるのだという説です。

本書では触れられていませんが、微生物学的に見てとても印象深い日本の職人技を紹介したいと思います。現在の実験室では、不要な微生物の汚染を防ぐためにおもに高熱を利用した滅菌法が用いられます。しかし、日本酒の醸造では古くから独特の方法を使って雑菌の繁殖を抑制していました。酒米にはもともと酒造に不適な野生酵母（産膜酵母）などが付着しているので、これを制御する必要があります。まず蒸し米に麹と水を加えて仕込み、低温で混ぜ合わせると硝酸塩還元菌が働いて亜硝酸を生成します。亜硝酸は酵母の増殖を抑制します。このあと徐々に温度を上げると乳酸菌が活発化して乳酸を生成し、これと亜硝酸の作用で野生酵母は死滅します。酸性度が進むと硝酸塩還元菌は死んで亜硝酸も消えます。ここで酒造用酵母を加えると、発酵したアルコールによって乳酸菌も死滅するというわけです。この生酛《きもと》という複雑で高度な技術が、発酵が微生物の作用であることを知らない、まして顕微鏡もなかった時代に開発されたことに驚嘆の念を禁じえません。まさに、著者が言うところの人類の賢さと酒造に対する情熱のなせる業でしょう。なお、現在では乳酸菌ではなく醸造用乳酸を添加する方法を取っているところが大半だそうです。

著者アダム・ロジャースはワイアード誌の科学部門の編集主任です。同誌で特集した「天使の分け前」では、二〇一一年度全米科学振興協会カヴリ科学ジャーナリズム賞を受賞しています。ワイアード以前にはニューズウィーク誌やニューヨークタイムズ紙など多くの新聞・雑誌に寄稿していました。ロサンゼルス出身。バークレーに在住しています。

本書訳出にあたっては、白揚社の筧貴行氏の該博な知識と並々ならぬ語学力に全面的に助けていただきました。心より感謝いたします。また、元サントリー株式会社山崎蒸留所工場長、杉林勝男氏には酒造と有機化学について多くをご教示いただきました。末尾ながら深甚なる感謝を申し上げます。

夏野徹也

Vrettos, Theodore. *Alexandria: City of the Western Mind*. New York: The Free Press, 2001.

"A Wake for Morten Christian Meilgaard." *Flower Parties through the Ages* (blog) http://goodfelloweb.com/flowerparty/fp_2009/Morten_Meilgaard_1928-2009.htm.

Wang, William Yang, Fadi Biadsy, Andrew Rosenberg, and Julia Hirschberg. "Automatic Detection of Speaker State: Lexical, Prosodic, and Phonetic Approaches to Level-of-interest and Intoxication Classification." *Computer Speech & Language* 27 (April 2012): 168–89.

Weiss, Tali, Kobi Snitz, Adi Yablonka, Rehan M. Khan, Danyel Gafsou, Elad Schneidman, and Noam Sobel. "Perceptual Convergence of Multi-Component Mixtures in Olfaction Implies an Olfactory White." *Proceedings of the National Academy of Sciences* 109, no. 49 (2012): 19959–64.

White, Chris, and Jamil Zainasheff. *Yeast: The Practical Guide to Beer Fermentation*. Boulder, CO: Brewers Publications, 2010.

White Labs. "About White Labs." Posted July 31, 2013. http://www.whitelabs.com/about_us.html.

White Labs. "Professional Yeast Bank." Posted July 31, 2013. http://www.whitelabs.com/beer/craft_strains.html.

Wiese, Jeffrey G., and S. McPherson. "Effect of Opuntia ficus indica on Symptoms of the Alcohol Hangover." *Archives of Internal Medicine* 164 (2004): 1334–40.

Wiese, Jeffrey G., Michael G. Shlipak, and Warren S. Browner. "The Alcohol Hangover." *Annals of Internal Medicine* 132, no. 11 (2000): 897–902.

Wilson, C. Anne. *Water of Life: A History of Wine-Distilling and Spirits 500 BC to AD 2000*. Devon, UK: Prospect Books, 2006.

Wilson, Donald A., and Robert L. Rennaker. "Cortical Activity Evoked by Odors." In *The Neurobiology of Olfaction*, edited by Anna Menini, 353–66. Boca Raton, FL: CRC Press, 2010.

Wilson, Donald A., and Richard J. Stevenson. *Learning to Smell: Olfactory Perception from Neurobiology to Behavior*. Baltimore: Johns Hopkins University Press, 2006. 〔『「においオブジェクト」を学ぶ――神経生物学から行動科学が示すにおいの知覚』鈴木まや・柾木隆寿監訳、フレグランスジャーナル社〕

Wood, Daniel. "Bar Lab Challenges the Alcohol Mystique." *Chicago Tribune*, February 24, 1991. http://articles.chicagotribune.com/1991-02-24/features/9101170848_1_addictive-behaviors-research-center-alcohol-free-alcoholism-and-alcohol-abuse.

Young, Emma. "Silent Song." *New Scientist*, October 27, 2000. http://www.newscientist.com/article/dn110-silent-song.html.

Zakhari, Samir. "Overview: How Is Alcohol Metabolized by the Body?" *Alcohol Research & Health* 29, no. 4 (January 2006): 245–54.

Zielinski, Sarah. "Hypatia, Ancient Alexandria's Great Female Scholar." *Smithsonian.com*. Last modified March 15, 2010. http://www.smithsonianmag.com/history-archaeology/Hypatia-Ancient-Alexandrias-Great-Female-Scholar.html.

Zucco, Gesualdo M., Aurelio Carassai, Maria Rosa Baroni, and Richard J. Stevenson. "Labeling, Identification, and Recognition of Wine-relevant Odorants in Expert Sommeliers, Intermediates, and Untrained Wine Drinkers." *Perception* 40, no. 5 (2011): 598–607.

Formed Trans-Anethol/Water/Alcohol Emulsions: Mechanism of Formation and Stability." *Langmuir* 21, no. 8 (2005): 7083–89.

Social Issues Research Centre. *Social and Cultural Aspects of Drinking*. Oxford, UK: Social Issues Research Centre, 1998.

Speers, R. Alex. "A Review of Yeast Flocculation." In *Yeast Flocculation, Vitality, and Viability: Proceedings of the 2nd International Brewers Symposium*, edited by R. Alex Speers, 1–16. St. Paul, MN: Master Brewers Association of the Americas, 2012.

Stajich, Jason E., Mary L. Berbee, Meredith Blackwell, David S. Hibbett, Timothy Y. James, Joseph W. Spatafora, and John W. Taylor. "The Fungi." *Current Biology* 19 (2009): R840–45.

Takamine, Jokichi. "Enzymes of Aspergillus Oryzae and the Application of Its Amyloclastic Enzyme to the Fermentation Industry." *Industrial & Engineering Chemistry* 6, no. 12 (1914): 824–28.

Taylor, B., H. M. Irving, F. Kanteres, Robin Room, G. Borges, C. J. Cherpitel, J. Bond, T. Greenfield, and J. Rehm. "The More You Drink, the Harder You Fall: A Systematic Review and Meta-analysis of How Acute Alcohol Consumption and Injury or Collision Risk Increase Together." *Drug and Alcohol Dependence* 110 (July 1, 2010): 108–16.

Taylor, Benjamin, and Jurgen Rehm. "Moderate Alcohol Consumption and Diseases of the Gastrointestinal System: A Review of Pathophysiological Processes." In *Alcohol and the Gastrointestinal Tract*, edited by Manfred Singer and David Brenner, 27–34. Basel: Karger Publishers, 2006.

Thompson, Derek. "The Economic Cost of Hangovers." *The Atlantic*, July 5, 2013. http://www.theatlantic.com/business/archive/2013/07/the-economic-cost-of-hangovers/277546/.

Thomson, J. Michael, Eric A. Gaucher, Michelle F. Burgan, Danny W. De Kee, Tang Li, John P. Aris, and Steven A. Benner. "Resurrecting Ancestral Alcohol Dehydrogenases from Yeast." *Nature Genetics* 37, no. 6 (June 2005): 630–35.

Tucker, Abigail. "The Beer Archaeologist." Smithsonian, July–August 2011. http://www.smithsonianmag.com/history-archaeology/The-Beer-Archaeologist.html?c=y&story=fullstory.

Vanderhaegen, B., H. Neven, H. Verachtert, and G. Derdelinckx. "The Chemistry of Beer Aging — A Critical Review." *Food Chemistry* 95, no. 3 (April 2006): 357–81.

Van Mulders, Sebastiaan, Luk Daenen, Pieter Verbelen, Sofie M. G. Saerens, Kevin J. Verstrepen, and Freddy R. Delvaux. "The Genetics Behind Yeast Flocculation: A Brewer's Perspective." In *Yeast Flocculation, Vitality, and Viability: Proceedings of the 2nd International Brewers Symposium*, edited by R. Alex Speers, 35–48. St. Paul, MN: Master Brewers Association of the Americas, 2012.

Verster, Joris C. "The Alcohol Hangover — A Puzzling Phenomenon." *Alcohol and Alcoholism* 43, no. 2 (2008): 124–26.

Verster, Joris C., and Renske Penning. "Treatment and Prevention of Alcohol Hangover." *Current Drug Abuse Reviews* 3, no. 2 (2010): 103–9.

Verster, Joris C., and Richard Stephens. "Editorial: The Importance of Raising the Profile of Alcohol Hangover Research." *Current Drug Abuse Reviews* 3, no. 2 (2010): 64–67.

when-drunk.html.
Reddy, Nischita K., Ashwani Singal, and Don W. Powell. "Alcohol-Related Diarrhea." In *Diarrhea: Diagnostic and Therapeutic Advances*, edited by Stefano Guandalini and Haleh Vaziri, 379–92. New York: Springer, 2011.
Richter, Chandra L., Barbara Dunn, Gavin Sherlock, and Tom Pugh. "Comparative Metabolic Footprinting of a Large Number of Commercial Wine Yeast Strains in Chardonnay Fermentations." *FEMS Yeast Research* 13, no. 4 (2013): 394–410.
Risen, Clay. "Whiskey Myth No. 2." *Mash Notes* (blog). Last modified July 27, 2012. http://clayrisen.com/?p=126.
Robinson, A. L., D. O. Adams, Paul K. Boss, H. Heymann, P. S. Solomon, and R. D. Trengove. "Influence of Geographic Origin on the Sensory Characteristics and Wine Composition of *Vitis vinifera* Cv. Cabernet Sauvignon Wines from Australia." *American Journal of Enology and Viticulture* 63, no. 4 (2012): 467–76.
Rodda, Luke N., Jochen Beyer, Dimitri Gerostamoulos, and Olaf H. Drummer. "Alcohol Congener Analysis and the Source of Alcohol: A Review." *Forensic Science, Medicine, and Pathology* 9, no. 2 (June 2013): 194–207.
Rodicio, Rosaura, and J. J. Heinisch. "Sugar Metabolism by Saccharomyces and Non-Saccharomyces Yeasts." In *Biology of Microorganisms on Grapes, in Must, and in Wine*, edited by H. König et al., 113–34. Berlin: Springer-Verlag, 2009.
Rohsenow, Damaris J., and Jonathan Howland. "The Role of Beverage Congeners in Hangover and Other Residual Effects of Alcohol Intoxication: A Review." *Current Drug Abuse Reviews* 3, no. 2 (2010): 76–79.
Roskrow, Dominic. "Is It the Age? Or the Mileage?" *Whisky Advocate* (Winter 2011): 77–80.
Rowley, Matthew. "Replacing That Worn Out Still — Every Ding and Dent?" *Rowley's Whiskey Forge* (blog). Last modified January 17, 2013. http://matthewrowley.blogspot.com/2013/01/replacing-that-worn-out-still-every.html.
Scinska, Anna, Eliza Koros, Boguslaw Habrat, Andrzej Kukwa, Wojciech Kostowski, and Przemyslaw Bienkowski. "Bitter and Sweet Components of Ethanol Taste in Humans." *Drug and Alcohol Dependence* 60, no. 2 (August 1, 2000): 199–206.
Sharpe, James A., Michael Hostovsky, Juan M. Bilbao, and N. Barry Rewcastle. "Methanol Optic Neuropathy: A Histopathological Study." *Neurology* 32, no. 10 (October 1, 1982): 1093–1100.
Shen, Yi, A. Kerstin Lindemeyer, Claudia Gonzalez, Xuesi M. Shao, Igor Spigelman, Richard W. Olsen, and Jing Liang. "Dihydromyricetin as a Novel Antialcohol Intoxication Medication." *Journal of Neuroscience* 32, no. 1 (January 4, 2012): 390–401.
Shurtleff, William, and Akiko Aoyagi. *History of Koji — Grains and/or Soybeans Enrobed with a Mold Culture (300 BCE to 2012): Extensively Annotated Bibliography and Sourcebook*. Lafayette, CA: Soyinfo Center, 2012. http://www.soyinfocenter.com/pdf/154/Koji.pdf.
"The Singleton Distilleries: Glen Ord." *Whisky Advocate* (Spring 2013): 97.
"Singleton of Glen Ord," *Whisky News* (blog). http://malthead.blogspot.com/2006/12/singleton-of-glen-ord_10.html.
Sitnikova, N. L., Rudolf Sprik, Gerard Wegdam, and Erika Eiser. "Spontaneously

Panconesi, Alessandro. “Alcohol and Migraine: Trigger Factor, Consumption, Mechanisms: A Review.” *Journal of Headache and Pain* 9, no. 1 (2008): 19–27.

Panek, Richard J., and Armond R. Boucher. “Continuous Distillation.” In *The Science and Technology of Whiskies*, edited by J. R. Piggott, R. Sharp, and R. E. B. Duncan, 150–81. London: Longman Group, 1989.

Patai, Raphael. The Jewish Alchemists. Princeton: Princeton University Press, 1994.

“Peat and Its Products.” *Illustrated Magazine of Art* 1 (1953): 374–75.

Pelchat, Marcia Levin, and Fritz Blank. “A Scientific Approach to Flavours and Olfactory Memory.” In *Food and the Memory: Proceedings of the Oxford Symposium on Food and Cookery*, edited by Harlan Walker, 185–91. Devon: Prospect Books, 2001.

Penning, Renske, Merel van Nuland, Lies A. L. Fliervoet, Berend Olivier, and Joris C. Verster. “The Pathology of Alcohol Hangover.” *Current Drug Abuse Reviews* 3, no. 2 (2010): 68–75.

Phaff, Herman Jan, Martin W. Miller, and Emil M. Mrak. *The Life of Yeasts: Second Revised and Enlarged* Edition. Cambridge: Harvard University Press, 1966. 〔『酵母菌の生活』永井進訳、学会出版センター〕

Philp, J. M. “Cask Quality and Warehouse Conditions.” In *The Science and Technology of Whiskies*, edited by J. R. Piggott, R. Sharp, and R. E. B. Duncan, 273–74. London: Longman Group, 1989.

Piggot, Robert. “Beverage Alcohol Distillation.” In *The Alcohol Textbook*, 5th ed., edited by W. M. Ingeldew, D. R. Kelsall, G. D. Austin, and C. Kluhspies, 431–43. Nottingham: Nottingham University Press, 2009.

Piggot, Robert. “Rum: Fermentation and Distillation.” In *The Alcohol Textbook*, 5th ed., edited by W. M. Ingeldew, D. R. Kelsall, G. D. Austin, and C. Kluhspies, 473–80. Nottingham: Nottingham University Press, 2009.

Piggot, Robert. “Vodka, Gin and Liqueurs.” In *The Alcohol Textbook*, 5th ed., edited by W. M. Ingeldew, D. R. Kelsall, G. D. Austin, and C. Kluhspies, 465–72. Nottingham: Nottingham University Press, 2009.

Pollard, Justin, and Howard Reid. *The Rise and Fall of Alexandria: Birthplace of the Modern Mind*. New York: Viking, 2006. 〔『アレクサンドリアの興亡——現代社会の知と科学技術はここから始まった』藤井留美訳、主婦の友社〕

Prat, Gemma, Ana Adan, and Miquel Sa. “Alcohol Hangover: A Critical Review of Explanatory Factors.” *Human Psychopharmacology* 24 (April 2009): 259–67.

Pretorius, Isak S., Christopher D. Curtin, and Paul J. Chambers. “The Winemaker’s Bug: From Ancient Wisdom to Opening New Vistas with Frontier Yeast Science.” *Bioengineered Bugs* 3, no. 3 (2012): 147–56.

Pritchard, J. D. *Methanol Toxicological Overview*. Chilton, Oxfordshire, UK: Health Protection Agency, 2007.

Quandt, R. E. “On Wine Bullshit: Some New Software?” *Journal of Wine Economics* 2, no. 2 (2007): 129–35.

Ratliff, Evan. “Taming the Wild.” *National Geographic*, March 2011. http://ngm.nationalgeographic.com/2011/03/taming-wild-animals/ratliff-text.

Reardon, Sara. “Zebra Finches Sing Sloppily When Drunk.” *New Scientist*, October 17, 2012. http://www.newscientist.com/article/dn22389-zebra-finches-singsloppily-

Release in the Human Orbitofrontal Cortex and Nucleus Accumbens." *Science Translational Medicine* 4, no. 116 (January 11, 2012): 116ra6.

Moran, Bruce. *Distilling Knowledge: Alchemy, Chemistry, and the Scientific Revolution.* Cambridge: Harvard University Press, 2005.

Morrot, Gil, Frederic Brochet, and Denis Dubourdieu. "The Color of Odors." *Brain and Language* 79, no. 2 (2001): 309–20.

Mosedale, J. R., and Jean-Louis Puech. "Barrels: Wines, Spirits, and Other Beverages." In *Encyclopedia of Food Sciences and Nutrition*, edited by Benjamin Caballero, Luiz C. Trugo, and Paul M. Finglass, 393–403. San Diego: Academic Press, 2003.

Mosedale, J. R., and Jean-Louis Puech. "Wood Maturation of Distilled Beverages." *Trends in Food Science & Technology* 9, no. 3 (March 1998): 95–101.

Murray, Jim. "Tomorrow's Malt." *Whisky* 1 (1999): 56.

Murtagh, John E. "Feedstocks, Fermentation and Distillation for Production of Heavy and Light Rums." In *The Alcohol Textbook: A Reference for the Beverage, Fuel and Industrial Alcohol Industries*, edited by K. A. Jacques, T. P. Lyons, and D. R. Kelsall, 243–55. Nottingham: Nottingham University Press, 1999.

National Library of Medicine. "Aspergillosis." Last modified May 19, 2013. http://www.ncbi.nlm.nih.gov/pubmedhealth/PMH0002302/.

Negrul, A. M. "Method and Apparatus for Harvesting Grapes." US Patent 3,564,827. Washington, DC: US Patent and Trademark Office, 1971.

Nicol, D. "Batch Distillation." In *The Science and Technology of Whiskies*, edited by J. R. Piggott, R. Sharp, and R. E. B. Duncan, 118–49. London: Longman Group, 1989.

Nie, Hong, Mridula Rewal, T. Michael Gill, Dorit Ron, and Patricia H. Janak "Extrasynaptic Delta-containing GABAA Receptors in the Nucleus Accumbens Dorsomedial Shell Contribute to Alcohol Intake." *Proceedings of the National Academy of Sciences of the United States of America* 108, no. 11 (March 15, 2011): 4459–64.

Noll, Roger G. "The Wines of West Africa: History, Technology and Tasting Notes." *Journal of Wine Economics* 3 (2008): 85–94.

Nutt, David J. "Alcohol Alternatives — A Goal for Psychopharmacology?" *Journal of Psychopharmacology* 20, no. 3 (May 2006): 318–20.

Nutt, David J. "Alcohol Without the Hangover? It's Closer than You Think." *Shortcuts* (blog), *Guardian*, November 11, 2013. http://www.theguardian.com/commentisfree/2013/nov/11/alcohol-benefits-no-dangers-closer-think.

Nutt, David J., Leslie A. King, and Lawrence D. Phillips. "Drug Harms in the UK: A Multicriteria Decision Analysis." *Lancet* 376, no. 9752 (November 6, 2010): 1558–65.

Oakes, Elizabeth H. Encyclopedia of World Scientists. New York: Infobase Learning, 2007.

Our Knowledge Box: Or, Old Secrets and New Discoveries. New York: Geo. Blackie and Co., 1875.

Palmer, Geoff H. "Beverages: Distilled." In *Encyclopedia of Grain Science*, edited by Colin Wrigley, Harold Corke, and Charles E. Walker, 96–108. San Diego: Academic Press, 2004.

and Enlightenment: Proceedings of the Worldwide Distilled Spirits Conference, edited by G. M. Walker and P. S. Hughes, 235–42. Nottingham: Nottingham University Press, 2010.

Machida, Masayuki, Kiyoshi Asai, Motoaki Sano, Toshihiro Tanaka, Toshitaka Kumagai, Goro Terai, Ken-Ichi Kusumoto, et al. "Genome Sequencing and Analysis of Aspergillus oryzae." *Nature* 438, no. 7071 (December 22, 2005): 1157–61.

Machida, Masayuki, Osamu Yamada, and Katsuya Gomi. "Genomics of Aspergillus oryzae: Learning from the History of Koji Mold and Exploration of Its Future." *DNA Research* 15 (August 2008): 173–83.

Maisto, Stephen A., Gerard J. Connors, and Paul R. Sachs. "Expectation as a Mediator in Alcohol Intoxication: A Reference Level Model." *Cognitive Therapy and Research* 5, no. 1 (1981): 1–18.

Malnic, Bettina, Daniela C. Gonzalez-Kristeller, and Luciana M. Gutiyama. "Odorant Receptors." In *The Neurobiology of Olfaction*, edited by Anna Menini, 181–202. Boca Raton, FL: CRC Press, 2010.

Marlatt, G. Alan, Barbara Demming, and John B. Reid. "Loss of Control Drinking in Alcoholics: An Experimental Analogue." *Journal of Abnormal* Psychology 81, no. 3 (1973): 233–41.

Marlatt, G. Alan, Barbara Demming, and John B. Reid. "This Week's Citation Classic." *ISI Current Contents: Social and Behavioral Sciences* 18 (1985): 18.

Marshall, K., David G. Laing, A. L. Jinks, and I. Hutchinson. "The Capacity of Humans to Identify Components in Complex Odor-Taste Mixtures." Chemical Senses 31, no. 6 (July 2006): 539–45.

McGovern, Patrick E. *Ancient Wine: The Search for the Origins of Viniculture*. Princeton: Princeton University Press, 2007.

McGovern, Patrick E., Juzhong Zhang, Jigen Tang, Zhiqing Zhang, Gretchen R. Hall, Robert A. Moreau, Alberto Nunez, et al. "Fermented Beverages of Preand Proto-historic China." *Proceedings of the National Academy of Sciences* 101, no. 51 (December 2004): 17593–98.

McKenzie, Judith. *The Architecture of Alexandria and Egypt 300 BC–AD 700*. New Haven: Yale University Press, 2007.

Meier, Sebastian, Magnus Karlsson, Pernille R. Jensen, Mathilde H. Lerche, and Jens O. Duus. "Metabolic Pathway Visualization in Living Yeast by DNPNMR." *Molecular bioSystems* 7 (October 2011): 2834–36.

Menz, Garry, Christian Andrighetto, Angiolella Lombardi, Viviana Corich, Peter Aldred, and Frank Vriesekoop. "Isolation, Identification, and Characterisation of Beer-spoilage Lactic Acid Bacteria from Microbrewed Beer from Victoria, Australia." *Journal of the Institute of Brewing* 116 (2010): 14–22.

Michel, Rudolph H., Patrick E. McGovern, and Virginia R. Badler. "The First Wine & Beer: Chemical Detection of Ancient Fermented Beverages." *Analytical Chemistry* 65, no. 8 (April 1993): 408A–13A.

Miles, W. R. *Alcohol and Human Efficiency*. Washington, DC: Carnegie Institute of Washington, 1924.

Mitchell, Jennifer M., James P. O'Neil, Mustafa Janabi, Shawn M. Marks, William J. Jagust, and Howard L. Fields. "Alcohol Consumption Induces Endogenous Opioid

Kaye, Joseph N. "Symbolic Olfactory Display." PhD diss., Massachusetts Institute of Technology, 2001.
Kim, Dai-Jin, Won Kim, Su-Jung Yoon, Bo-Moon Choi, Jung-Soo Kim, Hyo Jin Go, Yong-Ku Kim, and Jaeseung Jeong. "Effects of Alcohol Hangover on Cytokine Production in Healthy Subjects." *Alcohol* 31, no. 3 (November 2003): 167–70.
King, Ellena S., Randall L. Dunn, and Hildegarde Heymann. "The Influence of Alcohol on the Sensory Perception of Red Wines." *Food Quality and Preference* 28, no. 1 (April 2013): 235–43.
Kintslick, Michael. *The U.S. Craft Distilling Market: 2011 and Beyond.* New York: Coppersea Distillery, 2011.
Kitamoto, Katsuhiko. "Molecular Biology of the Koji Molds." *Advances in Applied Microbiology* 51 (January 2002): 129–53.
Lachenmeier, D. W., David Nathan-Maister, Theodore A. Breaux, Jean-Pierre Luaute, and Emmert Joachim. "Absinthe, Absinthism and Thujone — New Insight into the Spirit's Impact on Public Health." *Open Addiction Journal* 3(2010): 32–38.
Lagi, Marco, and R. S. Chase. "Distillation: Integration of a Historical Perspective." *Australian Journal of Education in Chemistry* 70 (2009): 5–10.
Leffingwell, John. "Update No. 5: Olfaction." *Leffingwell Reports* 2 (May 2002).
Lehrer, Adrienne. *Wine & Conversation.* 2nd ed. New York: Oxford University Press, 2009.
Libkind, D., C. T. Hittinger, E. Valerio, C. Goncalves, J. Dover, M. Johnston, P. Goncalves, and J. P. Sampaio. "Microbe Domestication and the Identification of the Wild Genetic Stock of Lager-brewing Yeast." *Proceedings of the National Academy of Sciences* 108, no. 34 (August 22, 2011).
Liger-Belair, Gerard. *Uncorked: The Science of Champagne.* Princeton: Princeton University Press, 2004.〔『シャンパン——泡の科学』立花峰夫訳、白水社〕
Liger-Belair, Gerard, Clara Cilindre, Regis D. Gougeon, Marianna Lucio, Istvan Gebefugi, Philippe Jeandet, and Philippe Schmitt-Kopplin. "Unraveling Different Chemical Fingerprints Between a Champagne Wine and Its Aerosols." *Proceedings of the National Academies of Science* 106, no. 39 (2009): 16545–49.
Liger-Belair, Gerard, Guillaume Polidori, and Philippe Jeandet. "Recent Advances in the Science of Champagne Bubbles." *Chemical Society Reviews* 37, no. 11 (November 2008): 2490–511.
Liu, KeShun. "Chemical Composition of Distillers Grains, a Review." *Journal of Agricultural and Food Chemistry* 59 (March 9, 2011): 1508–26.
Livermore, Andrew, and David G. Laing. "The Influence of Chemical Complexity on the Perception of Multicomponent Odor Mixtures." *Perception & Psychophysics* 60, no. 4 (May 1998): 650–61.
Lund, Steven T., and Joerg Bohlmann. "The Molecular Basis for Wine Grape Quality — A Volatile Subject." *Science* 311 (February 10, 2006): 804–5.
MacAndrew, Craig, and Robert Edgerton. *Drunken Comportment: A Social Explanation.* Hawthorn, NY: Aldine, 1969. Reprinted with a foreword by Dwight B. Heath. Clinton Corners, NY: Elliot Werner, 2003.
Macatelli, Melina, John R. Piggott, and Alistair Paterson. "Structure of Ethanol-Water Systems and Its Consequences for Flavour." In *New Horizons: Energy, Environment,*

Himwich, Harold E. “The Physiology of Alcohol.” *Journal of the American Medical Association* 1446, no. 7 (1957): 545–49.
Hornsey, Ian. *Alcohol and Its Role in the Evolution of Human Society.* Cambridge: Royal Society of Chemistry, 2012.
Hornsey, Ian. *The Chemistry and Biology of Winemaking.* Cambridge: Royal Society of Chemistry, 2007.
Hornsey, Ian. *A History of Beer and Brewing.* Cambridge: Royal Society of Chemistry, 2004.
Hough, James S. *The Biotechnology of Malting and Brewing.* Cambridge: Cambridge University Press, 1985.
Howland, Jonathan, Damaris J. Rohsenow, John E. McGeary, Chris Streeter, and Joris C. Verster. “Proceedings of the 2010 Symposium on Hangover and Other Residual Alcohol Effects: Predictors and Consequences.” *Open Addiction Journal* 3 (2010): 131–32.
Hu, Naiping, Dan Wu, Kelly Cross, Sergey Burikov, Tatiana Dolenko, Svetlana Patsaeva, and Dale W. Schaefer. “Structurability: A Collective Measure of the Structural Differences in Vodkas.” *Journal of Agricultural and Food Chemistry* 58 (2010): 7394–401.
Huang, H. T. *Science and Civilisation in China.* Vol. 6, pt. 5, *Biology and Biological Technology: Fermentations and Food.* Cambridge: Cambridge University Press, 2000.
Hummel, T., J. F. Delwiche, C. Schmidt, and K.-B. Huttenbrink. “Effects of the Form of Glasses on the Perception of Wine Flavors: A Study in Untrained Subjects.” *Appetite* 41, no. 2 (October 2003): 197–202.
Independent Stave Company. *International Barrel Symposium: Research Results and Highlights from the 5th, 6th, and 7th Symposiums.* Lebanon, MO: Independent Stave Company, 2008.
Ingham, Richard. “Champagne Physicist Reveals the Secrets of Bubbly.” *Phys.org.* Last modified September 18, 2012. http://phys.org/news/2012-09-champagne-physicist-reveals-secrets.html.
Isaacson, Walter. *Benjamin Franklin: An American Life.* New York: Simon & Schuster, 2003.
Jayarajah, Christine N., Alison M. Skelley, Angela D. Fortner, and Richard A. Mathies. “Analysis of Neuroactive Amines in Fermented Beverages Using a Portable Microchip Capillary Electrophoresis System.” *Analytical Chemistry* 79, no. 21 (November 2007): 8162–69.
Johnson, Keith, David B. Pisoni, and Robert H. Bernacki. “Do Voice Recordings Reveal Whether a Person Is Intoxicated? A Case Study.” *Phonetica* 47 (1990): 215–37.
Kaivola, S., J. Parantainen, T. Osterman, and H. Timonen. “Hangover Headache and Prostaglandins: Prophylactic Treatment with Tolfenamic Acid.” *Cephalalgia* 3, no. 1 (March 1983): 31–36.
Katz, Sandor. The Art of Fermentation. White River Junction, VT: Chelsea Green Publishing, 2012.
Kawakami, K. K. *Jokichi Takamine: A Record of His American Achievements.* New York: William Edwin Rudge, 1928.

Gevins, Alan, Cynthia S. Chan, and Lita Sam-Vargas. "Towards Measuring Brain Function on Groups of People in the Real World." *PLoS ONE* 7, no. 9 (September 5, 2012): e44676.

Gibbons, John G., Leonidas Salichos, Jason C. Slot, David C. Rinker, Kriston L. McGary, Jonas G. King, Maren A. Klich, David L. Tabb, W. Hayes McDonald, and Antonis Rokas. "The Evolutionary Imprint of Domestication on Genome Variation and Function of the Filamentous Fungus Aspergillus oryzae." *Current Biology* 22 (2012): 1–7.

Goffeau, A., B. G. Barrell, H. Bussey, R. W. Davis, B. Dujon, H. Feldmann, F. Galibert, et al. "Life with 6000 Genes." *Science* 274 (1996): 546–67.

Goldman, Jason G. "Dogs, but Not Wolves, Use Humans as Tools." *The Thoughtful Animal* (blog), *Scientific American*, April 30, 2012. http://blogs.scientificamerican.com/thoughtful-animal/2012/04/30/dogs-but-not-wolves-use-humans-as-tools/.

Goode, Jaime. *The Science of Wine*. Berkeley: University of California Press, 2005.

Granados, J. Quesada, J. J. Merelos Guervos, M. J. Olveras Lopez, J. Gonzales Penalver, M. Olalla Herrera, R. Blanca Herrera, and M. C. Lopez Martinez. "Application of Artificial Aging Techniques to Samples of Rum and Comparison with Traditionally Aged Rums by Analysis with Artificial Neural Nets." *Journal of Agricultural and Food Chemistry* 50, no. 6 (March 13, 2002): 1470–77.

Gray, W. Blake. "Bacardi, and Its Yeast, Await a Return to Cuba." *Los Angeles Times*, October 6, 2011. http://latimes.com/features/food/la-fo-bacardi-20111006,0,1042.story.

Gross, Leonard. *How Much Is Too Much? The Effects of Social Drinking*. New York: Magilla, 1983.

Haag, H. B., J. K. Finnegan, P. S. Larson, and R. B. Smith. "Studies on the Acute Toxicity and Irritating Properties of the Congeners in Whisky." *Toxicology and Applied Pharmacology* 627, no. 6 (1959): 618–27.

Hackbarth, James J. "Multivariate Analyses of Beer Foam Stand." *Journal of the Institute of Brewing* 112, no. 1 (2006): 17–24.

Hannah, Lee, Patrick R. Roehrdanz, Makihiko Ikegami, Anderson V. Shepard, M. Rebecca Shaw, Gary Tabor, Lu Zhi, Pablo A. Marquet, and Robert J. Hijmans. "Climate Change, Wine, and Conservation." *Proceedings of the National Academy of Sciences* (2013): 2–7.

Harrison, Barry, Olivier Fagnen, Frances Jack, and James Brosnan. "The Impact of Copper in Different Parts of Malt Whisky Pot Stills on New Make Spirit Composition and Aroma." *Journal of the Institute of Brewing* 117, no. 1 (2011): 106–12.

Harrison, Mark A. "Beer/Brewing." In *Encyclopedia of Microbiology*, 3rd ed., edited by Moselio Schaechter, 23.33. San Diego: Academic Press, 2009.

Hevesi, Dennis. "G. A. Marlatt, Advocate of Shift in Treating Addicts, Dies at 69." New *York Times*, March 21, 2011. http://www.nytimes.com/2011/03/22/us/22marlatt.html?_r=0.

Hilgard, E. R. *Walter Richard Miles, 1885–1978*. Washington DC: National Academy of Sciences, 1985. http://www.nasonline.org/publications/biographicalmemoirs/memoir-pdfs/miles-walter.pdf.

of Michigan, 2012. http://deepblue.lib.umich.edu/bitstream/handle/2027.42/91455/conison_1.pdf?sequence=1.

Correa, Merce, John D. Salamone, Kristen N. Segovia, Marta Pardo, Rosanna Longoni, Liliana Spina, Alessandra T. Peana, Stefania Vinci, and Elio Acquas. "Piecing Together the Puzzle of Acetaldehyde as a Neuroactive Agent." *Neuroscience and Biobehavioral Reviews* 36, no. 1 (January 2012): 404–30.

Court of Master Sommeliers. "Courses & Schedules." http://www.mastersommeliers.org/Pages.aspx/Master-Sommelier-Diploma-Exam.

Cowdery, Charles K. *Bourbon, Straight: The Uncut and Unfiltered Story of American Whiskey.* Chicago: Made and Bottled in Kentucky, 2004.

Debre, Patrice. *Louis Pasteur.* Translated by Elborg Forster. Baltimore: Johns Hopkins University Press, 1994.

De Keersmaecker, Jacques. "The Mystery of Lambic Beer." *Scientific American*, August 1996.

Delwiche, J. F., and Marcia Levin Pelchat. "Influence of Glass Shape on Wine Aroma." *Journal of Sensory Studies* 17, no. 2002 (2002): 19–28.

Dietrich, Oliver, Manfred Heun, Jens Notroff, Klaus Schmidt, and Martin Zarnkow. "The Role of Cult and Feasting in the Emergence of Neolithic Communities. New Evidence from Gobekli Tepe, South-eastern Turkey." *Antiquity* 86 (2012): 674–95.

Dogfish Head Brewing. "Midas Touch." http://www.dogfish.com/brews-spirits/thebrews/year-round-brews/midas-touch.htm.

Dressler, David, and Huntington Porter. *Discovering Enzymes.* New York: Scientific American Library, 1991.

Dudley, Robert. "Evolutionary Origins of Human Alcoholism in Primate Frugivory." *Quarterly Review of Biology* 75, no. 1 (2000): 3–15.

Dunn, Barbara, and Gavin Sherlock. "Reconstruction of the Genome Origins and Evolution of the Hybrid Lager Yeast *Saccharomyces pastorianus*." *Genome Research* 18, no. 650 (2008): 1610–23.

E. C. "On the Antiquity of Brewing and Distillation in Ireland." *Ulster Journal of Archaeology* 7 (1859): 33–40.

Eng, Mimy Y., Susan E. Luczak, and Tamara L. Wall. "ALDH2, ADH1B, and ADH1C Genotypes in Asians: A Literature Review." *Alcohol Research & Health* 30, no. 1 (2007): 22–27.

Epstein, Murray. "Alcohol's Impact on Kidney Function." *Alcohol Health & Research World* 21, no. 1 (1997): 84–93.

Fay, Justin C., and Joseph A. Benavides. "Evidence for Domesticated and Wild Populations of *Saccharomyces cerevisiae*." *PLoS Genetics* 1 (2005): 66–71.

Forbes, R. J. Short History of the Art of Distillation. Leiden, the Netherlands: E. J. Brill, 1948.

Geison, Gerald L. *The Private Science of Louis Pasteur.* Princeton: Princeton University Press, 1995. 〔『パストゥール——実験ノートと未公開の研究』長野敬・太田英彦訳、青土社〕

Gergaud, Olivier, and Victor Ginsburgh. "Natural Endowments, Production Technologies and the Quality of Wines in Bordeaux. Does Terroir Matter?" *Journal of Wine Economics* 5 (2010): 3–21.

Barnett, Brendon. "Fermentation." *Pasteur Brewing*. Modified December 29, 2011. http://www.pasteurbrewing.com/louis-pasteur-fermenation.html.
Barnett, James A., and Linda Barnett. *Yeast Research: A Historical Overview*. London: ASM Press, 2011.
Begleiter, Henri, and Arthur Platz. "The Effects of Alcohol on the Central Nervous System in Humans." In *The Biology of Alcoholism*, edited by B. Kissin and Henri Begleiter, 293–343. New York: Plenum Publishing Corporation, 1972.
Benedict, Francis G., and Raymond Dodge. *Psychological Effects of Alcohol; an Experimental Investigation of the Effects of Moderate Doses of Ethyl Alcohol on a Related Group of Neuro-muscular Processes in Man*. Washington, DC: Carnegie Institute of Washington, 1915.
Bennett, Joan W. "Adrenalin and Cherry Trees." *Modern Drug Discovery* 4, no. 12 (2001): 47–48. http://pubs.acs.org/subscribe/archive/mdd/v04/i12/html/12timeline.html.
Bennett, Joan W. Untitled presentation at the 2012 American Society for Microbiology Meeting, San Francisco, June 17, 2012.
Bokulich, Nicholas A., John H. Thorngate, Paul M. Richardson, and David A. Mills. "Microbial Biogeography of Wine Grapes Is Conditioned by Cultivar, Vintage, and Climate." *Proceedings of the National Academies of Science* (published online ahead of print November 25, 2013): 1–10. http://www.pnas.org/content/early/2013/11/20/1317377110.full.pdf+html.
Boothby, William T. *Cocktail Boothby's American Bar-Tender*. San Francisco: H. S. Crocker, 1891. Reprinted with a foreword by David Burkhart. San Francisco: Anchor Distilling, 2008.
Bouby, Laurent, Isabel Figueiral, Anne Bouchette, Nuria Rovira, Sarah Ivorra, Thierry Lacombe, Thierry Pastor, Sandrine Picq, Philippe Marinval, and Jean-Frederic Terral. "Bioarchaeological Insights into the Process of Domestication of Grapevine (*Vitis vinifera* L.) During Roman Times in Southern France." *PLoS ONE* 8 (May 15, 2013): e63195.
Buemann, Benjamin, and Arne Astrup. "How Does the Body Deal with Energy from Alcohol?" *Nutrition* 17 (2001): 638–41.
Buffalo Trace Distillery. *Warehouse X* (blog). http://www.experimentalwarehouse.com.
Chambers, Matthew, Mindy Liu, and Chip Moore. "Drunk Driving by the Numbers." United States Department of Transportation. http://www.rita.dot.gov/bts/sites/rita.dot.gov.bts/files/publications/by_the_numbers/drunk_driving/index.html.
Chandrashekar, Jayaram, David Yarmolinsky, Lars von Buchholtz, Yuki Oka, William Sly, Nicholas J. P. Ryba, and Charles S. Zuker. "The Taste of Carbonation." *Science* 326, no. 5951 (October 16, 2009): 443–45.
Chemical Heritage Foundation. "Justus von Liebig and Friedrich Wohler." http://www.chemheritage.org/discover/online-resources/chemistry-in-history/themes/molecular-synthesis-structure-and-bonding/liebig-and-wohler.aspx.
Clarke, Hewson, and John Dougall. *The Cabinet of Arts, or General Instructor in Arts, Science, Trade, Practical Machinery, the Means of Preserving Human Life, and Political Economy, Embracing a Variety of Important Subjects*. London: T. Finnersley, 1817.
Conison, Alexander. "The Organization of Rome's Wine Trade." PhD diss., University

文献

Adams, David J. "Fungal Cell Wall Chitinases and Glucanases." *Microbiology* 150, part 7 (2004): 2029–35.

Adams, Douglas. T*he Hitchhiker's Guide to the Galaxy*. New York: Harmony Books, 1979.〔『銀河ヒッチハイク・ガイド』安原和見訳、河出文庫〕

Akiyama, Hiroichi. *Sake: The Essence of 2000 Years of Japanese Wisdom Gained from Brewing Alcoholic Beverages from Rice*. Translated by Inoue Takashi. Tokyo: Brewing Society of Japan, 2010.

Allchin, F. R. "India: The Ancient Home of Distillation?" *Man* 14, no. 1 (1979): 55–63.

Anderson, Keith A., Jeffrey J. Maile, and Lynette G. Fisher. "The Healing Tonic: A Pilot Study of the Perceived Ability and Potential of Bartenders." *Journal of Military and Veterans' Health* 18, no. 4 (2010): 17–24.

Antonow, David R., and Craig J. McClain. "Nutrition and Alcoholism." In *Alcohol and the Brain: Chronic Effects*, edited by Ralph Tarter and David Van Thiel, 81–120. New York: Plenum Medical Book Company, 1985.

Arnold, Wilfred Niels. "Absinthe." *Scientific American*, June 1989. http://www.scientificamerican.com/article.cfm?id=absinthe-history.

Arroyo, Rafael. *Studies on Rum*. Research Bulletin no. 5. Rio Piedras: University of Puerto Rico Agricultural Experimental Station, December 1945.

Arroyo-Garcia, R., L. Ruiz-Garcia, L. Bolling, R. Ocete, M. A. Lopez, C. Arnold, A. Ergul, et al. "Multiple Origins of Cultivated Grapevine (Vitis Vinifera L. Ssp. Sativa) Based on Chloroplast DNA Polymorphisms." *Molecular Ecology* 15 (October 2006): 3707–14.

Ashcraft, Brian. "The Mystery of the Green Menace." *Wired*, November 2005.

Atkins, Peter W. *Molecules*. New York: Scientific American Library, 1987.〔『分子と人間』千原秀昭・稲葉章訳、東京化学同人〕

Atkinson, R. W. *The Chemistry of Sake Brewing*. Tokyo: Tokyo University, 1881.

Attwood, Angela S., Nicholas E. Scott-Samuel, George Stothart, and Marcus R. Munafo. "Glass Shape Influences Consumption Rate for Alcoholic Beverages." *PLoS ONE* 7, no. 8 (January 2012): e43007.

Bachmanov, Alexander A., Stephen W. Kiefer, Juan Carlos Molina, Michael G. Tordoff, Valerie B. Duffy, Linda M. Bartoshuk, and Julie A. Mennella. "Chemosensory Factors Influencing Alcohol Perception, Preferences, and Consumption." *Alcoholism: Clinical and Experimental Research* 27, no. 2 (February 2003): 220–31.

Bamforth, Charles W. Foam. St. Paul, MN: *American Society of Brewing Chemists*, 2012.

Bamforth, Charles W. *Scientific Principles of Malting and Brewing*. St. Paul, MN: American Society of Brewing Chemists, 2006.

3 Matthew Chambers, Mindy Liu, and Chip Moore, "Drunk Driving by the Numbers," US Department of Transportation, http://www.rita.dot.gov/bts/sites/rita.dot.gov.bts/files/publications/by_the_numbers/drunk_driving/index.html.

4 B. Taylor et al., "The More You Drink, the Harder You Fall: A Systematic Review and Meta-analysis of How Acute Alcohol Consumption and Injury or Collision Risk Increase Together," *Drug and Alcohol Dependence* 110 (July 1, 2010): 115.

5 Keith A. Anderson, Jeffrey J. Maile, and Lynette G. Fisher, "The Healing Tonic: A Pilot Study of the Perceived Ability and Potential of Bartenders," *Journal of Military and Veterans' Health* 18, no. 4 (2010): 17.

6 Lee Hannah et al., "Climate Change, Wine, and Conservation," *Proceedings of the National Academy of Sciences* 110, no. 17 (2013): 6910.

7 David J. Nutt, "Alcohol Alternatives — A Goal for Psychopharmacology?" *Journal of Psychopharmacology* 20, no. 3 (2006): 318.

8 David J. Nutt, "Alcohol Without the Hangover? It's Closer than You Think," *Shortcuts* (blog), *Guardian* (November 11, 2013),http://www.theguardian.com/commentisfree/2013/nov/11/alcohol-benefitsno-dangers-closer-thinkhttp://www.theguardian.com/commentisfree/2013/nov/11/alcohol-benefits-no-dangers-closer-think.

hangovers/277546/.
4 Joris C. Verster and Richard Stephens, "Editorial: The Importance of Raising the Profile of Alcohol Hangover Research," *Current Drug Abuse Reviews* 3, no. 2 (2010): 64.
5 同上, 66.
6 Renske Penning et al., "The Pathology of Alcohol Hangover," *Current Drug Abuse Reviews* 3, no. 2 (2010): 69.
7 Wiese, Shlipak, and Browner, "The Alcohol Hangover," 900.
8 Penning, "Pathology of Alcohol Hangover," 68.
9 Jonathan Howland et al., "Proceedings of the 2010 Symposium on Hangover and Other Residual Alcohol Effects: Predictors and Consequences," *Open Addiction Journal* 3 (2010): 131.
10 同上, 132.
11 Damaris J. Rohsenow and Jonathan Howland, "The Role of Beverage Congeners in Hangover and Other Residual Effects of Alcohol Intoxication: A Review," *Current Drug Abuse Reviews* 3, no. 2 (2010): 77.
12 Gemma Prat, Ana Adan, and Miquel Sa, "Alcohol Hangover: A Critical Review of Explanatory Factors," *Human Psychopharmacology* 24 (April 2009): 259–67.
13 James A. Sharpe et al., "Methanol Optic Neuropathy: A Histopathological Study," *Neurology* 32, no. 10 (October 1, 1982): 1099.
14 J. D. Pritchard, *Methanol Toxicological Overview*, Health Protection Agency, 2007.
15 Rohsenow and Howland, "Role of Beverage Congeners," 77.
16 Joris C. Verster and Renske Penning, "Treatment and Prevention of Alcohol Hangover," *Current Drug Abuse Reviews* 3, no. 2 (2010): 108.
17 Dai-Jin Kim et al., "Effects of Alcohol Hangover on Cytokine Production in Healthy Subjects," *Alcohol* 31, no. 3 (November 2003): 167–70.
18 Joris C. Verster, "The Alcohol Hangover — A Puzzling Phenomenon," *Alcohol and Alcoholism* 43, no. 2 (2008): 124.
19 Yi Shen et al., "Dihydromyricetin as a Novel Anti-alcohol Intoxication Medication," *Journal of Neuroscience* 32, no. 1 (January 4, 2012): 390.
20 Hong Nie et al., "Extrasynaptic Delta-containing GABAA Receptors in the Nucleus Accumbens Dorsomedial Shell Contribute to Alcohol Intake," *Proceedings of the National Academy of Sciences of the United States of America* 108, no. 11 (March 15, 2011): 4459.
21 Verster and Penning, "Treatment and Prevention," 108.
22 S. Kaivola et al., "Hangover Headache and Prostaglandins: Prophylactic Treatment with Tolfenamic Acid," *Cephalalgia* 3, no. 1 (March 1983): 31–36.
23 Jeffrey Wiese and S. McPherson, "Effect of Opuntia ficus indica on Symptoms of the Alcohol Hangover," *Archives of Internal Medicine* 164 (2004): 1334.

結論

1 Social Issues Research Centre, *Social and Cultural Aspects of Drinking* (Oxford, UK: Social Issues Research Centre, 1998), 26.
2 David J. Nutt, Leslie A. King, and Lawrence D. Phillips, "Drug Harms in the UK: A Multicriteria Decision Analysis," *Lancet* 376, no. 9752 (November 6, 2010): 1561.

sloppily-when-drunk.html.
34 Keith Johnson, David B. Pisoni, and Robert H. Bernacki, "Do Voice Recordings Reveal Whether a Person Is Intoxicated? A Case Study," *Phonetica* 47 (1990): 216.
35 William Yang Wang, Fadi Biadsy, Andrew Rosenberg, and Julia Hirschberg, "Automatic Detection of Speaker State: Lexical, Prosodic, and Phonetic Approaches to Level-of-interest and Intoxication Classification," *Computer Speech & Language* 27 (April 2012),http://dx.doi.org/10.1016/j.csl.2012.03.004.
36 Rodda, "Alcohol Congener Analysis," 203.
37 H. B. Haag et al., "Studies on the Acute Toxicity and Irritating Properties of the Congeners in Whisky," *Toxicology and Applied Pharmacology* 627, no. 6 (1959): 618.
38 Wilfred Niels Arnold, "Absinthe," *Scientific American*, June 1989, http://www.scientificamerican.com/article.cfm?id=absinthe-history.
39 Brian Ashcraft, "The Mystery of the Green Menace," Wired, November 2005. D. W. Lachenmeier et al., "Absinthe, Absinthism and Thujone — New Insight into the Spirit's Impact on Public Health," *Open Addiction Journal* 3 (2010): 33–34.
40 N. L. Sitnikova et al., "Spontaneously Formed Trans-Anethol/Water/Alcohol Emulsions: Mechanism of Formation and Stability," *Langmuir* 21, no. 8 (2005): 7083.
41 Henri Begleiter and Arthur Platz, "The Effects of Alcohol on the Central Nervous System in Humans," in *The Biology of Alcoholism*, ed. B. Kissin and Henri Begleiter (New York: Plenum Publishing Corporation, 1972), 325.
42 Alessandro Panconesi, "Alcohol and Migraine: Trigger Factor, Consumption, Mechanisms: A Review," *Journal of Headache and Pain* 9, no. 1 (February 2008): 22.
43 同上, 23.
44 Christine N. Jayarajah et al., "Analysis of Neuroactive Amines in Fermented Beverages Using a Portable Microchip Capillary Electrophoresis System," *Analytical Chemistry* 79, no. 21 (November 2007): 8162.
45 Panconesi, "Alcohol and Migraine," 23.
46 同上, 24.
47 A Social Explanation: Craig MacAndrew and Robert Edgerton, *Drunken Comportment* (Hawthorn, NY: Aldine, 1969; Clinton Corners, NY: Elliot Werner, 2003). Citations refer to the Elliot Werner edition.
48 同上, 48.
49 MacAndrew and Edgerton, *Drunken Comportment*, 53–55.
50 同上, 11–12.
51 Leonard Gross, *How Much Is Too Much? The Effects of Social Drinking* (New York: Magilla, 1983).
52 同上, 24–25.

第8章 二日酔い

1 Jeffrey G. Wiese, Michael G. Shlipak, and Warren S. Browner, "The Alcohol Hangover," *Annals of Internal Medicine* 132, no. 11 (2000): 897–98.
2 同上, 901.
3 Derek Thompson, "The Economic Cost of Hangovers," *The Atlantic*, July 5, 2013, http://www.theatlantic.com/business/archive/2013/07/the-economic-cost-of-

and Haleh Vaziri (New York: Springer, 2011), 381.

13 Francis G. Benedict and Raymond Dodge, *Psychological Effects of Alcohol; an experimental investigation of the effects of moderate doses of ethyl alcohol on a related group of neuro-muscular processes in man* (Washington, DC: Carnegie Institute of Washington, 1915), 266.

14 同上, 30.

15 同上, 38.

16 同上, 58.

17 同上, 59.

18 同上, 22.

19 E. R. Hilgard, *Walter Richard Miles, 1885–1978* (Washington, DC: National Academy of Sciences, 1985), http://www.nasonline.org/publications/biographical-memoirs/memoir-pdfs/miles-walter.pdf.

20 Miles, *Alcohol and Human Efficiency*, 272.

21 Harold E. Himwich, "The Physiology of Alcohol," *Journal of the American Medical Association* 1446, no. 7 (1957): 545.

22 Samir Zakhari, "Overview: How Is Alcohol Metabolized by the Body?" *Alcohol Research & Health* 29, no. 4 (January 2006): 246.

23 Hornsey, Beer and Brewing, 6. Antonow and McClain, "Nutrition and Alcoholism," 81.

24 Robert Dudley, "Evolutionary Origins of Human Alcoholism in Primate Frugivory," *Quarterly Review of Biology* 75, no. 1 (2000): 6.

25 Mimy Y. Eng, Susan E. Luczak, and Tamara L. Wall, "ALDH2, ADH1B, and ADH1C Genotypes in Asians: A Literature Review," *Alcohol Research & Health* 30, no. 1 (2007): 22–27.

26 Benjamin Taylor and Jürgen Rehm, "Moderate Alcohol Consumption and Diseases of the Gastrointestinal System: A Review of Pathophysiological Processes," in *Alcohol and the Gastrointestinal Tract*, ed. Manfred Singer and David Brenner (Basel: Karger Publishers, 2006), 30.

27 Mercè Correa et al., "Piecing Together the Puzzle of Acetaldehyde as a Neuroactive Agent," *Neuroscience and Biobehavioral Reviews* 36, no. 1 (January 2012): 409.

28 Murray Epstein, "Alcohol's Impact on Kidney Function," *Alcohol Health & Research World* 21, no. 1 (1997): 85.

29 同上, 85.

30 Alan Gevins, Cynthia S. Chan, and Lita Sam-Vargas, "Towards Measuring Brain Function on Groups of People in the Real World," *PLoS ONE* 7, no. 9 (September 5, 2012): e44676.

31 Jennifer M. Mitchell et al., "Alcohol Consumption Induces Endogenous Opioid Release in the Human Orbitofrontal Cortex and Nucleus Accumbens," *Science Translational Medicine* 4, no. 116 (January 11, 2012): 116ra6.

32 Emma Young, "Silent Song," *New Scientist*, October 27, 2000, http://www.newscientist.com/article/dn110-silent-song.html.

33 Sara Reardon, "Zebra Finches Sing Sloppily When Drunk," *New Scientist*, October 17, 2012, http://www.newscientist.com/article/dn22389-zebra-finches-sing-

of Technology, 2001).
23 Wilson and Stevenson, *Learning to Smell*, 12–13.
24 同上, 13.
25 "A Wake for Morten Christian Meilgaard," Flower Parties through the Ages (blog), http://goodfelloweb.com/flowerparty/fp_2009/Morten_Meilgaard_1928-2009.htm.
26 Luke N. Rodda et al., "Alcohol Congener Analysis and the Source of Alcohol: A Review," *Forensic Science, Medicine, and Pathology* 9, no. 2 (June 2013): 199.
27 Hu et al., "Structurability," 7398.
28 Arroyo, *Studies on Rum*, 3.
29 A. L. Robinson et al., "Influence of Geographic Origin on the Sensory Characteristics and Wine Composition of Vitis vinifera Cv. Cabernet Sauvignon Wines from Australia," *American Journal of Enology and Viticulture* 63, no. 4 (June 25, 2012): 467–76.
30 J. F. Delwiche and Marcia Levin Pelchat, "Influence of Glass Shape on Wine Aroma," *Journal of Sensory Studies* 17, no. 2002 (2002): 28. T. Hummel et al., "Effects of the Form of Glasses on the Perception of Wine Flavors: A Study in Untrained Subjects," *Appetite* 41, no. 2 (October 2003): 201.
31 Angela S. Attwood et al., "Glass Shape Influences Consumption Rate for Alcoholic Beverages," *PLoS ONE* 7, no. 8 (January 2012): e43007.

第7章　体と脳

1 Dennis Hevesi, "G. A. Marlatt, Advocate of Shift in Treating Addicts, Dies at 69," *New York Times*, March 21, 2011, http://www.nytimes.com/2011/03/22/us/22marlatt.html?_r=0.
2 An Experimental Analogue" : G. Alan Marlatt, Barbara Demming, and John B. Reid, "Loss of Control Drinking in Alcoholics: An Experimental Analogue," *Journal of Abnormal Psychology* 81, no. 3 (1973): 233–41.
3 G. Alan Marlatt, "This Week's Citation Classic," *ISI Current Contents: Social and Behavioral Sciences* 18 (May 6, 1985): 18.
4 Marlatt, Demming, and Reid, "Loss of Control Drinking," 234.
5 Marlatt, "Citation Classic," 18.
6 Daniel Wood, "Bar Lab Challenges the Alcohol Mystique," *Chicago Tribune*, February 24, 1991, http://articles.chicagotribune.com/1991-02-24/features/9101170848_1_addictive-behaviors-research-center-alcohol-free-alcoholism-and-alcohol-abuse.
7 Stephen A. Maisto, Gerard J. Connors, and Paul R. Sachs, "Expectation as a Mediator in Alcohol Intoxication: A Reference Level Model," *Cognitive Therapy and Research* 5, no. 1 (March 1981): 7.
8 同上, 11–12.
9 Walter R. Miles, *Alcohol and Human Efficiency* (Washington, DC: Carnegie Institute of Washington, 1924), 113.
10 同上, 111.
11 同上, 111.
12 Nischita K. Reddy, Ashwani Singal, and Don W. Powell, "Alcohol-Related Diarrhea," in *Diarrhea: Diagnostic and Therapeutic Advances*, ed. Stefano Guandalini

1 Richard E. Quandt, "On Wine Bullshit: Some New Software?" *Journal of Wine Economics* 2, no. 2 (2007): 130.

2 Donald A. Wilson and Richard J. Stevenson, *Learning to Smell: Olfactory Perception from Neurobiology to Behavior* (Baltimore: Johns Hopkins University Press, 2006), 7.

3 Adrienne Lehrer, *Wine & Conversation*, 2nd ed. (New York: Oxford University Press, 2009), 16.

4 Tali Weiss et al., "Perceptual Convergence of Multi-Component Mixtures in Olfaction Implies an Olfactory White," *Proceedings of the National Academy of Sciences* 109, no. 49 (2012): 19959.

5 Andrew Livermore and David G. Laing, "The Influence of Chemical Complexity on the Perception of Multicomponent Odor Mixtures," *Perception & Psychophysics* 60, no. 4 (May 1998): 650.

6 K. Marshall et al., "The Capacity of Humans to Identify Components in Complex Odor-Taste Mixtures," *Chemical Senses* 31, no. 6 (July 2006): 543.

7 Gil Morrot, Frédéric Brochet, and Denis Dubourdieu, "The Color of Odors," *Brain and Language* 79, no. 2 (2001): 309–20.

8 Court of Master Sommeliers, "Courses & Schedules," http://www.mastersommeliers.org/Pages.aspx/Master-Sommelier-Diploma-Exam.

9 Gesualdo Zucco et al., "Labeling, Identification, and Recognition of Wine-relevant Odorants in Expert Sommeliers, Intermediates, and Untrained Wine Drinkers," *Perception* 40, no. 5 (2011): 598–607.

10 Anna Scinska et al., "Bitter and Sweet Components of Ethanol Taste in Humans," *Drug and Alcohol Dependence* 60, no. 2 (August 1, 2000): 205.

11 Alexander A. Bachmanov et al., "Chemosensory Factors Influencing Alcohol Perception, Preferences, and Consumption," *Alcoholism: Clinical and Experimental Research* 27, no. 2 (February 2003): 227.

12 John Leffingwell, "Update No. 5: Olfaction," *Leffingwell Reports* 2 (May 2002): 3.

13 Lehrer, *Wine & Conversation*, 7.

14 Marcia Levin Pelchat and Fritz Blank, "A Scientific Approach to Flavours and Olfactory Memory," in *Food and the Memory: Proceedings of the Oxford Symposium on Food and Cookery*, ed. Harlan Walker (Devon, UK: Prospect Books, 2001), 187.

15 Bettina Malnic, Daniela C. Gonzalez-Kristeller, and Luciana M. Gutiyama, "Odorant Receptors," *in The Neurobiology of Olfaction*, ed. Anna Menini (Boca Raton, FL: CRC Press, 2010), 183.

16 同上, 184.

17 Donald A. Wilson and Robert L. Rennaker, "Cortical Activity Evoked by Odors," in *The Neurobiology of Olfaction, ed. Anna Menini* (Boca Raton, FL: CRC Press, 2010), 354.

18 Ellena S. King, Randall L. Dunn, and Hildegarde Heymann, "The Influence of Alcohol on the Sensory Perception of Red Wines," *Food Quality and Preference* 28, no. 1 (April 2013): 243.

19 Chandrashekar et al., "The Taste of Carbonation," 444.

20 Bachmanov et al., "Chemosensory Factors," 225.

21 同上, 228.

22 Joseph N. Kaye, "Symbolic Olfactory Display," PhD diss. (Massachusetts Institute

11 Independent Stave Company, *International Barrel Symposium: Research Results and Highlights from the 5th, 6th, and 7th Symposiums* (Lebanon, MO: 2008), 8.
12 同上, 19.
13 Mosedale and Puech, "Barrels," 394.
14 同上, 395.
15 同上, 395.
16 Independent Stave Company, 8.
17 Mosedale and Puech, "Barrels," 398.
18 J. R. Mosedale and Jean-Louis Puech, "Wood Maturation of Distilled Beverages," *Trends in Food Science & Technology* 9, no. 3 (March 1998): 96–97.
19 Mosedale and Puech, "Barrels," 400–401.
20 Mosedale and Puech, "Wood Maturation," 97.
21 B. Vanderhaegen et al., "The Chemistry of Beer Aging — A Critical Review," *Food Chemistry* 95, no. 3 (April 2006): 358.
22 Melina Macatelli, John R. Piggott, and Alistair Paterson, "Structure of Ethanol-Water Systems and Its Consequences for Flavour," in *New Horizons: Energy, Environment, and Enlightenment: Proceedings of the Worldwide Distilled Spirits Conference*, ed. G. M. Walker and P. S. Hughes (Nottingham: Nottingham University Press, 2010), 236.
23 Mosedale and Puech, "Wood Maturation," 97.
24 Arroyo, *Studies on Rum*, 169.
25 Hewson Clarke and John Dougall, *The Cabinet of Arts, or General Instructor in Arts, Science, Trade, Practical Machinery, the Means of Preserving Human Life, and Political Economy, Embracing a Variety of Important Subjects* (London: T. Finnersley, 1817), 722.
26 William T. Boothby, *Cocktail Boothby's American Bar-Tender* (San Francisco: H. S. Crocker, 1891; San Francisco: Anchor Distilling, 2008): 365.
27 *Our Knowledge Box: Or, Old Secrets and New Discoveries* (New York: Geo. Blackie and Co., 1875), http://www.gutenberg.org/files/43418/43418-h/43418-h.htm#SECRETS_OF_THE_LIQUOR_TRADE,unpaged.
28 J. M. Philp, "Cask Quality and Warehouse Conditions," in *The Science and Technology of Whiskies*, ed. J. R. Piggott, R. Sharp, and R. E. B. Duncan (London: Longman Group, 1989), 273–74.
29 Mosedale and Puech, "Wood Maturation," 100.
30 Arroyo, *Studies on Rum*, 170.
31 J. Quesada Granados et al., "Application of Artificial Aging Techniques to Samples of Rum and Comparison with Traditionally Aged Rums by Analysis with Artificial Neural Nets," *Journal of Agricultural and Food Chemistry* 50, no. 6 (March 13, 2002): 1471.
32 Dominic Roskrow, "Is It the Age? Or the Mileage?" *Whisky Advocate* (Winter 2011): 77–80.
33 Buffalo Trace Distillery, *Warehouse X* (blog), http://www.experimentalwarehouse.com.

第6章　香味

38 D. Nicol, "Batch Distillation," in *The Science and Technology of Whiskies*, ed. J. R. Piggott, R. Sharp, and R. E. B. Duncan (London: Longman Group, 1989), 132.
39 Panek and Boucher, "Continuous Distillation," 152.
40 E. C., "On the Antiquity of Brewing and Distillation in Ireland," *Ulster Journal of Archaeology* 7 (1859): 34.
41 Wilson, *Water of Life*, 147–51.
42 J. E. Murtagh, "Feedstocks, Fermentation and Distillation," 245.
43 Palmer, "Beverages: Distilled," 97.
44 Charles K. Cowdery, *Bourbon, Straight: The Uncut and Unfiltered Story of American Whiskey* (Chicago: Made and Bottled in Kentucky, 2004), 87.
45 Forbes, *History of Distillation*, 298.
46 Marco Lagi and R. S. Chase, "Distillation: Integration of a Historical Perspective," *Australian Journal of Education in Chemistry* 70 (2009): 7.
47 同上, 10.
48 Wilson, *Water of Life*, 256–57.
49 Nicol, "Batch Distillation," 137.
50 Panek and Boucher, "Continuous Distillation," 154–56.
51 Cowdery, *Bourbon, Straight*, 12.
52 Panek and Boucher, "Continuous Distillation," 154.
53 Nicol, "Batch Distillation," 134.
54 Barry Harrison et al., "The Impact of Copper in Different Parts of Malt Whisky Pot Stills on New Make Spirit Composition and Aroma," *Journal of the Institute of Brewing* 117, no. 1 (2011): 106.
55 同上, 109.
56 Matthew Rowley, "Replacing That Worn Out Still — Every Ding and Dent?" *Rowley's Whiskey Forge* (blog), last modified January 17, 2013, http://matthew-rowley.blogspot.com/2013/01/replacing-that-worn-out-still-every.html.
57 Michael Kintslick, *The U.S. Craft Distilling Market: 2011 and Beyond* (New York: Coppersea Distillery, 2011), 1.

第5章　熟成

1 McGovern, *Ancient Wine*, 167.
2 同上, 167–68.
3 Hornsey, *Chemistry and Biology of Winemaking*, 39–40.
4 Alexander Conison, "The Organization of Rome's Wine Trade," PhD diss. (University of Michigan: 2012), 169–72,http://deepblue.lib.umich.edu/bitstream/handle/2027.42/91455/conison_1.pdf?sequence=1.
5 Hornsey, *Chemistry and Biology of Winemaking*, 40.
6 McGovern, *Ancient Wine*, 260–62.
7 Cowdery, *Bourbon, Straight*, 27.
8 同上, 31.
9 同上, 32–33.
10 J. R. Mosedale and Jean-Louis Puech, "Barrels: Wines, Spirits, and Other Beverages," in *Encyclopedia of Food Sciences and Nutrition*, ed. Benjamin Caballero, Luiz Trugo, and Paul Finglass (San Diego: Academic Press, 2003), 393.

2000 (Devon, UK: Prospect Books, 2006), 38.
6 Piggot, "Beverage Alcohol Distillation," 431.
7 F. R. Allchin, "India: The Ancient Home of Distillation?" *Man* 14, no. 1 (1979): 59–63.
8 Raphael Patai, *The Jewish Alchemists* (Princeton: Princeton University Press, 1994), 3.
9 Justin Pollard and Howard Reid, *The Rise and Fall of Alexandria: Birthplace of the Modern Mind* (New York: Viking, 2006), 59.
10 同上, 47.
11 同上, 24.
12 同上, xvii.
13 同上, xvi.
14 同上, 165.
15 Judith McKenzie, *The Architecture of Alexandria and Egypt 300 BC–AD 700* (New Haven: Yale University Press, 2007), 54–56.
16 Pollard and Reid, *Rise and Fall of Alexandria*, 203.
17 同上, 179.
18 同上, 179–85.
19 同上, 188.
20 同上, 178.
21 Patai, *Jewish Alchemists*, 60.
22 Elizabeth H. Oakes, *Encyclopedia of World Scientists* (New York: Infobase Learning, 2007), 485.
23 Theodore Vrettos, *Alexandria: City of the Western Mind* (New York: The Free Press, 2001), 163.
24 Patai, *Jewish Alchemists*, 69–70.
25 同上, 66.
26 R. J. Forbes, *Short History of the Art of Distillation* (Leiden, the Netherlands: E. J. Brill, 1948), 23.
27 McKenzie, *Architecture of Alexandria and Egypt*, 209.
28 Sarah Zielinski, "Hypatia, Ancient Alexandria's Great Female Scholar," *Smithsonian.com*, last modified March 15, 2010, http://www.smithsonianmag.com/history-archaeology/Hypatia-Ancient-Alexandrias-Great-Female-Scholar.html.
29 Bouby et al., "Bioarchaeological Insights," e63195.
30 Robert Piggot, "Vodka, Gin and Liqueurs," in *The Alcohol Textbook*, 5th ed., ed. W. M. Ingeldew et al. (Nottingham: Nottingham University Press, 2009), 465.
31 Forbes, *History of Distillation*, 57.
32 同上, 58.
33 Wilson, *Water of Life*, 102.
34 同上, 115.
35 同上, 116.
36 Richard J. Panek and Armond R. Boucher, "Continuous Distillation," in *The Science and Technology of Whiskies*, ed. J. R. Piggott, R. Sharp, and R. E. B. Duncan (London: Longman Group, 1989), 151.
37 同上, 152.

33 Gérard Liger-Belair, *Uncorked: The Science of Champagne* (Princeton: Princeton University Press, 2004), 88.
34 Gérard Liger-Belair et al., "Unraveling Different Chemical Fingerprints Between a Champagne Wine and Its Aerosols," *Proceedings of the National Academies of Science* 106, no. 39 (2009): 16548.
35 Charles W. Bamforth, *Foam* (St. Paul, MN: American Society of Brewing Chemists), 8.
36 Liger-Belair, *Uncorked*, 37.
37 Gérard Liger-Belair, Guillaume Polidori, and Philippe Jeandet, "Recent Advances in the Science of Champagne Bubbles," *Chemical Society Reviews* 37, no. 11 (November 2008): 2493.
38 Liger-Belair, *Uncorked*, 40.
39 Richard Ingham, "Champagne Physicist Reveals the Secrets of Bubbly," *Phys.org*, last modified September 18, 2012, http://phys.org/news/2012-09-champagne-physicist-reveals-secrets.html.
40 Liger-Belair, *Uncorked*, 41–42.
41 同上, 41–42.
42 Bamforth, *Foam*, 9.
43 Liger-Belair, *Uncorked*, 44.
44 同上, 51.
45 同上, 55.
46 Ingham, "Champagne Physicist."
47 Liger-Belair et al., "Chemical Fingerprints," 16545.
48 同上, 16.
49 James J. Hackbarth, "Multivariate Analyses of Beer Foam Stand," *Journal of the Institute of Brewing* 112, no. 1 (2006): 17.
50 Bamforth, *Foam*. 10.
51 Hackbarth, "Multivariate Analyses," 18.
52 Dogfish Head Brewing, "Midas Touch," http://www.dogfish.com/brews-spirits/the-brews/year-roundbrews/midas-touch.htm.
53 Abigail Tucker, "The Beer Archaeologist," *Smithsonian*, July–August 2011, http://www.smithsonianmag.com/history-archaeology/The-Beer-Archaeologist.html?c=y&story=fullstory.
54 Tucker, "Beer Archaeologist."

第4章 蒸留

1 Jim Murray, "Tomorrow's Malt," *Whisky* 1 (1999): 56.
2 Bruce Moran, *Distilling Knowledge: Alchemy, Chemistry, and the Scientific Revolution* (Cambridge: Harvard University Press, 2005), 12.
3 Robert Piggot, "Beverage Alcohol Distillation," in *The Alcohol Textbook*, 5th ed., ed. W. M. Ingeldew et al. (Nottingham: Nottingham University Press, 2009), 431.
4 H. T. Huang, *Science and Civilisation in China*, vol. 6, pt. 5, *Biology and Biological Technology: Fermentations and Food* (Cambridge: Cambridge University Press, 2000), 206.
5 C. Anne Wilson, *Water of Life: A History of Wine-Distilling and Spirits 500 BC to AD*

9 White Labs, "About White Labs," http://www.whitelabs.com/about_us.html.

10 White Labs, "Professional Yeast Bank," http://www.whitelabs.com/beer/craft_strains.html.

11 Barbara Dunn and Gavin Sherlock, "Reconstruction of the genome origins and evolution of the hybrid lager yeast Saccharomyces pastorianus," *Genome Research* 18 (2008): 1610.

12 Bamforth, *Scientific Principles*, 80.

13 Bamforth, *Scientific Principles*, 10.

14 White and Zainasheff, *Yeast*, 96.

15 Rosaura Rodicio and Jürgen J. Heinisch, "Sugar Metabolism by *Saccharomyces* and Non-*Saccharomyces* Yeasts," in *Biology of Microorganisms on Grapes, in Must, and in Wine*, ed. H. König (Berlin: Springer-Verlag, 2009), 123.

16 Garry Menz et al., "Isolation, Identification, and Characterisation of Beer-spoilage Lactic Acid Bacteria from Microbrewed Beer from Victoria, Australia," *Journal of the Institute of Brewing* 116, no. 1 (2010): 14.

17 Bamforth, Scientific Principles, 105.

18 Rodicio and Heinisch, "Sugar Metabolism," Figure 6.4 caption.

19 Sebastian Meier et al., "Metabolic Pathway Visualization in Living Yeast by DNP-NMR," *Molecular bioSystems* 7, no. 10 (October 2011): 2835.

20 J. Michael Thomson et al., "Resurrecting Ancestral Alcohol Dehydrogenases from Yeast," *Nature Genetics* 37, no. 6 (June 2005): 630.

21 Dressler and Porter, Discovering Enzymes, 34–35. Gerald L. Geison, *Louis Pasteur*, 107.

22 Hornsey, *Chemistry and Biology of Winemaking*, 79.

23 Bamforth, *Scientific Principles*, 17.

24 Isak S. Pretorius, Christopher D. Curtin, and Paul J. Chambers, "The Winemaker's Bug: From Ancient Wisdom to Opening New Vistas with Frontier Yeast Science," *Bioengineered Bugs* 3, no. 3 (2012): 150.

25 Chandra L. Richter et al., "Comparative Metabolic Footprinting of a Large Number of Commercial Wine Yeast Strains in Chardonnay Fermentations," *FEMS Yeast Research* 13, no. 4 (June 2013): 394.

26 Clay Risen, "Whiskey Myth No. 2," *Mash Notes* (blog), last modified July 27, 2012, http://clayrisen.com/?p=126.

27 Robert Piggot, "Rum: Fermentation and Distillation," in *The Alcohol Textbook*, 5th ed., ed. W. M. Ingeldew et al. (Nottingham: Nottingham University Press, 2009), 476.

28 Rafael Arroyo, *Studies on Rum*, Research Bulletin no. 5 (Rio Piedras: University of Puerto Rico Agricultural Experimental Station, December 1945): 3

29 同上, 94.

30 Nicholas A. Bokulich et al., "Microbial Biogeography of Wine Grapes Is Conditioned by Cultivar, Vintage, and Climate," *Proceedings of the National Academies of Science* (published online ahead of print November 25, 2013): 2.

31 Jayaram Chandrashekar et al., "The Taste of Carbonation," *Science* 326, no. 5951 (October 16, 2009): 443.

32 White and Zainasheff, *Yeast*, 115.

52 "Singleton of Glen Ord," *Whisky News* (blog), http://malthead.blogspot.com/2006/12/singleton-of-glen-ord_10.html.
53 Hornsey, *History of Beer*, 15. Hough, *Biotechnology of Malting and Brewing*, 8.
54 同上, 13.
55 Bamforth, *Scientific Principles*, 45, 23.
56 Akiyama, *Saké*, 48.
57 同上, 50.
58 Hornsey, *History of Beer*, 27–28.
59 Machida, "Genomics of *Aspergillus oryzae*," 175.
60 Goffeau et al., "6000 Genes," 546.
61 Masayuki Machida et al., "Genome Sequencing and *Analysis of Aspergillus oryzae*," *Nature* 438 (December 22, 2005): 1157.
62 同上, 1160.
63 同上, 1159.
64 John G. Gibbons et al., "The Evolutionary Imprint of Domestication on Genome Variation and Function of the Filamentous Fungus *Aspergillus oryzae*," *Current Biology* 22 (2012): 1.
65 同上, 2.
66 Kawakami, *Takamine*, 29.
67 Shurtleff and Aoyagi, *Koji*, 95.
68 Bennett, "Adrenalin and Cherry Trees," 48.
69 Bennett, ASM presentation.
70 Kawakami, *Takamine*, 30.
71 Bennett, ASM presentation.
72 Kawakami, *Takamine*, 36.
73 Bennett, "Adrenalin and Cherry Trees," 51.
74 Kawakami, *Takamine*, 65–67.
75 Bennett, "Adrenalin and Cherry Trees," 51.

第3章　発酵

1 Patrick E. McGovern et al., "Fermented Beverages of Pre- and Proto-historic China," *Proceedings of the National Academy of Sciences* 101, no. 51 (December 2004): 17593.
2 McGovern et al., "Fermented Beverages," 17597.
3 Patrick E. McGovern, *Ancient Wine: The Search for the Origins of Viniculture* (Princeton: Princeton University Press, 2007), 52.
4 同上, 62. Rudolph H. Michel, Patrick E. McGovern, and Virginia R. Badler, "The First Wine & Beer: Chemical Detection of Ancient Fermented Beverages," *Analytical Chemistry* 65 (April 1993): 408A–13A.
5 McGovern, *Ancient Wine*, 40.
6 Michel, McGovern, and Badler, "The First Wine & Beer," 408A.
7 McGovern et al., "Fermented Beverages," 17593.
8 Oliver Dietrich et al., "The Role of Cult and Feasting in the Emergence of Neolithic Communities. New Evidence from Gobekli Tepe, South-eastern Turkey," *Antiquity* 86 (2012): 687.

24 Hornsey, *Beer and Brewing*, 7.
25 Roger G. Noll, "The Wines of West Africa: History, Technology and Tasting Notes," *Journal of Wine Economics* 3 (2008): 91–92.
26 Ian S. Hornsey, *Alcohol and Its Role in the Evolution of Human Society* (Cambridge: Royal Society of Chemistry, 2012), 467.
27 Katz, *Fermentation*, 90.
28 Hornsey, *Alcohol and Its Role*, 467.
29 Geoff H. Palmer, "Beverages: Distilled," *Encyclopedia of Grain Science*, ed. Colin Wrigley, Harold Corke, and Charles E. Walker (San Diego: Academic Press, 2004), 101.
30 Mark A. Harrison, "Beer/Brewing," in *Encyclopedia of Microbiology*, ed. Moselio Schaechter (San Diego: Academic Press, 2009), 24.
31 Ian S. Hornsey, *The Chemistry and Biology of Winemaking* (Cambridge: Royal Society of Chemistry, 2007), 2.
32 Hornsey, *Chemistry and Biology of Wine*, 68.
33 A. M. Negrul, "Method and Apparatus for Harvesting Grapes," US Patent 3,564,827 (Washington, DC: US Patent and Trade Office, 1971).
34 R. Arroyo-García et al., "Multiple Origins of Cultivated Grapevine (*Vitis vinifera* L. Ssp. *Sativa*) Based on Chloroplast DNA Polymorphisms," *Molecular Ecology* 15 (October 2006): 3708.
35 Hornsey, *Chemistry and Biology of Winemaking*, 75.
36 Jaime Goode, *The Science of Wine* (Berkeley: University of California Press, 2005), 21.
37 Steven T. Lund and Joerg Bohlmann, "The Molecular Basis for Wine Grape Quality — A Volatile Subject," *Science* 311 (February 10, 2006), 804.
38 Hornsey, *Chemistry and Biology of Winemaking*, 79.
39 Goode, *Science of Wine*, 21.
40 Olivier Gergaud and Victor Ginsburgh, "Natural Endowments, Production Technologies and the Quality of Wines in Bordeaux. Does Terroir Matter?" *Journal of Wine Economics* 5 (2010): 15.
41 Joan W. Bennett, "Adrenalin and Cherry Trees," *Modern Drug Discovery* 4, no. 12 (December 2001), http://pubs.acs.org/subscribe/archive/mdd/v04/i12/html/12timeline.html, 47.
42 Kawakami, *Takamine*, 17.
43 同上, 18.
44 Jokichi Takamine, "Enzymes of *Aspergillus Oryzae* and the Application of Its Amyloclastic Enzyme to the Fermentation Industry," *Industrial & Engineering Chemistry* 6, no. 12 (1914): 825.
45 Bennett, ASM presentation.
46 Akiyama, *Saké*, 118.
47 Kawakami, *Takamine*, 22.
48 Bennett, ASM presentation.
49 同上
50 Shurtleff and Aoyagi, *History of Koji*, 95.
51 "The Singleton Distilleries: Glen Ord," *Whisky Advocate* (Spring 2013): 97.

(August 1996), http://lambicandwildale.com/the-mystery-of-lambic-beer/.

44 Hiroichi Akiyama, *Saké: The Essence of 2000 Years of Japanese Wisdom Gained from Brewing Alcoholic Beverages from Rice*, trans. Inoue Takashi (Tokyo: Brewing Society of Japan. 2010), 95.

第2章 糖

1 Joan Bennett, Presentation at the 2012 American Society for Microbiology Meeting (San Francisco: June 17, 2012).

2 K. K. Kawakami, *Jokichi Takamine: A Record of His American Achievements* (New York: William Edwin Rudge, 1928), 1.

3 Bennett, ASM presentation.

4 Kawakami, *Takamine*, 8.

5 Akiyama, *Saké*, 115.

6 William Shurtleff and Akiko Aoyagi, *History of Koji — Grains and/or Soybeans Enrobed with a Mold Culture (300 BCE to 2012): Extensively Annotated Bibliography and Sourcebook* (Lafayette, CA: Soyinfo Center, 2012), http://www.soyinfocenter.com/pdf/154/Koji.pdf, 6.

7 Akiyama, *Saké*, 115.

8 R. W. Atkinson, *The Chemistry of Sake Brewing* (Tokyo: Tokyo University, 1881).

9 Akiyama, *Saké*, 115.

10 Katsuhiko Kitamoto, "Molecular Biology of the Koji Molds," *Advances in Applied Microbiology* 51 (January 2002): Table I.

11 National Library of Medicine, "Aspergillosis," last modified May 19, 2013, http://www.ncbi.nlm.nih.gov/pubmedhealth/PMH0002302/.

12 KeShun Liu, "Chemical Composition of Distillers Grains, a Review," *Journal of Agricultural and Food Chemistry* 59 (March 9, 2011): 1521.

13 Shurtleff and Aoyagi, *Koji*, 5.

14 同上, 6.

15 同上, 36.

16 Masayuki Machida, Osamu Yamada, and Katsuya Gomi, "Genomics of *Aspergillus oryzae*: Learning from the History of Koji Mold and Exploration of Its Future," *DNA Research* 15 (August 2008): 174.

17 Charles Bamforth, Scientific Principles, 23–24. Peter W. Atkins, *Molecules* (New York: Scientific American Library, 1987), 105, 102.

18 同上, 95.

19 同上, 102.

20 James S. Hough, *The Biotechnology of Malting and Brewing* (Cambridge: Cambridge University Press, 1985), 28.

21 John E. Murtagh, "Feedstocks, Fermentation and Distillation for Production of Heavy and Light Rums," in *The Alcohol Textbook: A Reference for the Beverage, Fuel and Industrial Alcohol Industries*, ed. K. A. Jacques, T. P. Lyons, and D. R. Kelsall (Nottingham: Nottingham University Press, 1999), 243–55.

22 Sandor Katz, *The Art of Fermentation* (White River Junction, VT: Chelsea Green Publishing, 2012), 197.

23 同上, 198.

www.chemheritage.org/discover/online-resources/chemistry-in-history/themes/molecular-synthesis-structureand-bonding/liebig-and-wohler.aspx.

19 Dressler and Porter, *Discovering Enzymes*, 30.

20 同上, 31.

21 Patrice Debré, *Louis Pasteur*, trans. Elborg Forster (Baltimore: Johns Hopkins University Press, 1994), 89.

22 Gerald L. Geison, *The Private Science of Louis Pasteur* (Princeton: Princeton University Press, 1995), 46.

23 同上, 101.

24 Brendon Barnett, "Fermentation," Pasteur Brewing, last modified December 29, 2011, http://www.pasteurbrewing.com/louis-pasteur-fermenation.html.

25 Dressler and Porter, *Discovering Enzymes*, 33.

26 同上, 38.

27 同上, 35.

28 同上, 48.

29 同上, 49.

30 Barnett and Barnett, *Yeast Research*, 29.

31 同上, 29.

32 同上, 36.

33 Charles Bamforth, *Scientific Principles of Malting and Brewing* (St. Paul, MN: American Society of Brewing Chemists, 2006), 36.

34 Sebastiaan Van Mulders et al., "The Genetics Behind Yeast Flocculation: A Brewer's Perspective," in *Yeast Flocculation, Vitality, and Viability: Proceedings of the 2nd International Brewers Symposium*, ed. R. Alex Speers (St. Paul, MN: Master Brewers Association of the Americas, 2012), 36.

35 R. Alex Speers, "A Review of Yeast Flocculation," in *Yeast Flocculation, Vitality, and Viability: Proceedings of the 2nd International Brewers Symposium* (St. Paul, MN: Master Brewers Association of the Americas, 2012), 3.

36 同上, 5.

37 Chris White and Jamil Zainasheff, *Yeast: The Practical Guide to Beer Fermentation* (Boulder, CO: Brewers Publications, 2010), 27.

38 Evan Ratliff, "Taming the Wild," *National Geographic*, March 2011, http://ngm.nationalgeographic.com/2011/03/taming-wild-animals/ratliff-text.

39 Jason G. Goldman, "Dogs, but Not Wolves, Use Humans as Tools," *The Thoughtful Animal* (blog), *Scientific American*, April 30, 2012, http://blogs.scientificamerican.com/thoughtful-animal/2012/04/30/dogs-but-not-wolves-use-humans-as-tools/.

40 Justin C. Fay and Joseph A. Benavides, "Evidence for Domesticated and Wild Populations of *Saccharomyces cerevisiae*," *PLoS Genetics* 1 (2005): 66–71.

41 Diego Libkind et al., "Microbe Domestication and the Identification of the Wild Genetic Stock of Lager-brewing Yeast," *Proceedings of the National Academy of Sciences* 108, no. 34 (August 22, 2011).

42 W. Blake Gray, "Bacardi, and Its Yeast, Await a Return to Cuba," *Los Angeles Times*, October 6, 2011, http://latimes.com/features/food/la-fo-bacardi-20111006,0,1042.story.

43 Jacques De Keersmaecker, "The Mystery of Lambic Beer," *Scientific American*

註

序章

1 David R. Antonow and Craig J. McClain, "Nutrition and Alcoholism," in *Alcohol and the Brain: Chronic Effects*, ed. Ralph Tarter and David Van Thiel (New York: Plenum Medical Book Company, 1985), 82.
2 Benjamin Buemann and Arne Astrup, "How Does the Body Deal with Energy from Alcohol?" *Nutrition* 17 (2001): 638.
3 "Peat and Its Products," *Illustrated Magazine of Art* 1 (1953): 374.
4 Naiping Hu et al., "Structurability: A Collective Measure of the Structural Differences in Vodkas," *Journal of Agricultural and Food Chemistry* 58 (2010): 7394.

第1章　酵母

1 Douglas Adams, *The Hitchhiker's Guide to the Galaxy* (New York: Harmony Books, 1979), 54–55.
2 Walter Isaacson, *Benjamin Franklin: An American Life* (New York: Simon & Schuster, 2003), 374.
3 David J. Adams, "Fungal Cell Wall Chitinases and Glucanases," *Microbiology* 150 (2004): 2029.
4 A. Goffeau et al., "Life with 6000 Genes," *Science* 274 (1996): 546.
5 Jason E. Stajich et al., "The Fungi," *Current Biology* 19 (2009): R843–44.
6 David Dressler and Huntington Porter, *Discovering Enzymes* (New York: Scientific American Library, 1991), 24.
7 Ian Hornsey, *A History of Beer and Brewing* (Cambridge: Royal Society of Chemistry, 2004), 321.
8 Dressler and Porter, *Discovering Enzymes*, 23.
9 Herman Jan Phaff, Martin W. Miller, and Emil M. Mrak, *The Life of Yeasts: Second Revised and Enlarged Edition* (Cambridge: Harvard University Press, 1966), 1.
10 同上, 3.
11 Dressler and Porter, *Discovering Enzymes*, 27.
12 James A. Barnett and Linda Barnett, *Yeast Research: A Historical Overview* (London: ASM Press, 2011), 2.
13 同上, 2.
14 同上, 2.
15 同上, 6.
16 同上, 7–8.
17 Dressler and Porter, *Discovering Enzymes*, 40.
18 Chemical Heritage Foundation, "Justus von Liebig and Friedrich Wöhler," http://

プルーフ　150
ブルーメンサール，ジャン・バティスト・セリエ　154
ブレッタノミセス属 *Brettanomyces*　57
プレトリウス，アイザック　114-16, 333
フレーバー　→味
フロム，キム　262, 296-98
ヘヴン・ヒル蒸留所Heaven Hill Distillery　153-54, 156-57, 161
ベナー，スティーヴン　109-112
ベネット，ジョーン　76, 93
ベネディクト，フランシス　268-70
ヘミセルロース　184, 194
ベリヤエフ，ドミトリー　50-51
ベルセリウス，ヨンス・ヤコブ　40-42
ペルノ・リカール　132, 211
ホヴェニア　313-16
ボス，ポール　69
ポットスチル　152, 154, 156, 160
ホップ　37, 103-04
ボドワニア・コンプニアセンシス *Baudoinia compniacensis*　193, 206, 210-14
ボドワン，アントナン　191-93
ホルムアルデヒド　271, 310-11
ホワイト・ラブズWhite Labs　102-05, 116
ホワイトドッグ　155, 180

ま

マイアー，セバスチアン　107-09, 281
マイルガード，モートン　241-42
マイルズ，ショーン　73-74, 266
マクガヴァン，パトリック　97-101, 112, 127-30
町田雅之　88
マッカンドリュー，クレイグ　293-95, 332
マーラット，アラン　259-65, 269, 296-97, 303
マリア・ヘブレア（ユダヤ婦人マリア）　140, 143-47
ミッチェル，ジェニファー　279-84, 298
メイラード反応　114, 194
メタノール　106, 155, 245, 309-11
メラノイジン　114
モラセス　66, 117-18
モルティング　76, 78-80, 82, 93, 114

ら

ラガー　28, 47-48, 55, 104
ラクトン　178-79
ラボアジエ，アントワーヌ　38
ラム　56, 66, 117-19, 152
リヴァーモア，アンドリュー　222
リグニン　30, 184-85, 194
リジェ＝ベレール，ジェラール　123
リナロール　71
リブ52　321
リブキンド，ディエゴ　54-56
硫化銅　159-60
レイン，デイヴィッド　222
レーウェンフック，アントン・ファン　37-39
レミーマルタン蒸留所Rémy Martin distillery　193, 198
錬金術師　15, 23, 143-50
ロカス，アントニス　88-90
ローズ，アレクサンダー　336-38
ローズナウ，ダマリス　303-06

わ

ワイン（ワイン造り）　古代の——, 53, 98-99, 176-78; 細菌の役割, 120; 熟成／貯蔵, 175-78, 184, 199; テロワール, 120, 253; ——による頭痛, 291-92; ——の酵母, 53, 114-16; ——の発祥, 70-71
ワインテイスティング　科学的な手法, 227-28, 250-53; 客観性の役割, 254-55; 専門家の意見, 216-17, 220; テイスターの経験, 227-29, 234-35, 252-55; ——のための言葉, 216-21, 227-28
ワインホイール　243

86-87
ドゥカン，シルヴィ　333
塔式蒸留器　→カラムスチル
糖タンパク質　48, 125
トウモロコシ　80, 84, 87, 153, 184
ドック蒸留所Dock Distillery　155
ドッグフィッシュ・ヘッド・ブルワリー Dogfish Head brewery　127-30
トネリー・ラドー Tonnellerie Radoux cooperage　182-86
ドーパミン　272, 277
ドライフライ蒸留所Dry Fly distillery　195
トルフェナム酸　→クロタム
トルラ・コンプニアセンシス *Torula compniacensis*　191-92

な

ナルトレキソン　280
二酸化炭素　120-24, 235
日本酒　53, 57-60, 62, 86-91
乳酸　43-44, 66-67, 107, 112, 290, 308
脳　アルコールの受容体, 281; エタノールの影響, 259-61, 275-79; 嗅覚刺激の処理, 232-33; 興奮性の信号と抑制性の信号, 278-79; コンジナーの影響, 287-89; ——と薬物依存, 277-81
脳波図　→EEG
ノーブル，アン　242-43

は

ハイマン，ヒルデガード　250-54
ハイラム・ウォーカー蒸留所Hiram Walker Distillery　170, 211
ハウランド，ジョナサン　303-07, 328
バカルディ，ダニエル　56, 119
バーク，ジェイソン　318-20, 322, 327-29
麦汁　104
パスツール，ルイ　42-46, 113
バソプレシン　274, 283, 307
発酵　下面——と上面——, 48; サワーマッシュ法, 117; ——と酵母株の遺伝的差異, 52-53; ——に影響する要因, 104-05; ——の生化学, 106-09, 113-16
バニリン　194, 196
ハーパー，フィリップ　90-91
バフマノフ，アレクサンダー　236-40
バーボン　179-81, 184, 189
バムフォース，チャーリー　124-27
バー・ラボ　262, 296, 303
バルヴェニー　133-34, 187-88
バルネウム・マリエ　144
ハングオーバー・ヘヴン　318-19, 327-28
ハンセン，エミル・クリスチャン　47-48, 107
バーンハイム蒸留所Bernheim Distillery 153, 156, 161
ヒスタミン　290
ピート　79, 85-86, 115, 249
ビーム，アール　153, 161
ビーム，クレイグ　153, 161
ビーム，パーカー　153
ヒューズ，スタン　190-93
ピリチノール　322, 325-26
ビール　色, 114; グラフトブルワリー, 95, 127-30, 162-63, 334-35; ——酵母, 47-48, 103-104; 二酸化炭素（泡）, 121-27; 発酵温度, 104-05; 綿状沈殿, 48
ファーバー，ダン　204-07
風味　→味
フェイ，ジャスティン　49-50, 52-53
フェノール　71, 85-86, 155, 185, 196
フォーサイスForsyths stills　157, 160
フォン・リンネ，カール　240-41
ブッカー・アンド・ダックスBooker and Dax　7-12, 334
二日酔い　アセトアルデヒド, 308; 炎症反応, 312; 血糖値, 308; 脱水状態, 307-08; 乳酸値, 308; ——の抵抗性, 305; 片頭痛, 292, 320; メタノール, 309-11
二日酔いの治療　→オプンティア・フィクス・インディカ，クロタム（トルフェナム酸），ピリチノール，ホヴェニア，リブ52
電解質飲料, 319; 点滴, 318-19, 322; 迎え酒, 310-12; 臨床試験での効果, 322-23
ブドウ　68-74, 100, 223-24, 334
ブドウ糖　64, 68, 71, 105, 107, 308
ブフナー，エドゥアルト／ハンス　45-46
ブラックスワンBlack Swan cooperage 197
ブランデー　180, 199-200, 206-07

シーバス　131, 136
ジヒドロミリセチン　314, 316-17, 321, 325
ジムビーム　153, 188, 198
シャーマン，ロブ　157-58
ジャーメイン・ロビン蒸留所 Germain-Robin distillery　207
シャンパン　122-26, 311
熟成　ウイスキー, 169-71, 175-77, 179-81, 188, 195-202, 206; エタノールの蒸発, 187-88; オー・ド・ヴィ, 204-05; 化学的変化, 176-79, 194-97, 208; コニャック, 179, 200; コンジナーの除去, 208; 酸素の付加, 194; 大気圧の役割, 188; 添加物, 199, 201, 206-07; 樽のサイズ, 201-207; 熱, 194-95, 200-01; バーボン, 179-81, 184; ブランデー, 199-200, 204-07; ラム, 199-200; ワイン, 175-79, 199-201
樹脂　101, 178
シュワン，テオドール　39, 41, 44-45
焼酎　159, 165
蒸留　アルコール成分, 150; コンジナー, 151; 分留, 154-56; 歴史的な起源, 138-40; 蒸発（蒸気圧）, 149-51
蒸留器　形と配管による影響, 133-34, 156-57; 現代型――, 134-36, 152-53, 155-56; 銅の重要性, 158-59; ポットスチルとカラムスチル, 154, 251; マリア・ヘブレアの設計, 140
シリングアルデヒド　194
侵害受容器　121, 230, 234, 239
真菌　10, 14, 30, 54, 62, 120, 169-75, 184, 189-93, 210-14
シングルトン・オブ・グレンオード　78
神経伝達物質　230, 272, 274, 277, 279, 291, 315
ズーカー，チャールズ　235
スコッチウイスキー　131, 152, 181
スコッチウイスキー研究所　160, 171, 243, 245-48
スコット，ジェイムズ　169-75, 187-93, 210-14
スチル　→蒸留器
スピリットセーフ　135
スプリングバンク蒸留所 Springbank Distillery　18-19
スポロメトリクス Sporometrics　169-71, 212-13
スミス，デイヴィッド　164-68
スワン，ジム　188, 195-96, 201, 242
セイクリッド・スピリッツ蒸留所 Sacred Spirits　334
セルロース　30, 60, 64-65, 83, 123, 184-85, 188, 194
セロトニン　272, 291-92, 298
セントジョージ・スピリッツ St. George Spirits　162-68, 207, 336-38
ゾシモス　143-44
ソムリエ　177, 244-29

た

ダウンズ，チャーリー　153, 156-57, 161
高峰譲吉　60-61, 63, 74-77, 80, 91-95
宝酒造　90-91
タットヒルタウン・スピリッツ Tuthilltown Spirits　201-03
多モード侵害受容器　230, 234, 239
樽　――から出る風味, 177, 194-95, 208; 古代ローマの――, 177-78; 使用前のチャー, 180; ――の製造, 182-86; ――のためのオーク品種, 183-84, 195-96; ヘミセルロースとエラジタンニン, 185
単式蒸留器　→ポットスチル
タンニン　71, 73, 185, 194, 209, 234, 309
チオール　115-16, 250
中毒　遺伝的なリスク因子, 305-06; 原因と治療, 273-74, 277-280; 嫌悪と報酬, 236; 糖を含む飲み物への選好, 238
チラミン　290-91
ツヨン　288-90
ディアジオ　78-79, 157, 204
テキーラ　67, 177, 181
デュラン，フランシス　182-87
テルペン　71, 115
テレセンシア Terressentia　207-09
テロワール　120, 253
天使の分け前　187, 194, 200-202, 204, 210-13
デンプン　60, 65, 75-76, 79-80, 83-84,

の特性, 235-36; 反応に対する予期の影響, 261-63, 297-98; 脳への影響, 275-79, 281-84, 315-16; 反応の文化的な違い, 292-95, 331-33; 暴力との関連, 293-95
エルペノル　302, 311
エンケファリン　277, 279
オイゲノール　194
オー・ド・ヴィ　151-52
オーク　52-54, 177-81, 183-85, 195-97, 200-02, 205-07
大麦　18, 37, 76, 78-86
オプンティア・フィクス・インディカ *Opuntia ficus indica*　321-22, 326-27
オリザ・サティバ *Oryza sativa*　86 →米
オルセン，リチャード　314-17

か

香り　アロマホイール, 241-44; におい嗅ぎガスクロマトグラフィー, 249-50; 人間の知覚能力, 221-23; フレーバーの要素として, 231-32
果糖　64, 67, 71, 308
カナディアンクラブ　169-71, 173
カナディアンミスト蒸留所 Canadian Mist distillery　213
カーフェンタニル　281-82
カラムスチル　153-56
カールスバーグ・ブルワリー Carlsberg Brewery　47, 54-55
肝臓　236, 264, 271-74, 321
γ－アミノ酪酸　279, 315-16, 335
ギ酸　310-11
キニンヴィー蒸留所 Kininvie distillery　133-34
嗅覚　219, 221-22, 231-34
嗅上皮　232, 234-35
グアヤコール　196
クエルクス属 *Quercus*　183
クーブ，ジョージ　277-78
クラフトビール　95, 127-30, 162-63, 334
クリアクリーク蒸留所 Clear Creek distillery　163, 207
グルタミン酸　90, 279
グレンオード・モルティングス Glen Ord Maltings　78-85
グレンリベット　131-36
クロストリジウム・サッカロブチリカム *Clostridium saccharobutyricum*　119
クロタム　320, 322-23, 327
クワント，リチャード　216-18, 220
血液－脳関門　265
血中アルコール濃度　263-65, 276, 290, 305, 309
ゲラニオール　71
麹　62, 75-76, 87-88, 90-91
酵素　45-46, 80, 83-84, 87-88, 90-91, 93, 95, 109-11
酵母　ゲノム解析, 30, 52-53, 55, 116; 糖の代謝, 27-29, 64, 107-09, 111-12; ——の家畜化, 49; ——のデザイナー, 102-05, 333; 変異能力, 34, 56
穀類　14, 60, 80, 117
コッホ，ロベルト　47
コフィー，イーニアス　154-55
コープス・リバイバー№2　288, 311
米　59-62, 86-91, 99-100, 159
コンジナー　151, 208, 240, 245, 287-90, 308-11

さ

細菌　30, 57, 67, 107, 116, 118-20, 290
酢酸　43, 57, 67, 166, 194, 271
ザスミディウム *Zasmidium*　189
サッカロミセス・カールスベルゲンシス *Saccharomyces carlsbergensis*　47
サッカロミセス・セレビシエ *Saccharomyces cerevisiae*　39, 47, 49, 53-54, 56, 60, 111, 114
サッカロミセス・パストリアヌス *Saccharomyces pastorianus*　48-49
サッカロミセス・パラドクスス *Saccharomyces paradoxus*　52-53
サッカロミセス・ユーバヤヌス *Saccharomyces eubayanus*　55-56
酸素　194-96, 208, 272, 310
賈湖（ジアフー）　99-101
ジェヴィンス，アラン　275-77
ジェニングス・ブルワリー Jennings Brewery　28, 31-32
シナプス外GABA受容体　315-16

索引

5－ヒドロキシトリプタミン　→セロトニン
E＆Jガロ・ワイナリー E. & J. Gallo　115
EEG　275-77, 290
GABA　→γ－アミノ酪酸
NCYC（National Collection of Yeast Cultures）　→英国国立酵母系統保存機関

あ

アイルランド　152, 154, 179
秋山裕一　57-58, 86
味（風味）　予期による影響, 19-20, 235-40, 260-63; 研究アプローチ, 220-21, 247-48, 257; 炭酸化による――, 121, 235; ――の複雑さ, 222-24, 230-34
アスペルギルス・オリゼ *Aspergillus oryzae*　→麹
アスペルギルス・フラブス *Aspergillus flavus*　88, 90
アセトアルデヒド　105-11, 194, 271-74, 308
アダムス，レベッカ　28, 31-32
アーノルド，デイヴ　8-12, 334
アバクロンビー Abercrombie stills　157
アブサン　287-90
アミラーゼ　83, 87-88
アルコール依存症　→中毒
アルコール脱水素酵素　111, 236, 271, 305-06, 309-11
アルデヒド脱水素酵素　273-74, 280
アルマニャック　152, 205-06
アロヨ，ラファエル　118-19, 199-200, 246
泡　48, 57-58, 121-27
アンカー蒸留所／アンカー・ブルーイング Anchor Distilling/Brewing Company　24, 162
アンタビューズ　274, 280
アントシアニン　71, 155, 223
アンペロプシン　→ジヒドロミリセチン
硫黄化合物　158-59, 194, 250
遺伝子　49-56, 89, 115-116, 305-06, 333
インディペンデント・ステイヴ Independent Stave cooperage　195-96
ウイスキー　一貫性の維持, 132-35, 247-48; シングルモルト――, 131-34, 181, 187, 246; スコッチ――の法的基準, 181; 伝統マーケティング, 19-20, 131, 198-99, 210; ――の穀類, 79-80, 117, 153; ブレンデッド――, 78, 132-33, 136-37; マスターブレンダーの役割, 247-48; ――用の樽, 179-81, 184
ヴィティス・ヴィニフェラ *Vitis vinifera*　70-74, 100
ウィンターズ，ランス　163-65, 167-68, 336-38
ヴェンドーム・カッパー＆ブラス・ワークス Vendome Copper & Brass Works　157-58, 161
ウォッカ　148, 151, 245-46, 290, 309
英国国立酵母系統保存機関　31-32, 34-36 105
エイベル，ジョン・ジェイコブ　94
エール　28, 47-48, 55, 102-04
エジャートン，ロバート　292-95、332
エステル　69, 98, 104, 115, 118-19, 155, 159, 194, 202, 249
エタノール　化学的性質, 38, 105-07; クラスターの形成, 195; 刺激物としての――, 239; ――の受容体, 230-232; 反応の男女差, 283; メタノール中毒の治療, 310-11
エタノール摂取と代謝　カロリー, 272; 摂取後効果, 235-39; 脱水状態, 307-08; 中毒

ISBN 978-4-8269-0191-8

酒《さけ》の科学《かがく》

二〇一六年八月二十五日　第一版第一刷発行
二〇一九年十月　一　日　第一版第二刷発行

著　者　アダム・ロジャース

訳　者　夏野《なつの》徹也《てつや》

発行者　中村　幸慈

発行所　株式会社　白揚社

〒101-0062　東京都千代田区神田駿河台1-7
電話03-5281-9772　振替00130-1-25400

装　幀　尾崎文彦（株式会社トンプウ）

印刷・製本　中央精版印刷株式会社